数字航测相机技术

［德］雷纳·桑道　编著

胡海彦　牛向华　廖　斌　杨韫澜　译

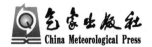

气象出版社

China Meteorological Press

图书在版编目（CIP）数据

数字航测相机技术 / （德）雷纳·桑道编著；胡海
彦等译. -- 北京 ：气象出版社，2022.11
ISBN 978-7-5029-7856-3

Ⅰ．①数… Ⅱ．①雷… ②胡… Ⅲ．①数字照相机—
航空摄影测量 Ⅳ．①P231

中国版本图书馆CIP数据核字(2022)第216320号

数字航测相机技术

SHUZI HANGCE XIANGJI JISHU

出版发行：气象出版社

地　　址：北京市海淀区中关村南大街 46 号　　　　邮政编码：100081
电　　话：010-68407112（总编室）　010-68408042（发行部）
网　　址：http://www.qxcbs.com　　　E-m a i l：qxcbs@cma.gov.cn
责任编辑：张锐锐　刘瑞婷　　　　　　　终　　审：张　斌
责任校对：张硕杰　　　　　　　　　　　责任技编：赵相宁
封面设计：艺点设计
印　　刷：北京建宏印刷有限公司
开　　本：787 mm×1092 mm　1/16　　　印　　张：16.5
字　　数：423 千字
版　　次：2022 年 11 月第 1 版　　　　　印　　次：2022 年 11 月第 1 次印刷
定　　价：128.00 元

前　言

机载数字相机已深度融入摄影测量和遥感市场。由于近 10 年来探测器技术、计算能力、存储容量、位置和姿态测量等技术领域的快速进步，现在新一代机载数字相机可通过单次航摄就能同时获得高几何分辨率和高光谱分辨率数据，相对于航拍胶片相机有着决定性优势。光电转换器的线性特性是这种成像设备从摄影相机转变为摄影测量仪器的根本所在，从机载相机到衍生产品的直接数字处理链中不再需要传统相机的胶片显影化学过程和扫描数字化过程，提高了摄影成功率，并避免了高成本投入。然而，有效利用机载数字相机新技术需要了解图像形成和信息生成的技术特征、可能性和限制。

本书介绍了机载数字相机的组成及成像过程，内容包括从对象摄影到最后的摄影数据大容量存储设备，还会对影响图像质量的全部成像因素（如被成像物体所反射的太阳光电磁能和大气影响等因素）予以分析，同时也会讨论新技术的基本特征和相关参数，并将其纳入到整个系统框架中。成像系统各组件之间复杂的相互依赖关系，例如光学器件、滤光器、探测器、光电转换器以及软件等，也都会着重研究。同时，本书描述了撰写此书时市场上已有的几种典型可用数字航测相机系统。

本书直接面向所有想要了解新一代机载数字相机的技术人员，潜在读者还包括：决定投资和使用新型数字相机的项目经理，相机操作员（深入了解相机的功能对于获取数据的质量至关重要），想要订购或有效处理新型数字相机摄影数据集及其衍生产品的用户，以及摄影测量、遥感、大地测量学、制图学、地理空间和环境科学、林业、农业、城市规划、土地利用监测等领域的科学家和大学生，他们需要为新型数字相机的使用及其图像处理做好知识储备。

这本书最开始用德语出版（Digitale Luftbildkamera — Einführung und Grundlagen），由 Herbert Wichmann Verlag 出版社于 2005 年在海德堡出版，而后有英译本（译者注：本书为其中文译本）。英文版本相对德文版本稍有差异，其适当扩充了第 7 章相关内容，给出了三个示例相机系统——这些相机系统已在全球范围内销售（相机摄影幅宽有代表性）。此处首先要特别感谢 Herbert Wichmann Verlag 出版社慷慨同意将英语版权转让给 Springer 出版社。

还要感谢参与本书撰写的多位作者和编辑人员：

Ute Dombrowski 女士（DLR，德国柏林）进行了大部分手稿的编辑输入、图形和表格处理、各章节校对和文稿组织等工作。

A. Stewart Walker 博士（BAE Systems，美国圣迭戈），校对了整个手稿，尤其在德语到英语的翻译较对方面投入很大精力。

Dipl.-Ing 公司 Dieter Zeuner（加拿大多伦多，原 Applanix 员工），为德语版本的翻译做出了贡献。

Dr.-Ing 教授 Hans-Peter Röser（德国斯图加特大学摄影测量学院——前身为德国柏林 DLR），在与 Leica 和 LH Systems 联合开发 ADS40 期间领导 DLR 团队。

出版方 Petra van Steenbergen 女士，她在本书创作期间做了很多支持性工作。

雷纳·桑道

于德国柏林

2009 年 4 月

编　者

总编著

Dr. Rainer Sandau

撰稿者	参与撰写章节
Dr. Ulrich Beisl，徕卡公司地理系统 AG 分部，瑞士赫尔伯格	2.9
Dr. Bernhard Braunecker，徕卡公司地理系统 AG 分部，瑞士赫尔伯格	4.2,4.3
Dr. Michael Cramer，图加特大学摄影测量研究所，德国斯图加特	2.10,4.9
Dr. Hans Driescher，德国航空航天中心(DLR)，德国柏林	4.5
Dr. Andreas Eckardt，德国航空航天中心(DLR)，德国柏林	2.8
Dipl.-Ing. Peter Fricker，徕卡公司地理系统 AG 分部，瑞士赫尔伯格	7.1
Dr. Michael Gruber，微软公司摄影测量分部，奥地利格拉茨	7.3
Dipl.-Ing. Stefan Hilbert，德国航空航天中心(DLR)，德国柏林	4.4,4.6
Dr. Karsten Jacobsen，利布尼茨大学摄影测量与地理信息研究所，德国汉诺威	2.10
Dipl.-Ing. Walfried Jagschitz，徕卡公司地理系统 AG 分部，瑞士赫尔伯格	4.10
Prof. Herbert Jahn，德国航空航天中心(DLR)，德国柏林	2,2.1~2.7
Dipl.-Ing. Werner Kirchhofer，徕卡公司地理系统 AG 分部，瑞士赫尔伯格	4.7,4.8
Dipl.-Ing. Franz Leberl，格拉茨技术大学，奥地利格拉茨	7.3.1
Dipl.-Ing. Klaus J. Neumann，鹰图公司 AG 分部，德国阿伦	7.2
Dr. Raine Sandau，德国航空航天中心(DLR)，德国柏林	1,4,4.1~4.3,4.10,7
Dr. Maria von Schönermark，斯图加特大学航天系统研究所，德国斯图加特	3
Dipl.-Ing. Udo Tempelmann，徕卡公司地理系统 AG 分部，瑞士赫尔伯格	5,6

目　录

前　言

第1章　简介 ·· 1

1.1　从机载模拟相机到机载数字相机 ······························· 1

1.2　机载数字相机在摄影测量和遥感中的应用 ······················ 6

1.3　机载相机与星载相机 ·· 9

1.4　面阵与线阵概念 ··· 15

1.5　商用机载数字相机的选择 ······································ 21

第2章　基础概念与理论 ··· 24

2.1　简介 ·· 24

2.2　光的基本性质 ··· 26

2.3　傅里叶变换 ··· 31

2.4　线性系统 ··· 42

2.5　采样 ·· 51

2.6　辐射分辨率和噪声 ··· 57

2.7　颜色 ·· 63

2.8　时间分辨率及相关属性 ··· 68

2.9　胶片与CCD的比较 ··· 71

2.10　传感器定向 ·· 77

2.11　惯性导航有关坐标系 ·· 91

第3章　成像对象和大气影响 ··· 94

3.1　传感器前方辐射 ··· 94

3.2　传感器处辐射 ··· 97

3.3　传感器场景对比度 ··· 99

3.4　双向反射分布函数BRDF ·· 101

第 4 章　机载数字相机系统构成 ·· 103

 4.1　简介 ·· 103

 4.2　光学机理 ··· 108

 4.3　滤光器 ··· 131

 4.4　光电转换器 ··· 133

 4.5　焦平面模块 ··· 152

 4.6　前置电子元件 ··· 154

 4.7　数字计算机 ··· 162

 4.8　航摄管理系统 ··· 169

 4.9　位置和姿态测量系统 ··· 174

 4.10　相机座架 ··· 182

第 5 章　校准 ··· 191

 5.1　几何校准 ··· 191

 5.2　图像质量的确定 ··· 195

 5.3　辐射校准 ··· 197

第 6 章　数据处理和存档 ·· 200

第 7 章　典型大像幅数字航摄相机 ·· 204

 7.1　ADS40 系统：用于摄影测量和遥感的多线阵传感器 ································· 204

 7.2　Intergraph DMC 数字测绘相机 ··· 223

 7.3　UltraCam 数字大幅面航摄相机系统 ·· 228

缩略词 ··· 242

参考资料 ··· 244

第 1 章　简　介

摘要　航空摄影的应用可以追溯到 19 世纪中叶,通过研究特定时期的应用状况可以很容易确定所对应的技术水平。无论是在摄影技术领域还是摄影平台技术方面,人们都在不断努力地使得最新技术融入进来。

1.1　从机载模拟相机到机载数字相机

航空摄影的应用可以追溯到 19 世纪中叶,通过研究特定时期的应用状况可以很容易确定所对应的技术水平。无论是在摄影技术领域还是摄影平台技术方面,人们都在不断努力地使得最新技术融入进来。

大约在 1500 年前,列奥纳多・达・芬奇设计了第一个飞行系统,并描述了"暗箱"成像过程,这是那个时代非常出色的仪器设想,预示了技术发展趋势。然而由于缺乏差异化的自然科学和工程科学,相关技术创造的可能性有限,构建并实现这些系统的组件尚不可用,仍有很长的路要走。

300 年后相关技术才取得一定的进展。1783 年,第一个热气球由 Montgolfiers 兄弟成功放飞。1837 年,达盖尔制作出了第一张摄影图像。1858 年,法国银版照相家、作家 Gaspare Tournachon(又名 Nadar),在巴黎上空 300 m 高度从一个气球上拍摄了第一张航拍照片(Albertz,2001)。到 20 世纪中叶,气球即被用于侦察目的。

风筝也很快被用作无人拍照平台,1888 年法国的 Arthur Batut 第一次以这种方式拍摄航拍照片。这台相机在摄影时由一根保险丝控制。

甚至信鸽也被用来进行空中拍摄。1903 年,朱利叶斯・纽鲍尔博士获得了一种微型相机的专利,其将该相机系在鸽子身上,由定时器机制启动(图 1.1-1)。火箭也被用作小型相机的载体,1897 年,阿尔弗雷德・诺贝尔获得了"火箭照片"的专利。早在 1904 年,来自德累斯顿的工程师阿尔弗雷德・莫尔就部署了第一支"摄影火箭",可将相机升至 800 m 的高度。

由于航空技术的进步,飞机成为拍摄航拍照片的可用平台。威尔伯・赖特(Wilbur Wright)于 1909 年在意大利的森托切利(Centocelli)上空拍摄了机载平台的第一张航拍照片(倾斜摄影)。4 年后,同样在意大利,出现了第一张根据航拍照片制作的地图(Falkner, 1994)。

第一次世界大战期间,相机技术得到了进一步发展。1915 年,奥斯卡・梅斯特(Oskar Messter)开发了第一个可连续拍照相机系统 (Albertz,1999),其可以 1∶10000 的比例拍摄照片,地面覆盖面积为 400 km²(在海拔 3000 m 处拍摄),航拍飞行时间小于 1.5 h(Willmann, 1968)。

第一次世界大战后,第一家使用航空照片作为主要信息来源制作地图的商业公司成立。

图 1.1-1   缚带微型相机的信鸽(来源:德意志博物馆档案室)

彩色胶卷很快被开发出来,并慢慢被引入到摄影测量领域。1925 年,Wild 公司生产了 C2 相机,它使用 10 cm×15 cm 幅面的全色玻璃板,其可作为手持式相机(图 1.1-2)或通过特殊安装座架安装形成会聚式双相机系统。

图 1.1-2   Wild C2 手持航摄相机使用图示

第二次世界大战之前,航空摄影的胶片和乘影板的标准格式是 18 cm×18 cm。第二次世界大战期间,航空摄影得到了快速发展,红外胶片被应用于军事侦察。

20 世纪 70 年代,随着电子计算机控制技术的引入,手工地图制作方法被计算机辅助制图技术所取代,这为地图生产和应用提供了巨大的可能性。这些技术的发展完善是一个持续的过程,今天仍在继续。20 世纪 80 年代和 90 年代,计算机应用于立体绘图仪和地图制作系统方面取得了稳步进展。

模拟航空摄影和摄影测量技术已经发展了几十年,现在已经达到了很高的技术水准。技术成熟度表现在大画幅航空相机、解析和数字立体测图系统以及摄影测量扫描仪的深入应用,有大量文献中对其进行了阐述,且已被行业人员所熟知,例如 RC30 和 RMK TOP 都是具有代表性的高效模拟航摄相机系统。当今处在一个数字地图制作和数字地图数据集数据库管理的时期,这有助于将这些数据和其他来源数据以及遥感传感器生成数据进行整合,从而为满足技术新要求和生产新的测绘产品提供了机会。

随着航天摄影技术的发展,人们很快试图寻找作为"存储"数据的胶片介质替代品,以避免胶片返回式作业模式,随即开发出了数字扫描成像仪,这样可以直接将图像信号以数字形式从卫星传输回地球。从最开始的单个探测单元扫帚式扫描仪开始,很快发展出了多探元扫帚式扫描仪以及线阵推扫式扫描仪和面阵探元成像系统,这些技术今天正在全球空间摄影测量和遥感中广泛应用,其可生成具有高几何、高辐射分辨率的多光谱图像、立体图像。ERTS(地球资源技术卫星)是第一颗民用地球观测卫星,于 1972 年发射,用于获取地球表面图像,后来这个系统更名为 Landsat-1。它的传感器系统 MSS(多光谱扫描仪系统)由一个单探测器扫帚式扫描仪构成。1980 年,第一个用于卫星图像采集的线阵 CCD 在 METEOR-PRIRODA-5 上实现,传感器系统 MSU-E(多光谱电子扫描单元)以推扫模式工作。1986 年,SPOT-1 成为第一颗时间相关立体成像卫星(通过"轨道侧视成像")。为了生成立体图像,单线阵推扫式扫描仪 HRV(High Resolution Visible,高分辨率可见光)从两个相邻的轨道上拍摄了两个条带图像,这些图像朝向要进行立体拍摄的区域。MOMS-02 是第一个采用 Otto Hofmann 于 1979 年提出的专利——三线阵立体成像方法(In-Track-Stereo,沿轨立体)的传感器系统(Hofmann,1982)。1993 年,MOMS-02 在航天飞机任务 STS 55 中搭载,并于 1996 年安装在 MIR 空间站的 PRIRODA 模块中。MOMS-02 为每个立体通道使用一个单独物镜。三线阵立体成像系统的第一次太空任务是在 2001 年通过 BIRD(双光谱红外检测)实现的,该系统将三个立体线阵排列在同一广角物镜后面的焦平面上(Briess,2001)。WAOSS-B(Wide-Angle Optoelectronic Stereo Scanner-BIRD)是 WAOSS 的改进版本,WAOSS 是俄罗斯 Mars 96 任务中的传感器系统,旨在观察大气和火星表面的动态(Sandau,1998),不幸的是,这个任务在最初的发射阶段失败了。

大多数为天基应用开发的传感器系统也同时开发了用于空基的版本(Sandau 和 Eckardt,1996),也成功用于科学实验或商业应用。德国研制成功的传感器系统案例有:

- MEOSS:卫星版本也用在飞机上;
- MOMS-02:DPA(数字摄影测量组件)有机载版本;
- WAOSS:WAAC(广角机载相机)有机载版本;
- HRSC:HRSC-A 和 HRSC-AX 有机载版本(HRSC——高分辨率立体相机,Mars 96 任务的第二台德国造立体相机,在 2003 年发射的 ESA-Mission Mars Express 系统中搭载)。

诸多技术和传感器的发展与航空照片在数字地图制作中的需求同步增长。如果要将胶片图像输入计算机数据库,则必须使用摄影测量扫描仪将它们转换为数字形式。由于上述天基传感器技术的发展以及对这一应用至关重要的其他高科技领域的强劲发展趋势,催生了探测器直接数字影像获取模式,同时经济性也进一步提升。由于光学、力学、关键材料、微电子、微机械、探测器和计算机技术、信号处理、通信和导航等关键学科技术的重大进展,才有今天技术上、经济上均切实可行的数字机载摄像系统解决方案。

数字相机系统首先要考虑的一个概念是如何用一块适当的面阵或线阵数字探测器件代替传统胶片,从而可直接获取数字图像数据。新不伦瑞克大学的一篇论文(Derenyi,1970)首次指出了沿此技术路线的最初想法。后来,Otto Hoffmann 开发了机载数字相机系统的三线阵概念并获得了专利(Hofmann,1982,1988),其实这种三线阵概念最早已经用于星载相机系统(例如 MOMS-02、WAOSS)和实验性机载相机(例如 MEOSS、DPA、WAAC、HRSC)。

2000 年在阿姆斯特丹的 ISPRS 大会上推出了第一批商用机载数字相机系统,即 Leica Geosystems(前身为 LH Systems)的 ADS40 和 Intergraph(前身为 Z/I Imaging)的 DMC,随

后其他多种类型的机载数字相机系统也陆续进入商用市场,1.5 节给出了目前市场上多个可用的商业系统样例。

价格合理的机载数字相机系统可以立即以数字形式提供图像,这只是从传统胶片相机转向数字相机系统的一个原因,其他重要的经济性原因如图 1.1-3 所示——使用机载数字相机系统的直接数字方法消除了对传统胶片进行显影并将每张照片扫描成数字形式的过程,这种直接数字影像获取方法消除了错误和误差来源的可能性,更为重要的是它大大节省了与人力相关的投资成本。

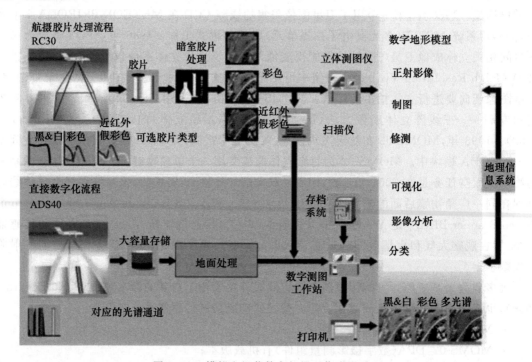

图 1.1-3　模拟和机载数字相机工作流程对比

如果采用正确的设计概念,数字机载摄像系统能够在一次飞行中同时提供立体成像信息、RGB 数据和红外数据。使用传统模拟航空相机,由于不同的胶片特性要求(全色、彩色和 FCIR),同一摄影区域必须多次航摄,要不然就得在飞机上安装多个相机。

同时,因为使用数字图像技术,可以在系统设计时就考虑特定应用所需的光谱谱段,图像数据的专题解译性可得到明显提升。

还需强调,机载数字相机系统直接生成的数字图像加强了摄影测量和遥感的黏合度。许多情况下,地形信息(例如数字地形模型)对于辅助特定区域内数据的专题解释(遥感)至关重要;对于摄影测量制图等应用,颜色信息通常是产品所最为关注的。航空摄影的数据预处理已不同以往,预处理和专业处理之间的界面也在发生着转变(见第 6 章)。

直接使用数字图像而不是胶片为遥感应用开辟了新的可能性。从图 1.1-4 可以看出,胶片以 S 形对数曲线记录光线。这条所谓的 $D\log E$ 曲线显示了相对照度(曝光)与照片中产生的密度之间的关系,密度 D 作为曝光度 E 的对数的函数。使用术语相对照度是因为该值取决于曝光设置(曝光时间、光圈等)和胶片处理(显影、定影、洗涤等)等因素,而用作光电转换器的 CCD 元件呈(直)线性特性,这就为由不同滤光器选择特定光谱范围而进行测量提供了可能性。在特定的、选定的滤光器光谱范围内击中探测器元件的光子可以被收集计算,因此可以被解释为一个实际的物理测量单位。

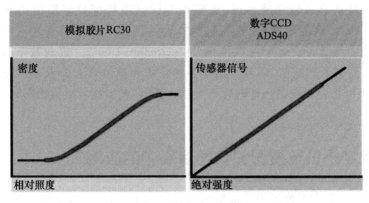

图 1.1-4 CCD 探测器和胶片材料的特性(定性说明)

现代电光转换器可容许 1:4000(12 位动态容量)或更好的动态范围,据此单个图像可以影射高反射率到非常低反射率的大照度范围(见图 1.1-5)。这也与数字图像匹配处理程序有关,图 1.1-5 中的直方图表示各个照明范围内的像素数。如果在特定区域内进行辐射测量(影像适当"放大"),细节将非常容易辨认。高动态范围与线性"曲线"相结合是现代光电转换器(CCD 探测器)的质量特征,因此也是新型数字机载摄像系统的明显优势特性。

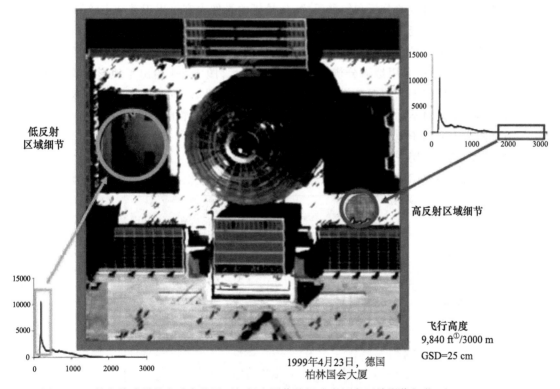

图 1.1-5 数字传感器的大动态范围可解析出图像的极暗和极亮区域影像细节(Fricker et al.,2000)

现代机载相机系统中使用的数字图像技术,通过适当的系统设计和配置,可极大加快摄影

---

① 1 ft(英尺)=30.48 cm。

图像测量应用流程。这为数字机载成像传感器开辟了全新的应用领域,新型机载数字相机可用于传统摄影测量以及机载遥感领域,这样可为探索市场细分创造新的机会,如新的"智能"摄影数据处理方法和应用就是一个很好的增长点,这一趋势已在现有和新型数字摄影测量工作站的持续发展和改进中得以体现(Ackermann,1995)。机载数字相机系统在摄影测量和遥感领域的引入和进步,得益于其他各种技术领域的巨大进步,同时也反影响了相关技术领域,这无疑也将会对有关技术教育产生重大影响,激发技术活力的同时也会带来新的就业机会。

1.2 机载数字相机在摄影测量和遥感中的应用

几何信息是借助数字影像处理和摄影测量方法加工得到的,数字摄影测量的任务在于使用图像处理方法(例如自动点测量、坐标变换、图像匹配)以导出高程数据和微分图像纠正结果以生成具有几何属性与地图兼容的正射影像。遥感是对物体进行非接触式成像和测量,以生成关于其产生、状态或状态变化的定性或定量信息。进一步的评论可以在 Albertz(2001)、Hildebrandt(1996)、Konecny (2003)、Kraus (1988,1990)和其他人的相关文献中找到。新的数字传感器系统可产生的信息数据有:

- 借助摄影测量确定物体的大小和形状;
- 通过针对特定目的的分析和解释手段,使拍摄的影像内容可用于某个主题的评估应用;
- 通过语义评估确定摄影记录数据的含义。

两个参数是摄影测量和遥感特别关注的特征参数:几何分辨率和辐射分辨率,在数字系统情况下,几何分辨率最好采用地面分辨率(GSD)来表示。图 1.2-1 给出了地形测绘和遥感专题应用所需的光谱分辨率和地面分辨率(GSD)(Röser et al.,2000),光谱分辨率仅以定性方式示意给出。以下是对不同类型图像及其对各种任务适用性的粗略分类:

- 全色图像主要用于地貌、地物测绘;
- 多光谱图像主要用于地物的化学和生物特性粗略分类;
- 高光谱图像主要用于地物的地质、化学和生物生理特性识别、判定及精细分类。

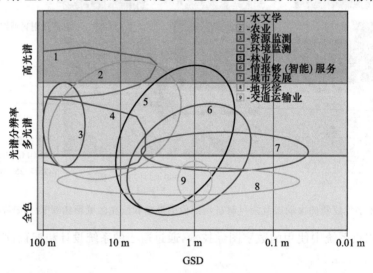

图 1.2-1　各种应用所需的光谱和几何分辨率(Röser et al.,2000)

适用于所有应用类别的原则是在满足应用要求前提下,应尽可能使得光谱通道减到最少。

重访率是影响地物特性监测应用所重点关注的又一参数。图 1.2-2 显示了特定应用所需的重访率。图 1.2-1 和图 1.2-2 表明,重访率为 1～10 a 地形图测制所需要的 GSD 范围是 5 cm～50 m。不同应用目的相关的地图比例尺范围是 1：500～1：500000,与 GSD 对应关系见表 1.2-1。

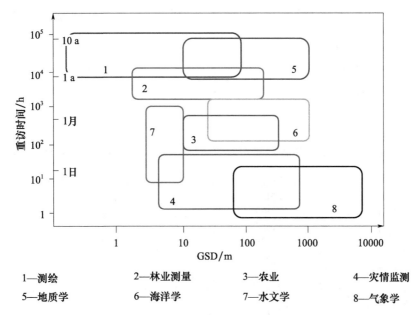

1—测绘　　　　　　2—林业测量　　　　3—农业　　　　　　4—灾情监测
5—地质学　　　　　6—海洋学　　　　　7—水文学　　　　　8—气象学

图 1.2-2　所需的几何分辨率和重访率 (Röser et al., 2000)

表 1.2-1　GSD 和可实现的平面测绘比例

GSD	成图比例
5 cm	1：500
10 cm	1：1000
25 cm	1：2500
50 cm	1：5000
1 m	1：10000
2.5 m	1：25000
5 m	1：50000
10 m	1：100000
50 m	1：500000

机载相机获得的立体角度会影响物点确定的准确性。较大的立体角对应于较高的潜在高程精度,但往往也会附带较大的图像径向距离。

使用模拟机载相机获得的经验表明,需要不同的立体角度才能实现地形或对象提取应用的最佳结果。在丘陵或山区、建筑群或树木繁茂的地区立体角通常可以小一些,否则并不会达到所需的理想精度要求,这是因为数字摄影测量同时需要立体图像易于匹配,表 1.2-2 给出了各种地形情况下所需的立体角度范围。

表 1.2-2　各种应用的所需立体角度

地形图测制应用	立体角度
地势平坦,高度精度高	30°～60°
丘陵地形	20°～40°
山区	10°～25°
对象提取应用	立体角度
自然景观	30°～50°
郊区	20°～40°
城市地区	10°～25°
林地	10°～25°

遥感应用对于特定光谱要求下的滤光器改进设计有很强的促进作用,如图 1.2-3 所示。

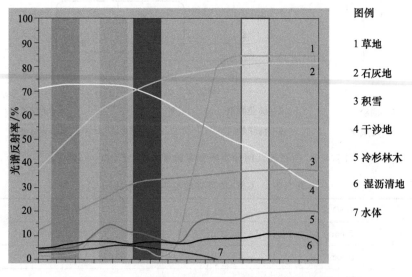

图 1.2-3　主要用于植被观察的滤光器设计示意图

460±30 nm 的蓝色光谱通道位于水体或地表绿色植物叶绿素的弱吸收范围内(最大在 430～450 nm),所以该通道对于水体观察很重要。560±25 nm 绿色光谱通道位于绿色植被的最大反射率区间,可用于检测水体中的叶绿素。叶绿素的第二个吸收带位于 635±25 nm 红色光谱通道(最大波长为 650 nm)。

在 860±25 nm 处,NIR 通道对于植被响应性好,并止于植被边缘前的红色通道结合处,此谱段可提供有关植被状态的信息数据。

彩色胶片的光谱响应度对于各个光谱通道有一定的宽带限制,并且光谱通道会存在一定的重叠(图 1.2-4)。光谱通道的这种重叠有利于彩色胶片或红外彩色胶片曝光响应,其对遥感应用支持得不够好。多光谱图像和真彩色图像的中心波长和光谱带宽不同,多光谱应用需要不重叠的窄光谱带,并且为了植被观察,还需要植被边缘(红色边缘)附近的红外通道。相比之下,真彩色通道更多地适应光谱视觉灵敏度,因此是大带宽和重叠的。

因此,用于摄影测量和遥感的传感器系统或机载数字相机必须配备滤光器,以生成彼此分离的窄光谱通道。真彩色图像可以使用颜色转换过程从以这种方式设计的 RGB 通道中导出,

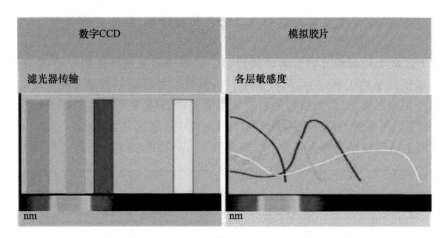

图 1.2-4 为摄影测量和遥感应用所设计的彩色胶片和探测器系统所对应光谱响应度(Leica,2004)

可能会与全色通道结合使用(参见第 2.7 节)。

在 CCD 阵列的制造过程中安装的吸收滤光片也不太适合上述多光谱应用。

典型窄带吸收式滤光器的带通响应如图 1.2-5 右侧部分所示。吸收滤光片不能像干涉滤光片那样完美且具有窄带宽特性(参见第 4.3.2 节),过渡不够陡峭。例如,绿色滤光片不会完全吸收光谱的红色和蓝色部分,图 1.2-4 中左侧所示为干涉式滤光片,图 1.2-5 可以更为精确地实现,然而值得一提的是,制造过程和工艺难度更大(许多金属氧化物层必须在真空中蒸镀到玻璃基板上)。

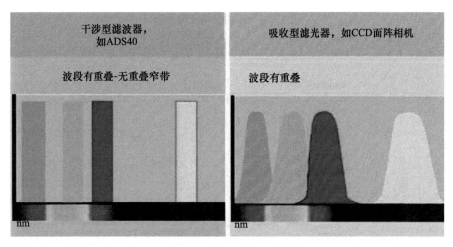

图 1.2-5 装有吸收式滤光片的探测器及专为摄影测量和
遥感应用设计的探测器系统的光谱响应比较(Leica,2004)

综上所述,可以说,现代用于摄影测量和遥感的机载数字相机相关数字探测器组件已得到持续研究、开发和制造。通常,它们会提高和扩大模拟机载相机的成像质量和应用范围。

1.3 机载相机与星载相机

适用于摄影测量和遥感应用的数字机载传感器目前处于模拟机载相机和星载数字传感器之间的位置,模拟机载相机可能具有更高的几何分辨率但光谱可变性有限,一方面取决于可用的胶片材料,而卫星系统则具有较低的几何分辨率,但在许多情况下,光谱分辨率更高。

图 1.3-1 是基于几何和光谱分辨率关键参数的传感器系统性能的示意图。模拟机载相机几乎可以提供低至约 1 cm 的几何分辨率。机载数字相机已经能够实现低于 5 cm 的地面采样距离。使用全色感光(大致可与黑白胶片相媲美)的卫星系统已达到低于 0.5 m 的 GSD。图 1.3-2 说明了卫星系统 GSD 的发展状况,从 ERTS(后来更名为 Landsat-1)——1972 年发射的第一颗用于民用地球观测的卫星——实现的 80 m GSD,到现在已经提高到 0.41 mGSD。

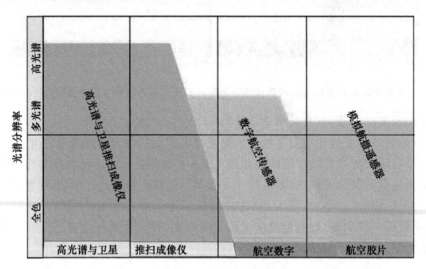

图 1.3-1　传感器系统的性能

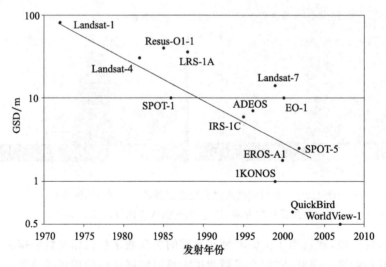

图 1.3-2　民用卫星系统全色信道 GSD 发展

表 1.3-1 给出指定卫星系统的特征参数,例如多光谱信道的较大 GSD、扫描带宽、影像景大小和重访时间(直到下一次拍摄同一区域的时间间隔),表明了潜在的几何和时间效能。

表 1.3-1 指定的成像卫星系统

卫星	发射时间	轨道高度/km	GSD/m		扫描带宽/km	重访/d	影像景大小/(km×km)
			全色光谱段	多光谱(R、G、B及短波红外)			
Landsat-7	1999 年	705	14	28	185	16	185×185
SPOT-5	1999 年	832	5/3.5ª	10	60	5	60×60
伊科诺斯	1999 年	680	1	4	13	1~3	11×11
快鸟	2001 年	450	0.62	2.5	16.5	1~3.5	16.5×16.5
WorldView-1	2007 年	496	0.5	—	17.6	1.7~4.6	最大 60×110

注:a,在具有交错线阵列的"超级模式"中,GSD=3.5 m。

GSD 和重复率之间的联系如图 1.3-3 所示(Konecny,2003)。每 30 min,地球同步卫星(如 Meteosat 和 GOES)在大约 36000 km 的高度绕地球运行,在三个光谱通道(其中一个为热红外通道)上提供整个半球地表图像,GSD 为 5 km。NOAA 卫星以 850 km 的高度在极地轨道上环绕地球,以每 12 一次的 1 km GSD 提供 5 个通道图像,用于气象探测。

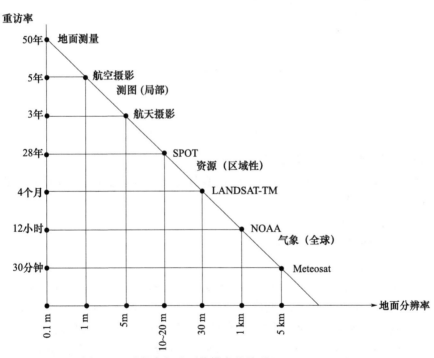

图 1.3-3 重复率与地面分辨率的关系(Konecny,2003)

由于天空阴天的可能性很大,太阳同步卫星(如 Landsat、SPOT 和 IRS)重复率往往会小于 1 个月,一年只有几次可提供中等分辨率(5~14 m PAN 和 10~28 m MS)影像,大面积的覆盖只能每隔几年进行一次。高分辨率卫星系统(具有 1 m GSD 的 IKONOS 或具有 2 m 分辨率的俄罗斯摄影系统)正在接近高空飞机航拍图像的分辨率,分米到厘米范围内的最高分辨率是通过低空机载相机航摄或相应较长时间间隔地面勘测获得的。

图 1.3-4 说明了民用地球观测系统和航空器系统进行成像操作的高度差异,大约差异为 1:200(3~600 km),对标 GSD,从定性角度来看卫星系统比飞机系统要复杂得多,制造成本

也比飞机系统要昂贵得多。这也反映在影像产品的成本上,也解释了为什么80％以上的地球表面都被机载相机测绘,主要原因在于焦距之间的比例,与高度比一样,为1：200。图1.3-4给出了机载和星载传感器飞行高度范围的差异性,速度差异也会影响成像。例如,一架飞机的飞行速度为70 m/s,而LEO卫星在大约600 km高度的地面轨迹约为7 km,速度比和对应积分时间比为1：100。

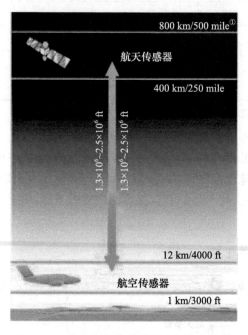

图1.3-4　机载和星载传感器飞行高度概况

物体的检测、识别与判定内容如下:

人脑能够从图像中获取的信息取决于图像所包含的像素数量,图像解译人员通常会在以下决策级别上进行图像解释:

- 检测:发现对象的存在。
- 识别:可将对象分属某一类别。
- 判定:标识对象类型。

物体占据的像素数量是物体可被检测甚至识别的前提条件。例如,如果查看的像素数是做出决定所需对象像素数的100倍,则在此范围内像素数的增加对物体类型的判定并不会改善太多,即识别特定对象类型的可能性也没有显著增加。换句话说,对象的大小和结构决定了所需的像素大小或GSD,也就是说,具有更小GSD的高分辨率传感器和具有较大GSD的传感器在对象判识应用方面差别不大。所以关键问题是需要多少像素才能满足决策的质量要求,图1.3-5就此进行了说明。

图1.3-6以一辆长约5 m的汽车举例说明了GSD和对象识别之间的关系,图1.3-7进一步确定了对象识别和判定。

图1.3-8示意了GSD＝0.8 m的QuickBird卫星、GSD＝0.2 m的机载数字相机和GSD＝0.1 m的模拟机载相机的对象判定情况。

---

① 1 mile(英里)＝1.609 km。

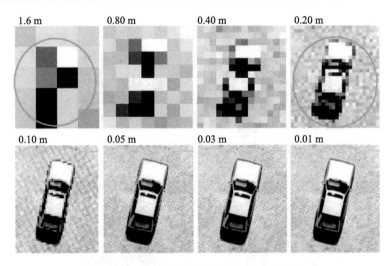

图 1.3-5　GSD 和物体识别（Leica，2004）

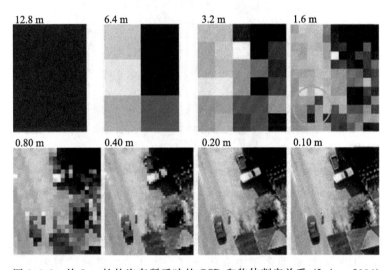

图 1.3-6　约 5 m 长的汽车所反映的 GSD 和物体判定关系（Leica，2004）

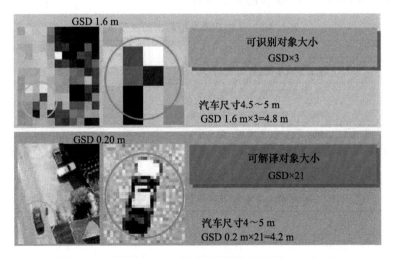

图 1.3-7　结合图 1.3-5 的对象识别和判定（Leica，2004）

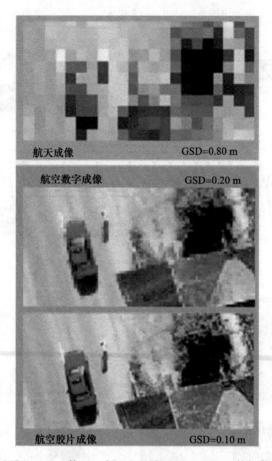

图 1.3-8　GSD＝0.8 m 的 QuickBird 卫星、GSD＝0.2 m 的机载数字相机和
等效数字化扫描的 GSD＝0.1 m 的模拟机载相机的对象判定（Leica，2004）

三个决策级别所需的对象像素数量一直以来就缺乏一致性定义。从业者有时会参考约翰逊标准（Johnson，1985），该标准多年中有所修订。表 1.3-2 显示了对象的一维和二维扩展（Holst，1996）决策概率为 50％ 所需的对象像素数。

表 1.3-2　从约翰逊准则导出的决策阈值

决策确定	描述	一维 N_{50}	二维 N_{50}
检测	像素数有望满足对象可被检测到	1	0.75
识别	可判定对象大的分类属性	4	3
判定	具有层次确定性的类中的细分确定	8	6

表 1.3-3 显示了需要乘以表 1.3-2 中的值以获得 50％ 以外的结果概率的必要倍率因子（Ratches，1975）。

表 1.3-3　依据表 1.3-2 的对象判定最终结果概率所对应倍率因子

结果概率	倍率
1.00	3.0
0.95	2.0

结果概率	倍率
0.80	1.5
0.50	1.0
0.30	0.75
0.10	0.50
0.02	0.25
0	0

因此,有人认为飞机和卫星系统是互补的。卫星系统的基本特征是:

- 轨道固定:区域覆盖可预测但受云覆盖率影响;
- 摄影准备投入相对较小;
- GSD 固定(当前最小 0.5 m 全色和 2 m 多光谱);
- 根据测绘场景规模成本预测算性好。

飞机系统的基本特征:

- 按需应用灵活;
- 即使在不利的天气下也可以使用(在云层下飞行);
- GSD 可通过改变飞行高度适应作业任务需求;
- 立体观测数据容易获取。

机载和卫星传感器的数据在许多应用中是互补的。因为要观察或调查受到物体大小、形状、纹理和颜色或由于只能使用多光谱或高光谱传感器才能予以区分等诸多特性限制,所以必须使用不同的传感器和平台才能满足需求的多样性。随着应用领域的不断扩大和 GIS 技术的应用扩展,需要融合各类传感器数据以快速、可靠地满足信息需求。数据融合和 GIS 具有创建新业务线的巨大潜力。

1.4　面阵与线阵概念

第 1.1、1.2 以及 1.3 节讨论了一般意义上的航摄数字相机摄影测量与遥感技术应用潜力和可能性,这与数字相机的具体设计理念无关。然而,实际中的具体解决方案则很大程度上要对基于线阵模式的探测器或基于面阵模式的探测器这两种基本概念加以区分。当然,具体相机的实现方式还可以进一步细分,第 1.5 节中进行了适当讨论。

面阵与线阵这两种基本概念之间的主要区别如图 1.4-1 所示。线阵(及变体)形成连续的图像立体条带,而面阵(及变体)生成矩形(在大多数情况下接近正方形)图像,这些图像可以连接形成图像立体条带。基于面阵的相机如模拟胶片相机一样用于实现立体成像应用,在飞行方向上有 60% 的重叠。在大多数情况下,三线阵概念用于基于线阵模式的机载相机(Hofmann,1988),图 1.4-2 显示了成像过程比对情况。

在三线阵相机的情况下,地面上的所有物体都是从三个不同的方向拍摄的。这种冗余性关系到三角测量或数字高程模型(DEM)创建的具体方式。使用面阵相机以 60% 的航向重叠拍摄的照片中,60% 的物体出现在三张照片中。

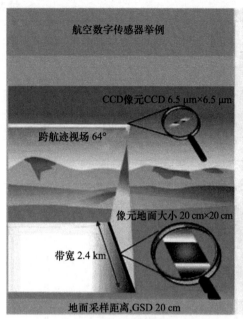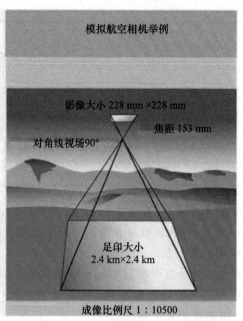

图 1.4-1 线阵概念和面阵概念系统示例（Leica，2004）

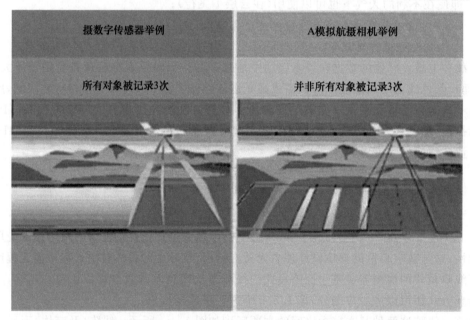

图 1.4-2 线阵相机和面阵相机使用不同的摄影原理进行 3D 测量（Leica，2004）

在线阵相机中，单个线阵的会聚成像角是其与下视线阵距离 d 的函数

$$\gamma_z = \arctan \frac{d}{f} \tag{1.4-1}$$

在图 1.4-3 中，以 ADS40 相机为例进行说明，由于立体线阵不对称排列而导致前后视角不同，所示方案中的立体角分别为 $-14.2°$、$28.4°$ 和 $42.6°$，基本涵盖了表 1.2-2 中列出的角度，这种交会角是摄影测量和遥感各种应用所必需的。

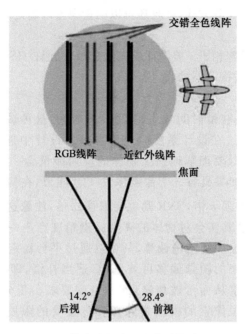

图 1.4-3　实现立体线阵的非对称阵列排列(Leica,2004)

在面阵相机中,会聚成像角是重叠度 o 的函数,因此是可变的

$$\gamma_m = \arctan \frac{s(1-o)}{f} \tag{1.4-2}$$

式中,s 是面阵在飞行方向上的格式宽度,f 同样是焦距。为了说明线性和面阵相机的各种视角,图 1.4-4 描述了高大建筑的成像示意图。与胶片相机一样,中心透视面阵相机产生的地面高差位移有两种存在形式。航向偏移是从图像中心与飞行方向的垂直距离和高度差的函数。在飞行方向上,偏移是飞行方向上与图像中心的距离和高度差的函数。

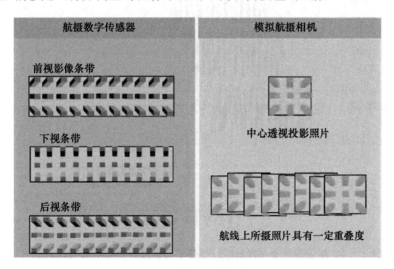

图 1.4-4　线阵相机和面阵相机的投影差异(Leica,2004)

线阵相机是中心透视的一种特殊情况,即线透视。其本质区别在于,对于沿整个图像立体条带的相等高度差,飞行方向上的偏移分量是恒定的。线透视使我们可以在三个角度上观察

图像,类似于普通立体像对观测方式,并且还可以测量视差以确定高度。整个图像带纵向的均匀透视是有利的。

根据推扫工作原理,线阵相机 s 被设计成在给定最小允许 GSD 和合理照明的情况下,要有足够的地物反射能量可被探测器接收,满足条件

$$t_{int} \leqslant t_{dwell} \tag{1.4-3}$$

其中,t_{int} 是积分时间,t_{dwell} 是驻留时间或飞越 GSD 的时间,这种成像模式不需要 FMC(前向运动补偿)。对于面阵相机,在设计系统时允许在辐射设计中加入 TDI 模式,TDI 在会第4.4.2节中予以解释,这里只要理解地面上物体的反射能量会一定程度被向前连续转移到面阵图像的某行上即可。如果具备 n 个像素移位 TDI 能力,在信号积分阶段则会获得 n 倍的积分时间,从而将信号增强 n 倍,SNR 则也会增强 $\sqrt{n}$ 倍,注意这时物体的辐射反射能量是从 n 个不同角度累积的,这其实会对物体的高度测量精度产生一定影响。在这 n 倍积分时间内,滚转、俯仰和偏航也会引起图像偏移,其可以通过平台稳定来改善。因此只要飞机姿态变化在飞行方向上所带来的图像偏移可被 FMC 适当补偿,即应采用 FMC 技术,除非由此导致的像移小于单个像素从而可被忽略(此时也应要求在积分时间内,跨航迹图偏移也应小于像素尺寸),也就是说像素的模糊度保持在可接受的限度内(参见第 2.4、4.1 节和4.10.1节)。

在大多数面阵相机中,积分时间由机械快门控制。在线阵相机中,积分时间采取电子控制方式,不需要部件的物理移动。面阵相机中整个面阵列像素的外部定向是相同的。在建立图像立体条带时,必须使用 von Gruber 位置上的连接点连接单个面阵照片。在线阵相机中,焦平面中每个线阵的所有像素外部定向都是相同的,但每条线阵的外部定向参数会随着记录时间的推移而变化,如图 1.4-5 所示。传感器定向的作用会在第 2.10 节中描述。

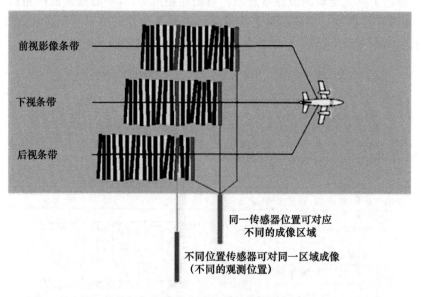

图 1.4-5　新记录的每条线阵对应外部定向参数的变化图示(Leica,2004)

面阵相机的位置和姿态测量技术要求与模拟机载相机的相对应,但在使用多线阵相机时就需要额外考虑这些因素。三线阵相机基于这样一个事实,即至少需要三条线阵才能借助von Gruber 位置上的连接点建立正确的影像定向关系(Hofmann,1986),但此过程计算复杂

且耗时。GPS 和 IMU 系统可以支持确定所有线阵的精确方向(参见第 4.9 节),注意在选择 IMU 系统时要注意成本效益等因素的影响。

理想情况下可通过记录每个线阵的高精度位置姿态数据集,使得直接进行地理参考变得可能,但这不是一种具有好的成本效益的解决方案。在实际地理参考(地理对地配准)作业实施中,可以使用更经济的测量系统并在可接受的时间要求下计算地理参考结果,具体是通过将相对低精度、低频率的位置和姿态观测值与相对少量连接点观测量相结合后,并采用光束法区域网平差的方式进行定向参数解算。同时,GPS(全球定位系统)接收器也可用于模拟机载相机和面阵数字相机,在航摄导航和图像立体条带生成中发挥作用。通常航测作业中都采用运动学相位差分测量技术进行事后位置确定,而不需要实时解。

图 1.4-6 示意了机载相机典型的航摄作业布置情况,ADS40 多线阵相机的传感器顶部会根据上述 IMU 选择标准与其进行集成。在第 2.10 和 4.9 节中会更为详细地讨论多线阵相机图像的校正问题,这里不再赘述。

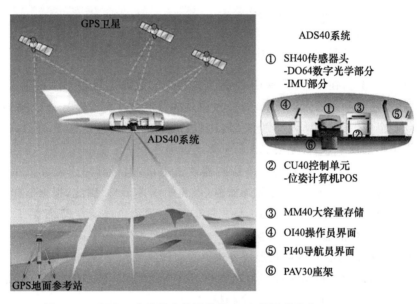

图 1.4-6 ADS40 在航拍中使用差分 GPS 的原理示意(Leica,2004)

机载数字相机的分辨率、幅宽等特性参数是要对标模拟机载相机的,分辨率 GSD(地面采样距离)和扫描带宽定义可参见第 2.5 节,相关概念对多光谱和全色通道都是适用的。

替代传统机载相机胶卷的最理想模式是在相机焦平面上放置一个具有 80000×80000 个探测器元件(像素)面阵,探测器元件大约 2～3 nm,光谱响应为蓝色、绿色、红色和 NIR(近红外)交替模式。此种要求会等效对应 20000×20000 彩色探测器,从而与 23 cm×23 cm 规格的模拟航空照片对标(模拟照片需以 11.5 μm 为单位进行数字化)。16 cm×16 cm 至 24 cm× 24 cm 的探测器尺寸足以让模拟机载相机中所使用的镜头与之匹配。面阵的平整度必须非常均匀,公差在几微米范围内(见第 4.2 和 4.5 节)。但目前无法以可接受的价格制造出这样规模的探测面阵器件。但是对于面阵或线阵两种成像方式,都有不同的替代方案,两种方案背后的基本理念如图 1.4-7 所示。每种情况下,都会构建出相应笛卡尔坐标系,使其轴向沿航向对应一定光谱分辨率和跨航向结合扫描带宽对应一定几何分辨率,此要求下也就决定了探测器元件的数量规模。

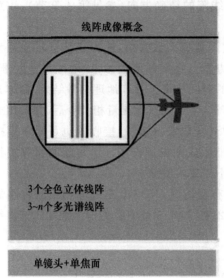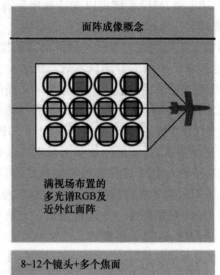

图 1.4-7　机载数字相机的替代性解决方案(Leica,2004)

与二维(面阵)相比,在单维(线阵)中构建包含多个无故障探测器元件的阵列更容易且良率更高,因此在特定技术发展阶段,线阵可提供更高的分辨率性能。当前最先进的技术是单个线阵具有 12000 个探测器元件,内部以交错阵列(参见第 2.5 节)形式排列,在线阵方向上等效可实现 24000 个扫描像素点(参见第 2.5 节和第 7 章)。

具有大约 9000×9000 个像素的面阵探测器现已上市,但将其用于机载数字相机尚不经济。目前,更常采用大约 7 k×4 k 的面阵器件(参见第 1.5 节)。因此,根据航摄条带方向上所需的采样点数量,适当数量的面阵相机会并排布置,采取组合成像方式,如第 1.5 节所述,这种成像方式在实际中可能会有多种变体。

图 1.4-7 中飞行方向的光谱信息形成方式也对应线阵和面阵两个基本概念。在面阵情况下,必须使用适当数量的相机来实现单个光谱通道在指定 GSD 下所需的扫描带宽,或者需要使用特殊光学工艺将多个通道组合在一个相机中。

在线阵概念的情况下,额外的线阵列——对应于所需光谱通道的数量——被排列在焦平面中用于地形测绘的线阵(通常是全色通道)之间。需要注意的是,在图 1.4-7 所示的两种备选方案中,一方面要注意到光谱通道之间的会聚成像角和曝光时间是存在一定差异的;另一方面也要注意到各光谱通道和全色通道之间的差异导致在数据处理中要解决像素同等覆盖问题。模拟机载相机以前也会出现这些由会聚成像角和不同记录时间所引起的系统性像素同等覆盖问题,其会在多个飞行任务中使用不同的胶片(全色、彩色、IR),后期需要进行图像合并,所以相比而言,机载数字相机的一个主要优点是可以在一次飞行中同时获取多个通道图像信息,而且多个飞行任务的光照条件、摄影姿态等也很难保持一致,这给进一步像素同等覆盖数据融合带来一定难度。

只有避免通道间会聚成像角和不同成像时间点之间的差异,才能避免这些系统性误差。为此会通过分色装置将光谱成分(R、G、B、NIR)传送到相机的不同探测器(线阵或面阵)予以对应接收。在大幅面数字测量相机(见第 1.5 节)中,线阵模式相对面阵模式更易实现(见第 7 章)。

1.5　商用机载数字相机的选择

市场上已出现多种商用机载数字相机，Petrie 和 Walker（2007）对不同制造商的相机系统进行了很好的调研，并对其进行了归类分析。

这里我们重点关注如图 1.5-1 所示的典型大画幅式相机 ADS40、DMC 和 UltraCam$_D$，这几种机型已经在全球范围内销售，其也是各种成像方式的典型代表。

ADS40-Leica Geosystems　　　　DMC-Intergraph　　　　UitraCam$_D$-Vexcel

图 1.5-1　商用大幅面相机（Cramer，2004）

1.5.1　ADS40/80/100

"Leica Geosystems"（Leica，2004）最初制造的多线扫描仪机载数字传感器（ADS40）是与柏林德国航空航天中心的空间传感器与行星信息研究所合作开发的。该扫描仪基于三线阵概念，是为俄罗斯 Mars 96 任务（Sandau，1998 年）开发的 WAOSS 立体相机的改版，因此 ADS40 代表了当时可用的最新技术，后序系列相机（ADS80/100）都是据此进行各种焦平面改进和变化的结果（参见第 7.1 节）。为了说明扫描仪构造的基本原理，此处着重就 ADS40 具体机型进行描述，垂直向下的全色 CCD 线阵由两条线阵列组成，每条线具有 12000 个探测器元件，线阵上的探元大小为 6.5 μm，并以探测单元宽度的一半相互交错。通过这种交错排列，在地面上沿飞行方向跨航迹产生了 24000 个采样点——等效合成了 3.25 μm 探元尺寸。两条相似的 CCD 线阵分别前后指向，使用 62.7 mm $f/4$ 镜头，这样分别与下视产生 28.4°和 14.2°的立体角。跨航迹方向的视场角为 64°，因此在 1500 m 的飞行高度上可以实现 2.4 km 的扫描带宽。在距离中央 CCD 线阵 14.2°的位置，安置有窄带、光谱分离的 R、G 和 B 线阵，每条线阵有 12000 个探测器元件，这样可用于生成真彩色图像以及遥感应用中的专题解释。此外，在距中心线 2°的焦面位置，还有一条对近红外（NIR）光谱范围敏感的线阵器件。CCD 探测器的滤光器设计和线性特性使此机载数字相机具备成像测量仪器的质量。RGB 通道通过特殊的光学方式完美地协同配准,没杂色或有色条纹。表 1.5-1 给出了 ADS40 和其他两个机载数字相机的有关参数的详述比对,进一步的细节描述还会在第 7 章中给出。

表 1.5-1 机载数字测量相机(摄像头)参数对比

	ADS40	DMC	UltraCam_D
动态范围	12 位	12 位	12 位
帧频	$800\ s^{-1}$	$0.5\ s^{-1}$	$0.77\ s^{-1}$
快门	N/A	$1/300 \sim 1/50\ s$	$1/500 \sim 1/60\ s$
FMC	N/A	电子(TDI)	电子(TDI)
探测器类型	CCD 线阵	CCD 面阵	CCD 面阵
像元大小	$6.5\ \mu m$	$12\ \mu m$	$9\ \mu m$
光谱通道	Pan,R,G,B,近红外	Pan,R,G,B,近红外	Pan,R,G,B,近红外
全色系统			
探测器尺寸($y \cdot x$)	2×12000 交错	$7\ k \times 4\ k$	4008×2672
探测器数量	3	4	9
镜头数量	1	4	4
图像幅面($y \cdot x$)	$24000 \times$ 条带长度	13824×7680	11500×7500
焦距,$f \sharp$	$62.7\ mm$,$f/4$	$120\ mm$,$f/4$	$100\ mm$,$f/5.6$
视场($y \cdot x$)	$64° \times N/A$	$69.3° \times 42°$	$55° \times 37°$
多光谱系统			
探测器尺寸($y \cdot x$)	12000	3072×2048	4008×2672
探测器数量	4	4	4
镜头数量	1	4	4
图像幅面($y \cdot x$)	$12000 \times$ 条带长度	3072×2048	3680×2400
焦距,焦距 $f \sharp$	$62.7\ mm$,$f/4$	$25\ mm$,$f/4$	$28\ mm$,$f/4$
视场($y \cdot x$)	$64° \times N/A$	$69.3° \times 42°$	$61° \times 42°$

注:N/A 代表不适用。

1.5.2 DMC

数字测绘相机(DMC)是由 Intergraph(Intergraph,2008)公司基于面阵 CCD 研制的相机系统,四个光轴略微倾斜的镜头焦面上对应安置了四个 $7\ k \times 4\ k$ 面阵 CCD,以便由蝴蝶形状排列的子图像在中心透视方式下对应生成 13824×7680 像素的全色图像(参见第 7.2 节)。该系统的 FOV 为 $69° \times 42°$,像素尺寸为 $12\ \mu m$,焦距为 $120\ mm$。每秒两帧的最大重复率可满足大比例尺摄影和较小 GSD 要求。除了四个全色相机外,还有四个用于 R、G、B 和 NIR 的多光谱相机,面阵大小为 $3\ k \times 2\ k$。$25\ mm$ 的焦距确保每次曝光的多光谱覆盖范围与四个全色相机的图像阵列的覆盖范围相同,全色多光谱融合(pan-sharpening)技术可用于生成高分辨率彩色图像。图 1.5-2 显示了 DMC 的镜头分布排列:内部四个镜头生成全色图像,而外部四个镜头生成四个分色图像,表 1.5-1 中已给出了 DMC 的主要参数。

图 1.5-2　从下方看到的 DMC

1.5.3　UltraCam

Vexcel UltraCam 相机(参见第 7.3 节)使用具有 4008×2672 个探测器单元的 9 个 CCD 面阵来生成 11500×7500 像素的全色图像(Gruber et al.,2008)。图 1.5-3 显示了合成图像是如何"蒙太奇拼接"产生的。

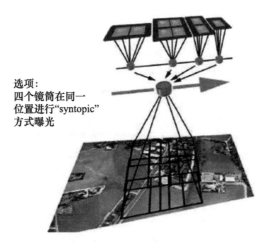

选项:
四个镜筒在同一
位置进行"syntopic"
方式曝光

图 1.5-3　全色图像由九个子图像组成(Gruber et al.,2008)

四幅彩色图像由四个焦距为 28 mm 的附加相机生成(图 1.5-1 中较大的外围镜头),进而借助全色多光谱融合技术生成更高分辨率的彩色图像,表 1.5-1 也一并给出了 $UltraCam_D$ 主要相关参数。

第 2 章　基础概念与理论

摘要　光电成像传感器光学成像与传感器的几何与辐射测量、光谱质量以及光学信息的模拟与数字处理质量等诸多方面有关,本章将对相关表征参数或函数的基础性概念进行阐述。

2.1　简介

光电成像传感器光学成像与传感器几何与辐射测量、光谱质量以及光学信息的模拟与数字处理质量等诸多方面有关,本章对相关表征参数或函数的基础性概念进行阐述。

若将摄影过程视为摄影对象的薄透镜(理想)成像,实际中的传感器镜头的几何成像(将在第 4.2 节中更详细地考虑)可被近似描述。例如,若考虑位于透镜前方距离 g 处的发光点 P 的图像,则该点被映射到透镜后方距离 b 处的点 P'。则 g 和 b 之间的关系由下式给出:

$$\frac{1}{f} = \frac{1}{g} + \frac{1}{b} \tag{2.1-1}$$

其中,f 是镜头的焦距。

如果点 P 位于距光轴的距离 G 处(对象高),则点 P' 距光轴的距离 B(像高)为(见图 2.1-1):

$$B = \frac{b}{g} \cdot G \tag{2.1-2}$$

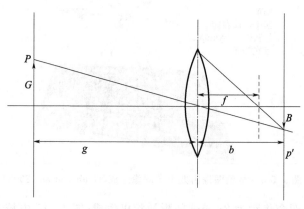

图 2.1-1　薄透镜成像

如果图像不是在像平面(距镜头距离 b 中)观察到的,而是在距离 $b \pm \varepsilon$ 的位移平面中观察到的,那么点 P 将会被成像成一个模糊圆,并且随着位移 ε 的增加模糊度也随之增加。这种简单的镜头成像模型足以粗略评估成像质量,但不足以进一步进行图像质量的精确分析。

通常,真实(多镜片,透镜组)光学器件会违反理想成像方程(2.1-1)和(2.1-2),从而形成成像误差,这种误差这里暂不考虑,读者可进一步参考文献(McCluney et al.,1994)。在高精度光学器件中,通过精细的镜头校正会将误差降至最低,并且剩余的误差可以在几何校准过程中进行测量,然后通过软件进行修正。如果需要在图像上进行测量任务(摄影测量),则必须非常仔细地进行几何校准和后续校正。

并不是所有的光学成像效果都可以用几何光学定律来解释,比如光的衍射现象也会影响成像质量,这时可以用相关光波理论来研究成像系统。波的特征是由波长 λ、频率 ν、幅度 A 和相位 ϕ 等参数进行描述的,点 P 不再映射到点 P',而是形成一个漫射点,其直径表征了成像的几何分辨率。现有的镜头误差(像差)会导致图像质量进一步下降,如果镜头不存在像差,则称成像镜头具有衍射极限特性。因为衍射是一种波动现象,图像质量随着波长 λ 的增加而降低。本章开头描述的几何光学认为光的波长 λ 近似值是 $\lambda \rightarrow 0$,只有在这种理想情况下,点才会映射成像为点。

光作为一种电磁波还具有相干性和偏振等特性。在大多数情况下,这些现象在相机的设计中并不重要,这里不予讨论——简单认为光是不相干且非偏振的。辐射的(部分)相干性是造成光干涉的原因,这种干涉尤其发生在激光辐射时。相干光的波幅是叠加的,非相干光的强度(辐射度和亮度)是叠加的。非相干光的振幅和相位是空间和时间的随机函数(在完全非相干光的情况下称为白噪声),并且必须通过平方量(强度、相关函数等)的统计平均值来描述光。真正的光既不是完全相干的,也不是完全不相干的——它是部分相干的——但在下面的分析中不会用到这个特性。

偏振源于光的矢量特性。与遵循麦克斯韦方程的任何其他电磁辐射一样,光可由彼此正交且与传播方向(横向场)正交的电场和磁场矢量描述。例如,如果将给定空间点的电矢量视为时间的函数,则它可以描述曲线变化。如果它沿直线振荡传播,则光是线偏振的。但是矢量也可以描述椭圆(椭圆偏振)或圆(圆偏振),甚至随机移动(非偏振辐射)。自然辐射通常是非偏振的,在光学表面反射或折射后会变成偏振光。这种效应可以反映出有关偏振介质特性的有用信息,但如果不加以考虑,它也会导致辐射测量误差。如果想要获得精确的辐射测量,而不仅仅图片的视觉效果,那么应深入研究光的极化特性。

光总是由具有不同波长(和传播方向)的波列叠加而成。因此,描述辐射的所有物理量(如振幅、相位和强度),都取决于波长 λ 或波数 $\sigma = 1/\lambda$。这些函数 $f(\lambda)$ 表征光的光谱特性,$f(\lambda)$ 是对应物理量 f 的光谱。如果函数 $f(\lambda)$ 集中在平均波长 λ_0 附近的一个小邻域中,则辐射是(准)单色的。否则,辐射或多或少是宽带的。可以使用滤光片、棱镜或光栅将其分解为不同光谱部分,从而获得想要光源及反射、折射、吸收或散射介质的有用信息。自然辐射一般具有宽带特性,而激光辐射可以被认为是极窄带光谱。与光谱相关的是光的颜色,它不是一个物理量,而是一种视觉感知现象。已经开发了许多模型来准确描述颜色,如果必须生成真彩色图像,则会用到相关模型。

由辐射探测器测量的物理值与入射辐射振幅平方的平均时间成正比,它是在积分时间内到达探测器的特定光谱间隔内的辐射能量和亮度的度量。当必须测量该能量时(对于普通相机而言并非如此——具备良好的视觉质量效果就足够了),则必须考虑使用何种辐射测量系统。辐射测量系统需要非常仔细的设计,因为各种小的误差都会导致测量质量的显著恶化。

麦克斯韦方程将光描述为空间时间中的连续现象,这只是对其真实性质的近似。如果进入原子范围并研究原子和分子对光的发射和吸收,很明显光仅是能量的离散部分(光量子或光

子)的发射和吸收。就目的而言,将光子想象为具有波长 λ 和频率的一定范围内的波列有限时间持续就足够了

$$\nu = c/\lambda \qquad (2.1\text{-}3)$$

其中 c 是光速,能量为

$$E = h \times \nu \qquad (2.1\text{-}4)$$

其中 h 是普朗克常数。

由于光子的发射是一个随机事件(即发射时间是一个随机变量),自然光是光子在空间和时间上具有波动的光子数或多或少的随机叠加。这些波动被称为光子噪声,这是光电系统辐射测量精度的极限。

在对光学系统(包括辐射源和传输介质)进行充分描述后,有必要研究探测器和信号处理电子器件的特性。先进的光电探测器由一个个探测器元件(探元)在芯片上规则排列组装而成,连续辐射场由探测器元件的有限区域采样。由于探测器元件的尺寸和灵敏度的空间分布特性,采集的空间信息是有模糊性的,这种模糊会与光学孔径处光衍射产生的模糊进行叠加。有时,探测器元件的规则排列会产生某些不利现象(混叠),可以通过适当权衡光学器件和探测器阵列来降低这种现象的负面影响。为了实现这一点,必须将采样定理与描述模糊的参数一起考虑(例如点扩展函数(PSF)或调制传递函数(MTF)),傅里叶变换在这里起着至关重要的作用。

在以下各节中,将更详细地讨论迄今为止仅简要提及的辐射、光学和传感器的特性。如何记录非相干和非极化辐射会特别有些趣味性。后面的章节会将必要的理论基础与实际问题一并讨论,可参考 Goodman(1985)、McCluney(1994)、Jahn 和 Reulke(1995)以及 Holst(1998a,b)等资料进行更深入地研究。

2.2 光的基本性质

根据光的波动理论,在介质中传播的光波可以用平面波叠加的实部来描述:

$$A(\lambda) \cdot \exp[j \cdot (k \cdot r - \omega \cdot t)] \qquad (2.2\text{-}1)$$

式中,波向量 $k = \dfrac{2\pi}{\lambda} \cdot e$ 由波长 λ 和由单位向量 e 给出的传播方向共同描述。$\omega = 2\pi\nu$ 是圆周频率,根据 $c = \lambda \cdot \nu$(式 2.1-3)取决于波长。相位速度 c 是传输介质中的光速,它通过 $c = c_{vac}/n$($n = n(\lambda)$ 是折射率)与真空光速相关联。振幅 A 是一个复数,实际上是一个向量(电场或磁场强度的矢量),其垂直于 e 的传播方向(横波)。因为这里没有研究极化,所以 A 可被认为是一个标量变量。如果复数 A 写成 $A(\lambda) = |A(\lambda)| \cdot \exp[j \cdot \varphi(\lambda)]$,由振幅 $A = |A|$(实部)和相位 ϕ,那么光波可以表示为:

$$A(\lambda) \cdot \cos\left[\frac{2\pi}{\lambda} \cdot (e \cdot r - c \cdot t) + \varphi(\lambda)\right] \qquad (2.2\text{-}2)$$

该波以速度 c 在方向 e 上传播。

辐射量(例如辐射率和功率通量)是式(2.2-2)类型波平方的平均,即它们与振幅平方 $A^2(\lambda)$ 成正比。在非相干辐射情况下,这些量可以相加(尤其是在波长上可积分),而在相干的情况下,复数值振幅 $A(\lambda)$ 则必须积分或相加。

为了估计在时间间隔 Δt 期间到达探测器元件的能量大小,现在简要介绍描述辐射的必要

变量。波长范围 $\Delta\lambda$ 中的功率(以瓦特[W]为单位)由面单元 ΔF(单位向量 $\boldsymbol{n}$ 描述表面法线)发射到立体角单元 $\Delta\Omega$(围绕方向 s)的公式给出,如下:

$$\Delta\Phi_\lambda = L_\lambda \cdot \cos(\theta) \cdot \Delta F \cdot \Delta\Omega \cdot \Delta\lambda \tag{2.2-3}$$

这里 θ 是向量 $\boldsymbol{n}$ 和 $\boldsymbol{s}$ 之间的角度(见图 2.2-1)。

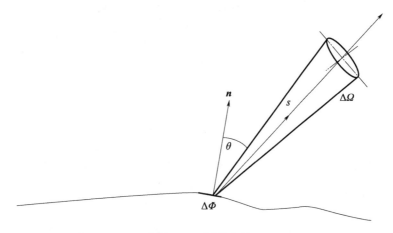

图 2.2-1　辐射发射

表征发射表面辐射特性的变量 L_λ(以[W/(m² · sr · nm)]为单位测量)称为光谱辐射。通常,L_λ 取决于发射面单元的位置、发射时间、波长 h_λ 和发射方向 s。在朗伯辐射器的(理想化)情况下,L_λ 不取决于发射方向 s,简单起见,此情况通常用于粗略估计。严格来说,它仅适用于内壁具有恒定温度 T 的空腔,这样的空腔即所谓的黑体辐射,其辐射亮度为:

$$B_\lambda(T) = \frac{2\,hc^2}{\lambda^5} \cdot \frac{1}{\exp\left(\dfrac{h \cdot c}{\lambda \cdot k \cdot T}\right) - 1} \tag{2.2-4}$$

式(2.2-4)中,h 是普朗克常数,k 是玻尔兹曼常数,T 是绝对温度。

为了校准目的,黑体辐射通常(尤其是在光谱的红外部分)由所谓的近似黑体产生。现实中,其总是与普朗克定律式(2.2-4)存在一定偏差,可用辐射系数 ε_λ 予以描述。辐射光源不接收其他辐射:

$$L_\lambda = \varepsilon_\lambda \cdot B_\lambda(T), \tag{2.2-5}$$

其中,$\varepsilon_\lambda < 1$。

近似黑体光源的一个例子是太阳,太阳光球以近似黑体辐射发射的辐射温度约为 $T = 5800$ K,则色球以式(2.2.5)吸收辐射电磁波的部分频谱。

为了估计辐射到探测器元件的辐射能量,可考虑利用透镜对辐射表面进行光学映射。令 F_O 为物体表面(这里假设其垂直于主轴)辐射,其被映射到探测器元件上的区域 F_D。然后,根据式(2.1-2):

$$F_D = \frac{b^2}{g^2} \cdot F_O \tag{2.2-6}$$

F_O 发出并到达 F_D 的辐射由孔径为 D 和面积为 $F_L = \frac{\pi}{4} \cdot D^2$ 透镜收集。该辐射包含在立体角中(见图 2.2-2)。因此,探测器元件接收的功率约为:

$$\Omega_0 = \frac{F_L}{g^2} \cdot \cos(\theta) = \frac{\pi}{4} \cdot \left(\frac{D}{g}\right)^2 \cdot \cos^3(\theta) \tag{2.2-7}$$

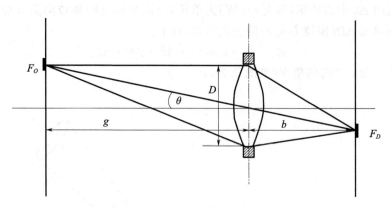

图 2.2-2　光学成像辐射参数

使用式(2.2-6)并考虑远处的物体($g \gg f$；$b \approx f$)，那么最终得到：

$$\Delta \Phi_\lambda = L_\lambda \cdot \cos(\theta) \cdot F_O \cdot \Omega_O \cdot \Delta\lambda = \frac{\pi}{4} \cdot \left(\frac{D}{g}\right)^2 \cdot F_O \cdot \cos^4(\theta) \cdot L_\lambda \cdot \Delta\lambda$$

$$\Delta \Phi_\lambda = \frac{\pi}{4} \cdot \left(\frac{D}{f}\right)^2 \cdot F_D \cdot \cos^4(\theta) \cdot L_\lambda \cdot \Delta\lambda = \frac{\pi}{4} \cdot \frac{F_D}{f_\#^2} \cdot \cos^4(\theta) \cdot L_\lambda \cdot \Delta\lambda \qquad (2.2\text{-}8)$$

这里，$f_\# = f/D$ 是所谓的镜头 f 数，这个重要参数与镜头光圈处的光衍射相关(见下文)。探测器元件所接收辐射量的另一个特征是亮度随着距主轴距离的增加而降低，这与此处使用的 $\cos^4(\theta)$ 近似成正比。探测器元件离主轴越远，它接收的能量就越少。

在式(2.2-8)中，默认所有发射到镜头的辐射都可以通过它。但实际上，镜头和大气中都存在辐射的吸收和散射。此外，所使用光谱滤光器(例如，用于生成彩色图像的 R-、G-和 B-滤光器)吸收性更是如此。所有这些影响都可以用传递函数 $\tau_\lambda < 1$ 来描述，这样式(2.2-8)变为：

$$\Delta \Phi_\lambda = \frac{\pi}{4} \cdot \frac{F_D}{f_\#^2} \cdot \cos^4(\theta) \cdot \tau_\lambda \cdot L_\lambda \cdot \Delta\lambda \qquad (2.2\text{-}9)$$

由于光在光学介质(大气、透镜等)中的散射，来自其他来源的不需要的光可能会被发射到探测器元件，此情形无法完全避免，但可以通过适当的对策(挡板或遮光罩)进行弥补。这种干扰辐射的剩余因素必须添加到式(2.2-9)的右侧，其会在传感器数据中产生系统误差。对于热红外辐射范围，这里不予考虑，但必须考虑透镜、相机壳体等发出的辐射(即探测器的整个外围环境)。

探测器元件接收到的总功率由式(2.2-9)关于波长积分得出：

$$\Phi = \frac{\pi}{4} \cdot \frac{F_D}{f_\#^2} \cdot \cos^4(\theta) \cdot \int_0^\infty \tau_\lambda \cdot L_\lambda \cdot \mathrm{d}\lambda + \Phi_{\text{scatter}} \qquad (2.2\text{-}10)$$

形式上，积分扩展到从零到无穷大的所有波长。但实际上，由于传输函数 τ_λ 的限制，只有一部分光谱与探测器元件相互作用。

在时间间隔 Δt(积分时间)内，传感器元件接收能量：

$$E = \Phi \cdot \Delta t \qquad (2.2\text{-}11)$$

因为这里考虑的 CCD 或 CMOS 传感器是量子探测器，有时将光视为量子或光子流更合适。这些探测器的特征表现为量子效率 η_{qu}，平均而言，其发射 N_{ph} 数量的光子中可(平均)产生 N_{el} 个电子。

为了计算发射到探测器元件光子的平均数,式(2.2-10)和式(2.2-11)应被写为:

$$E = \int_0^\infty e_\lambda \, d\lambda \qquad (2.2\text{-}12)$$

其中,

$$c_\lambda = \frac{\pi}{4} \cdot \frac{F_D}{f_\#^2} \cdot \cos^4(\theta) \cdot \tau_\lambda \cdot L_\lambda \cdot \Delta t + e_{\lambda,ccatter} \qquad (2.2\text{-}13)$$

根据量子理论,波长 λ 处的辐射能量只能是单个光子能量的倍数 $h \cdot \nu = h \cdot c/\lambda$(见式(2.1-4)和式(2.1-3))。如果 $n_\lambda d\lambda$ 是区间$[\lambda, \lambda + d\lambda]$中的平均光子数,则有:

$$\varepsilon_\lambda = n_\lambda \cdot \frac{h \cdot c}{\lambda}$$

$$n_\lambda = \frac{\lambda}{h \cdot c} \cdot e_\lambda = \frac{\pi}{4} \cdot \frac{F_D}{f_\#^2} \cdot \cos^4(\theta) \cdot \tau_\lambda \cdot \frac{\lambda}{h \cdot c} \cdot L_\lambda \cdot \Delta t \qquad (2.2\text{-}14)$$

其中, $N^{ph} = \int_0^\infty n_\lambda d\lambda$ 是探测器元件接收到的光子总数。

现在,如果式(2.2-14)乘以量子效率并在波长上积分,则可以计算探测器元件内产生的平均电子数:

$$N^{el} = \frac{\pi}{4} \cdot \frac{F_D}{f_\#^2} \cdot \cos^4(\theta) \cdot \Delta t \cdot \int_0^\infty \eta_\lambda^{qu} \cdot \tau_\lambda \cdot \frac{\lambda}{h \cdot c} \cdot L_\lambda \cdot d\lambda \qquad (2.2\text{-}15)$$

这个量会被读出电子设备转换成电压,接着电压被馈入模数转换器,转换器又会生成一个与 N_{el} 成比例的数值(DN),从而可进行数字化地存储和处理。

上述公式已足以对探测器信号进行粗略估计,为了进行更精确的研究,必须考虑辐射量的空间和时间依赖性。辐射率 L_λ 以及相关量通常取决于空间和时间,上文论述中对其进行了忽略。由于 CCD 或 CMOS 传感器的积分时间 Δt 在大多数情况下非常短,因此 L_λ 在此期间变化不大,通过上述方法 $\int_t^{t+\Delta t} L_\lambda(t') dt'$ 可以被近似为 $L_\lambda(t)\Delta t$。

设 X, Y 是物体平面的坐标表示(比如由星载或机载传感器对地球观测,则地球表面可视为平面),则 L_λ 是 X 和 Y 的函数。根据式(2.1-2),探测器探元所在像平面(或焦平面)的对应坐标为:

$$x = -\frac{b}{g} \cdot X; \quad y = -\frac{b}{g} \cdot Y \qquad (2.2\text{-}16)$$

因此,与测量值相关的量是 x 和 y 的函数。它们可以从一个探测器元件到另一个探测器元件发生相当大的变化。

辐射物体表面上的点(X, Y)由透镜(几何光学中使用的近似值)映射到图像平面中的点(x, y)。则可将函数 $L_\lambda(X, Y)$ 转换为等价函数:

$$L_\lambda^*(x, y) = L_\lambda\left(-\frac{g}{b} \cdot x, -\frac{g}{b} \cdot y\right) \qquad (2.2\text{-}17)$$

其是图像平面中坐标 x, y 的函数。

因此,在上述公式中, $F_D \cdot L_\lambda$ 应替换为 $\int_{F_D} \int L_\lambda^*(x', y') dx' dy' \approx F_D \cdot L_\lambda^*(x, y)$。如果进一步还要考虑衍射影响,则还需采用适当的傅里叶数学变换做进一步改进,具体见第 2.3 节。

在本章的最后,将简要考虑辐射测量和光度测量之间的关系。

如上所述,严格意义上讲应考虑使用一定的测量系统对辐射量进行测定。但过去(现在通常也是如此)图像质量是通过视觉评估的。为此,需考虑与人类视觉系统特性(尤其是光谱灵敏度）相关的某些光度量。为了呈现辐射量和光度量之间的关系，需要对已经使用的辐射量进行精确定义。

光谱辐射率 L_λ 是单位波长范围（例如，1 nm）、单位面积（例如，1 m²）和单位立体角（球面度，sr）表面所发出的辐射功率。它是空间坐标 x、y，时间 t，波长 λ，天顶角 θ 和方位角 φ 的函数，量纲为 $[W/(m^2 \cdot sr \cdot nm)]$，辐射率 $L[W/(m^2 \cdot sr)]$ 由 $\int L_\lambda d\lambda$ 给出。在该区域上积分的辐射表示为强度 $I[W/sr]$，辐射接收表面的辐照度 $E[W/m^2]$ 为：

$$E = \int_\Omega L \cdot \cos\theta \cdot d\Omega ; (d\Omega = \sin\theta \cdot d\theta \cdot d\phi)$$

其是被限制在立体角 Ω 内的发射到辐射所击中表面接收到的单位面积功率，区域（例如探测器元件）上积分给出的辐射通量为 $\Phi[W]$。无需对波长进行积分即可获得相关的光谱量，如光谱通量 $\Phi_\lambda[W/nm]$：

$$\Phi = \int \Phi_\lambda d\lambda$$

令 Q_λ 是任意光谱辐射量，那么相关的光度量 Q_{phot} 由下式给出：

$$Q_{phot} = 683 \cdot \int Q_\lambda \cdot V(\lambda) d\lambda \qquad (2.2\text{-}18)$$

这里，$V(\lambda)$ 是人类对明视觉（即视网膜锥视觉）的敏感度，如图 2.2-3 所示。辐射量和光度量之间的关系见表 2.2-1。

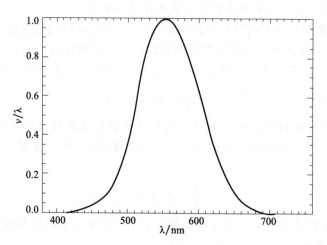

图 2.2-3　人类对明视觉的敏感度 $V(\lambda)$

表 2.2-1　辐射量和光度量

辐射量	光度量
辐射通量 Φ_{rad}/W	光通量 Φ_{phot}/lm
辐射强度 $I_{rad}/(W/sr)$	发光强度 I_{phot}/cd
辐照度 $E_{rad}/(W/m^2)$	照度 E_{phot}/lx
辐射 $L_{rad}/(W/m^2 \cdot sr)$	亮度 $L_{phot}/(cd/m^2)$

2.3　傅里叶变换

在许多科学学科中,尤其是在光学系统的研究中,将关于空间或时间的函数理解为一系列正弦函数的叠加是十分有用的,这主要是因为线性系统不会改变正弦函数波形,只有幅度(调制)和相位会受到影响。据此已经介绍了一些光电子系统的重要特性,如光传递函数(OTF)和调制传递函数(MTF),稍后将对这些特性进一步展开讨论(第 2.4 节涵盖线性系统)。

首先考虑一维情况,这对研究电子电路中的信号处理很有意义。设 $f(t)$ 是只有一个变量 t(可以是时间或任何其他坐标)的函数。在某些数学限制(此处未讨论)下,函数 $f(t)$ 可以写为正弦函数 $\sin(2\pi\nu t)$ 和 $\cos(2\pi\nu t)$ 的叠加。这里,ν 是正弦函数的频率,周期 $T=1/\nu$。作为物理量的频率 ν 是一个非负实数($0 \leqslant \nu < \infty$)。

使用复值指数函数表示更为优雅,由基本数学式:

$$e^{jx} = \cos(x) + j \cdot \sin(x) \tag{2.3-1}$$

其中 j 是虚数单位,方程(2.3-1)可以分解为:

$$\cos(x) = \frac{1}{2} \cdot \left[e^{jx} + e^{-jx} \right]; \sin(x) = \frac{1}{2j} \cdot \left[e^{jx} - e^{-jx} \right] \tag{2.3-2}$$

这样,函数 $f(t)$ 的傅里叶表示可以写成:

$$f(t) = \int_{-\infty}^{+\infty} F(\nu) \cdot e^{j2\pi\nu t} \, d\nu \tag{2.3-3}$$

$F(\nu)$ 是函数 $f(t)$ 的(复数值)频谱,其定义为正负"频率"ν,出现负频率没有物理意义——它只保证了数学上的形式优雅。使用式(2.3-2),可以将式(2.3-3)转换为具有实数值和非负频率的"物理"形式:

$$f(t) = 2 \int_0^\infty A(\nu) \cdot \cos[2\pi\nu \cdot t + \varphi(\nu)] \, d\nu \tag{2.3-4}$$

该公式中复值谱为:

$$F(\nu) = A(\nu) \cdot e^{j\varphi(\nu)}; A(\nu) = |F(\nu)| \tag{2.3-5}$$

方程(2.3-4)是将 $f(t)$ 表示为正弦振荡的叠加,这里频率为 ν 的每个振荡的幅度为 $2A(\nu)$,相移为 $\varphi(\nu)$。因此,$A(\nu)$ 是幅度谱,$\varphi(\nu)$ 是(实值)函数 $f(t)$ 的相位谱。

如果谱 $F(\nu)$ 已知,则函数 $f(t)$ 可以根据(2.3-3)计算。相反,频谱可以由下式计算:

$$F(\nu) = \int_{-\infty}^{+\infty} f(t) \cdot e^{-j2\pi\nu t} \, dt \tag{2.3-6}$$

如果给定 $f(t)$(这里考虑的信号 $f(t)$ 是实值函数),可以从式(2.3-6)导出以下对称关系:

$$F^*(\nu) = F(-\nu); |F(\nu)| = |F(-\nu)|; \varphi(\nu) = -\varphi(-\nu) \tag{2.3-7}$$

在这里,F^* 是 F 的复共轭。方程(2.3-7)表征了一个事实——即非负频率足以描述实值信号 $f(t)$。

一类特殊的函数 $f(t)$ 由周期函数组成:

$$f^p(t+T) = f^p(T) \tag{2.3-8}$$

其中,T 是函数的周期。到目前为止考虑的函数 $f(t)$ 可以解释为周期函数的特殊情况,即 $T \to \infty$。

周期函数可以表示为具有离散频率 $n \cdot \nu = n/T$ 的正弦函数的叠加。函数 $\sin(2\pi\nu t)$ 和 $\cos(2\pi\nu t)$ 同样是周期性的,$T=1/\nu$。对于函数 $\sin(2\pi n\nu t)$ 和 $\cos(2\pi n\nu t)$ 以及这些函数的每个

线性组合也是如此。函数 $\sin(2\pi n\nu t)$ 和 $\cos(2\pi n\nu t)(n=0,\cdots,\infty)$ 表示了完全正交的函数系统，所以每个周期函数都可以表示为该函数系统的叠加。

至于傅里叶积分，周期函数 $f^{\mathrm{p}}(t)$ 的指数函数展开如下：

$$f^{\mathrm{p}}(t) = \sum_{n=-\infty}^{+\infty} a_n \cdot \mathrm{e}^{j2\pi\frac{n}{T}t} \tag{2.3-9}$$

方程(2.3-9)是周期函数 $f^{\mathrm{p}}(t)$ 的傅里叶级数，基函数 $\exp(j2\pi nt/T)$ 的正交性质由以下关系表示：

$$\int_{-T/2}^{+T/2} \mathrm{e}^{j2\pi\frac{n-m}{T}t}\,\mathrm{d}t = T \cdot \delta_{n,m} \tag{2.3-10}$$

这里，$\delta_{n,m}$ 是由下式定义的克罗内克(kronecker)符号：

$$\delta_{n,m} = \begin{cases} 1 & n=m \\ 0 & n\neq m \end{cases} \tag{2.3-11}$$

使用式(2.3-10)和式(2.3-9)展开式可以反转，有结果：

$$a_n = \frac{1}{T} \cdot \int_{-T/2}^{+T/2} f^{\mathrm{p}}(t) \cdot \mathrm{e}^{-j2\pi\frac{n}{T}t}\,\mathrm{d}t \tag{2.3-12}$$

这与公式(2.3-6)类似，此用于描述周期函数 $f^{\mathrm{p}}(t)$ 离散谱的傅里叶系数服从对称关系：

$$a_n^* = a_{-n} \tag{2.3-13}$$

其又与公式(2.3-7)类似。这样对于 $F(\nu)$，可以根据下式引入(离散的)幅度和相位谱：

$$a_n = |a_n| \cdot \mathrm{e}^{j\varphi_n} \tag{2.3-14}$$

接下来，介绍傅里叶积分和傅里叶级数的一些性质。令 $F(\nu)$ 为函数 $f(t)$ 的频谱，设 $G(\nu)$ 是与 $F(\nu)$ 相差线性相移的光谱：

$$G(\nu) = F(\nu) \cdot \mathrm{e}^{-j2\pi\nu t_0} \tag{2.3-15}$$

那么，根据(2.3-3)，对应的函数 $f(t)$ 和 $g(t)$ 的关系为：

$$g(t) = f(t-t_0) \tag{2.3-16}$$

这意味着线性相移对应于信号的时移。此外，信号 $f(t)$ 的纯时移不会改变该信号的幅度谱。在周期性情况下也是如此：傅里叶系数 a_n 乘以线性相位 $\exp(-j2\pi n\nu t_0)$ 等效于时移 t_0。

如果 $f(t)$ 是电压或电流，则 $f^2(t)$ 与电功率成正比，因此，$f^2(t)$ 上的积分与信号中包含的总能量成正比。以下关系成立(Parseval 定理)：

$$\int_{-\infty}^{+\infty} f^2(t)\,\mathrm{d}t = \int_{-\infty}^{+\infty} |F(\nu)|^2\,\mathrm{d}\nu \tag{2.3-17}$$

总能量分解为光谱部分 $|F(\nu)|^2\,\mathrm{d}\nu$。因此，$|F(\nu)|^2$ 称为功率谱(能谱会更贴切)。在周期情况下，类似的公式是：

$$\frac{1}{T} \cdot \int_{-T/2}^{+T/2} f^{\mathrm{p}2}(t)\,\mathrm{d}t = \sum_{n=-\infty}^{+\infty} |a_n|^2 \tag{2.3-18}$$

可以通过将傅里叶级数插入左侧并利用正交关系式(2.3-10)来推导出式(2.3-18)。类似地，如果使用狄拉克 Δ(Dirac delta)函数 $\delta(t)$ 而不是 克罗内克(kronecker) delta，则可以导出式(2.3-17)，可以将这个函数(数学上不正确!)想象为一个无限窄的信号，无限大的信号值集中在 $t=0$ 处。

该 δ 函数归一化为 1，且可对单值连续函数 $f(t)$ 进行切割：

$$\delta(t) = \begin{cases} \infty & t=0 \\ 0 & \text{其他} \end{cases}$$

$$f(t) = \int_{-\infty}^{+\infty} f(t') \cdot \delta(t'-t)\mathrm{d}t' \quad \text{特殊情况下}$$

$$f(0) = \int_{-\infty}^{+\infty} f(t) \cdot \delta(t)\mathrm{d}t \text{ 且} \int_{-\infty}^{+\infty} \delta(t)\mathrm{d}t = 1 \tag{2.3-19}$$

δ 函数作为连续函数的边(界)值有很多表示形式,例如用具有宽度渐失的高斯函数表示为(见图 2.3-1):

$$\delta(t) = \lim_{\sigma \to 0} \frac{1}{\sigma \sqrt{2\pi}} \cdot \mathrm{e}^{-\frac{t^2}{2\sigma^2}} \tag{2.3-20}$$

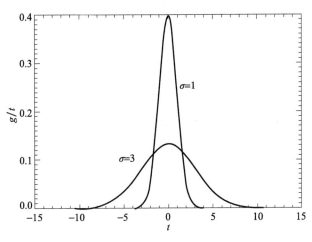

图 2.3-1　高斯函数

如果将 δ 函数应用于傅里叶变换式(2.3-6),则从式(2.3-5)得出:

$$\Delta(\nu) = 1 \quad -\infty < \nu < +\infty \tag{2.3-21}$$

且

$$\delta(t) = \int_{-\infty}^{+\infty} \mathrm{e}^{j2\pi\nu t}\mathrm{d}\nu \tag{2.3-22}$$

δ 函数的频谱包含了任意高频下的恒定幅度,这在现实中是不可能实现的。该 δ 函数是一个数学上的抽象,其并不代表真实的信号。但它的数学优势明显,可以用来推导出公式如(2.3-17)。

另一个重要的函数是高斯(或正态分布,见图 2.3-1)函数,常用于描述光电信号:

$$g(t) = \frac{1}{\sigma \sqrt{2\pi}} \cdot \mathrm{e}^{-\frac{t^2}{2\sigma^2}} \tag{2.3-23}$$

它的频谱由下式给出:

$$G(\nu) = \mathrm{e}^{-\frac{\nu^2}{2\kappa^2}}, \kappa = \frac{1}{2\pi\sigma} \tag{2.3-24}$$

所以高斯函数的频谱也是高斯函数形式,但归一化有所不同。参数 σ 描述了钟形函数 $g(t)$ 的宽度,而 κ 表征了 $G(\nu)$ 的宽度。关系 $2\pi\sigma\kappa = 1$(式(2.3-24))意味着频谱 $G(\nu)$ 越宽,信号 $g(t)$ 越窄,反之亦然(见图 2.3-2)。换句话说,函数越窄越陡,它必须包含的频率就越大。这不仅适用于高斯分布,而且适用于一般情况。

下面是另一种常用函数——"矩形"函数:

$$\tau_{\tau}(t) = \begin{cases} \dfrac{1}{\tau} & -\dfrac{\tau}{2} \leqslant t \leqslant +\dfrac{\tau}{2} \\ 0 & \text{其他} \end{cases} \tag{2.3-25}$$

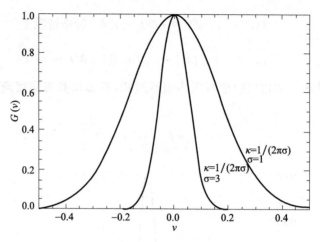

图 2.3-2　高斯函数的频谱

宽度为 τ(图 2.3-3),它的频谱由下式给出(见图 2.3-4):

$$R_\tau(\nu) = \frac{\sin(\pi\nu\tau)}{\pi\nu\tau} \tag{2.3-26}$$

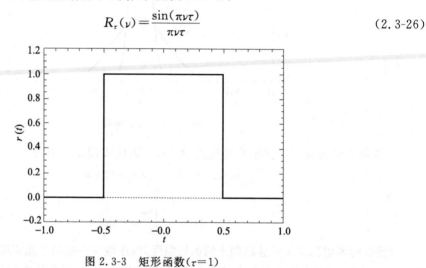

图 2.3-3　矩形函数($\tau=1$)

由于 $r_\tau(t)$ 的不连续性,该频谱随着频率的增加(与 $1/\nu$ 成比例)非常缓慢地减小。这种表现也由 $R_\tau(\nu)$ 的零值 $\nu_n = n/\tau$ 得以体现。τ 越小,零点处值越大。

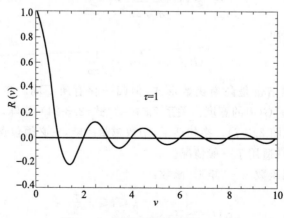

图 2.3-4　矩形函数的频谱($\tau=1$)

不只是正弦函数而且其他周期函数在信号的描述中也都起着重要的作用。然而,在强调特殊情况之前,这里先给出连续和离散信号表示之间的一般关系。

一个周期信号可以写成函数 $f_\tau(t)$ 的周期延拓,区间为 $[-\tau/2, +\tau/2]$(即对于 $t \notin [-\tau/2, +\tau/2]$, $f_\tau(t)=0$)(图 2.3-5):

$$f_\tau^p(t) = \sum_{n=-\infty}^{+\infty} f_\tau(t-nT) ; T \geqslant \tau \qquad (2.3\text{-}27)$$

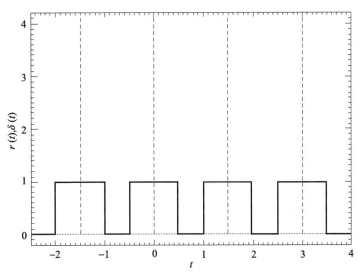

图 2.3-5　周期矩形信号($\tau=1, T=1.5$)和狄拉克梳齿(虚线)

这里,周期 T 总是大于或等于函数 $f_\tau(t)$ 的宽度 τ,根据式(2.3-6),函数 $f_\tau(t)$ 的谱 $F_\tau(\nu)$ 可写为:

$$F_\tau(\nu) = \int_{-\tau/2}^{+\tau/2} f_\tau(t) \cdot e^{-j2\pi\nu t} dt$$

再则,根据式(2.3-12)傅里叶系数为:

$$a_n = \frac{1}{T} \cdot \int_{-T/2}^{+T/2} f_\tau(t) \cdot e^{-j2\pi\frac{n}{T}t} dt = \frac{1}{T} \cdot \int_{-\tau/2}^{+\tau/2} f_\tau(t) \cdot e^{-j2\pi\frac{n}{T}t} dt$$

这两个公式的比较表明,傅里叶系数可以通过采样点 $\nu=n/T$ 处的频谱 $F_\tau(\nu)$ 表示:

$$a_n = \frac{1}{T} \cdot F_\tau\left(\frac{n}{T}\right) \qquad (2.3\text{-}28)$$

因此周期函数 $f_\tau^p(t)$ 可以表示为傅里叶级数:

$$f_\tau^p(t) = \frac{1}{T} \sum_n F_\tau\left(\frac{n}{T}\right) \cdot e^{j2\pi\frac{n}{T}t} \qquad (2.3\text{-}29)$$

由式(2.3-6),周期函数 $f_\tau^p(t)$ 的频谱由下式给出:

$$F_\tau^p(\nu) = \frac{1}{T} \sum_n F_\tau\left(\frac{n}{T}\right) \cdot \delta\left(\nu - \frac{n}{T}\right) \qquad (2.3\text{-}30)$$

另外,周期性函数 $f_\tau^p(t)$ 对应的谱函数 $F_\tau^p(\nu)$ 可以通过一个限定数目的量来表示,这对于第 2.5 节中考虑的带限信号也很重要。

现在考虑周期信号的一些特殊情况。对于时间离散信号的描述,特别是对于连续信号的

采样,使用矩形函数的周期延拓(图 2.3-5):

$$\tau_\tau^P(t) = \sum_{n=-\infty}^{+\infty} r_\tau(t-nT) ; T \geqslant \tau \tag{2.3-31}$$

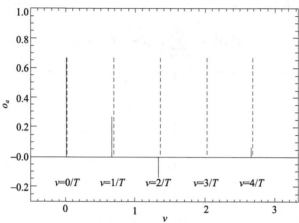

图 2.3-6　周期矩形函数和狄拉克梳(虚线)的傅里叶系数

周期信号式(2.3-31)的各个矩形的幅度为 $1/\tau$。所以,对于极限 $\tau \to 0$

$$\delta(t) = \lim_{\tau \to 0} r_\tau(t) \tag{2.3-32}$$

可以引入所谓的狄拉克梳:

$$\delta^P(t) = \sum_{n=-\infty}^{+\infty} \delta(t-nT) \tag{2.3-33}$$

它是 δ 函数的周期性延续和式(2.3-31)($\tau \to 0$)的极限。

根据式(2.3-9),周期函数可以用傅里叶级数表示:

$$\sum_{n=-\infty}^{+\infty} \delta(t-nT) = \frac{1}{T} \sum_{n=-\infty}^{+\infty} e^{j2\pi\frac{n}{T}t} \tag{2.3-34}$$

该式是(2.3-29)的特例,可用于许多信号研究。狄拉克梳的谱由下式给出:

$$\Delta^P(\nu) = \sum_n e^{-j2\pi nT\nu} = \frac{1}{T} \sum_n \delta\left(\nu - \frac{n}{T}\right) \tag{2.3-35}$$

使用这些公式和谱 $R_\tau(\nu)$((2.3-26)式),获得了周期性延拓的矩形函数式(2.3-31)的结果如下:

$$a_n = \frac{1}{T} \cdot \frac{\sin\left(\pi\frac{n}{T}\tau\right)}{\pi\frac{n}{T}\tau} = \frac{1}{T}R_\tau\left(\frac{n}{T}\right) \tag{2.3-36}$$

$$R_\tau^p(\nu) = \frac{1}{T} \sum_n \frac{\sin\left(\pi\frac{n}{T}\tau\right)}{\pi\frac{n}{T}\tau} \cdot \delta\left(\nu - \frac{n}{T}\right) \tag{2.3-37}$$

周期性不仅可以出现在函数 $f(t)$ 中,还可以出现在谱函数 $F(\nu)$ 中。若令 $F_p(\nu)$ 是周期为 ν_p 的周期谱,那么方程 $F_p(\nu+\nu_p) = F_p(\nu)$ 成立。类似于式(2.3-29)和式(2.3-12),周期谱可以用傅里叶级数来描述：

$$F^P(\nu) = \sum_n c_n \cdot \mathrm{e}^{-j2\pi\frac{n}{\nu_p}\nu} \tag{2.3-38}$$

相应傅里叶系数：

$$c_n = \frac{1}{\nu_P} \int_{-\nu_p/2}^{+\nu_p/2} F^P(\nu) \cdot \mathrm{e}^{j2\pi\frac{n}{\nu_p}\nu} \mathrm{d}\nu \tag{2.3-39}$$

此公式将有助于采样定理的推导（第 2.5 节）。

根据一维傅里叶积分和傅里叶级数的这些表示，现在可以非常简要地处理二维情况。

令 $f(x,y)$ 是两个变量 x 和 y 的函数，然后类似于式（2.3-3）和（2.3-6），二维傅里叶变换定义为：

$$f(x,y) = \mathrm{e}^{j2\pi(k_x x + k_y y)} \mathrm{d}k_x \mathrm{d}k_y \tag{2.3-40}$$

$$F(k_x, k_y) = \mathrm{e}^{-j2\pi(k_x x + k_y y)} \mathrm{d}x \mathrm{d}y \tag{2.3-41}$$

这里，积分取自 $-\infty$ 到 $+\infty$。变量 k_x, k_y 是空间频率，$F(k_x, k_y)$ 是函数 $f(x,y)$ 的空间频谱。随着幅度和相位频谱的引入，根据：

$$F(k_x, k_y) = |F(k_x, k_y)| \cdot \mathrm{e}^{j\Phi(k_x, k_y)} \tag{2.3-42}$$

可以获得具有非负空间频率的表示：

$$f(x,y) = 2 \int_0^\infty \int_0^\infty |F(k_x, k_y)| \cdot \cos[2\pi(k_x x + k_y y) + \Phi(k_x, k_y)] \mathrm{d}k_x \mathrm{d}k_y \tag{2.3-43}$$

该描述给出了对空间频率的清晰解释。函数 $\cos[2\pi(k_x x + k_y y) + \Phi(k_x, k_y)]$ 是一个具有波峰和波谷的波，如果忽略仅表征波相对于点 $x=0, y=0$ 的位移相移 Φ，则峰值由 $\cos[2\pi(k_x x + k_y y)] = 1$ 或方程 $k_x x + k_y y = n (n=0, \pm 1, \cdots)$ 给出。如果引入波矢量（或空间频率矢量）$\boldsymbol{k} = (k_x, k_y)$ 和位置矢量 $\boldsymbol{r} = (x, y)$，则该方程可以更紧凑地写为 $\boldsymbol{k} \cdot \boldsymbol{r} = n$。这些方程描述了各种垂直于波矢量 $\boldsymbol{k}$ 的直线（见图 2.3-7）。两条直线 n 和 $n+1$ 之间的距离由"波长" $\Lambda = 1/k$ 给出，这里 $k = \sqrt{k_x^2 + k_y^2}$ 是波矢的长度。该方程 $\Lambda = 1/k$ 等效于表征正弦振荡的方程 $T = 1/\nu$（T 是周期，ν 是频率），这是对术语空间频率 k 的进一步确立。波矢量的分量 k_x 和 k_y 描述了实际空间频率 k 和波的方向 $\theta = \arctan(k_y/k_x)$。

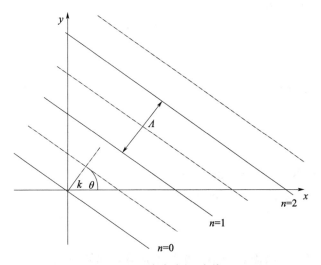

图 2.3-7　波峰波谷（虚线）

与一维情况一样，可以考虑周期函数 $f^p(x+X, y+Y) = f^p(x,y)$。类似于式（2.3-9）和式(2.3-12)，有傅里叶级数：

$$f^{\mathrm{P}}(x,y) = \sum_m \sum_n a_{m,n} \cdot \mathrm{e}^{j2\pi\left(\frac{m}{X}x + \frac{n}{Y}y\right)} \tag{2.3-44}$$

与傅里叶系数：

$$a_{m,n} = \frac{1}{X \cdot Y} \int_{-X/2}^{+X/2+Y/2} \int_{-Y/2}^{} f^{\mathrm{P}}(x,y) \cdot \mathrm{e}^{-j2\pi\left(\frac{m}{X}x + \frac{n}{X}y\right)} \mathrm{d}x\mathrm{d}y \tag{2.3-45}$$

结合带限函数和采样定理（第 2.5 节），大家会对周期性谱函数 $F^{\mathrm{P}}(k_x + L_x, k_y + L_y) = F^{\mathrm{P}}(k_x, k_y)$ 感兴趣。由公式(2.3-38)和(2.3-39)，得到以下通用公式：

$$F(k_x, k_y) = \sum_m \sum_n c_{m,n} \cdot \mathrm{e}^{-j2\pi\left(\frac{m}{L_x}k_x + \frac{n}{L_y}k_y\right)} \tag{2.3-46}$$

$$c_{m,n} = \frac{1}{L_x \cdot L_y} \int_{-L_x/2}^{+L_y/2} \int_{-L_y/2}^{+L_y/2} F(k_x, k_y) \cdot \mathrm{e}^{j2\pi\left(\frac{m_n}{L_x}k_x + \frac{n}{L_y}k_y\right)} \tag{2.3-47}$$

$$f(t) = \int F(\nu) \cdot \mathrm{e}^{j2\pi\nu t} \mathrm{d}\nu \tag{2.3-48}$$

考虑以上积分类型不能总是以封闭形式表示，通常必须使用数值方法。为此，离散傅里叶变换（DFT）足够适用，因为它可以通过快速傅里叶变换（FFT）算法非常快速地计算出来。

DFT 由前向变换定义：

$$f_k = \sum_{l=0}^{N-1} F_l \cdot \mathrm{e}^{j\frac{2\pi}{N}k \cdot l}; (k = 0, \cdots, N-1) \tag{2.3-49}$$

和反向变换：

$$F_l = \frac{1}{N} \sum_{k=0}^{N-1} f_k \cdot \mathrm{e}^{-j\frac{2\pi}{N}k \cdot l}; (l = 0, \cdots, N-1) \tag{2.3-50}$$

如果给定 $F_1(l = 0, \cdots, N-1)$，则可以通过简单算法计算 f_k（对于任意 N 值），程序语言如下：

```
a＝2π/N
for k＝0···N－1 do begin
a_k＝a・k
Re_f_k＝0
im_f_k＝0
for l＝0···N－1 do begin
a_kl＝a_k・1
sn＝sin(a_kl)
cs＝cos(a_kl)
Re_f_k＝Re_f_k＋[Re_F_l・cs－Im_F_l・sn]
Im_f_k＝Im_f_k＋[Re_F_l・sn＋Im_F_l・cs]
end
end
```

反向变换与之类似，算法需要 $O(N^2)$ 次算术运算。如果 N 是 2 的幂，则可以使用多种不同的 FFT 算法[具体参见 Wikipedia (2004)]，此时算法只需要 $O(N \cdot \log N)$ 次运算。对于足够大的 N 值，仅当使用 FFT 时，DFT 计算才变得可行。

一个简单的例子说明了通过 DFT 逼近积分(2.3-48)的可能性。对于区间 $-\nu_g \leqslant \nu \leqslant +\nu_g$ 之外的频率,令 $|F(\nu)|$ 非常小甚至为零。则:

$$f(t) \approx \int_{-\nu_g}^{+\nu_g} F(\nu) \cdot e^{j2\pi\nu t} d\nu$$

$$f(t) \approx \Delta\nu \cdot e^{-j2\pi\nu_g t} \cdot \sum_{l=0}^{N-1} F(\nu_l) \cdot e^{j2\pi l \Delta\nu t}$$

如果仅在采样点 $t_k = k \cdot \Delta t - \tau (k=0,\ldots,N-1)$ 处计算函数 $f(t)$ 就足够了,则这些值由下式给出:

$$f(t_k) \approx \Delta\nu \cdot e^{-j2\pi\nu_g(k\Delta t - \tau)} \cdot \sum_{l=0}^{N-1} F(\nu_l) \cdot e^{-j2\pi l \Delta\nu \tau} \cdot e^{j2\pi\Delta\nu\Delta t kl}$$

最后,如果选择 $\Delta\nu \cdot \Delta t = 1/N (\Delta t = 1/2\nu_g)$,则可用缩写式 $G_l = F(\nu_l) \cdot e^{-j2\pi l \Delta\nu \tau}$ 和 DFT $g_k = \sum_{l=0}^{N-1} G_l \cdot e^{j\frac{2\pi}{N}k \cdot l}; (k=0,\cdots,N-1)$ 求取所需的值 $F(t_k)$,具体可以根据下式计算:

$$f(t_k) \approx \Delta\nu \cdot (-1)^k \cdot e^{j2\pi\nu_g\tau} \cdot g_k \tag{2.3-51}$$

在二维情况下也是如此,2D-DFT 公式如下:

$$f_{k,l} = \sum_{m,n=0}^{N-1} F_{m,n} \cdot e^{j\frac{2\pi}{N}(k \cdot m + l \cdot n)} \tag{2.3-52}$$

$$F_{m,n} = \frac{1}{N^2} \sum_{k,l=0}^{N-1} f_{k,l} \cdot e^{-j\frac{2\pi}{N}(m \cdot k + n \cdot l)} \tag{2.3-53}$$

这种近似的精度很大程度上取决于 N 的大小。例如,计算谱(2.3-24)的值 $f(t_k)$(2.2-51),有:

$$F(\nu) = e^{-\frac{\nu^2}{2\kappa^2}} \quad \kappa = \frac{1}{2\pi}(\sigma=1)$$

图 2.3-8 显示了 $N=8$、$\nu_g=1$、$\Delta\nu=0.25$ 时 $F(\nu_l)$ 的值以及函数 $F(\nu)$。图 2.3-9 显示了使用 DFT 由(2.3-51)计算的 $f(t_k)$ 值。可以看到,这几个值不足以表示函数 $f(t)$,而使用较大的 N 和 ν_g 值可以获得更好的效果(参见图 2.3-10 和图 2.3-11,$N=32$)。

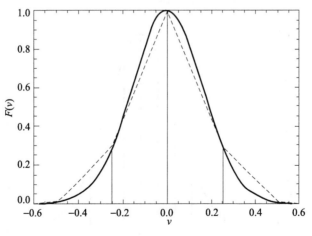

图 2.3-8　谱样本 $F(\nu)$ ($N=8$)

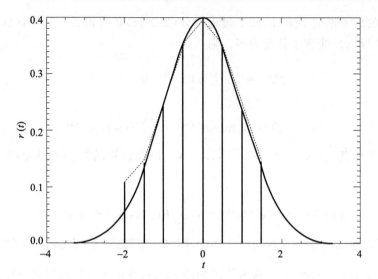

图 2.3-9　用 DFT 计算图 2.3-8($N=8$)频谱 $f(t_k)$ 的值

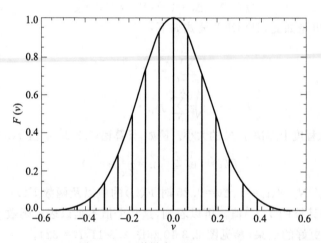

图 2.3-10　谱样本 $F(\nu)$($N=32$)

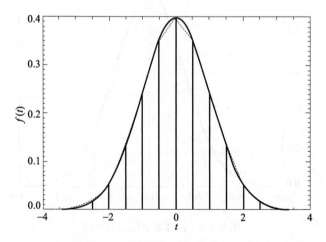

图 2.3-11　使用 DFT 计算图 2.3-10($N=32$)频谱 $f(t_k)$ 的值

出于实用目的,傅里叶变换的重要示例在表 2.3-1~表 2.3-3 中给出。

表 2.3-1　一维傅里叶变换

$F(\nu)$	$F(t)$
常数 $=1$	$\delta(t)$
$\delta(\nu-\nu_0)$	$\mathrm{Exp}(j2\pi\nu_0 t)$
$\exp(-j2\pi\nu\tau)$	$\delta(t-\tau)$
$[\delta(\nu-\nu_0)-\delta(\nu+\nu_0)]/2j$	$\sin(2\pi\nu_0 t)$
$[\delta(\nu-\nu_0)+\delta(\nu+\nu_0)]/2$	$\cos(2\pi\nu_0 t)$
$\displaystyle\sum_{n=-\infty}^{\infty}\delta\left(\nu-\frac{n}{T}\right)=T\cdot\sum_{n=-\infty}^{\infty}\exp(\pm j2\pi N\nu t)$	$\displaystyle\sum_{n=-\infty}^{\infty}\delta\left(\nu-\frac{n}{T}\right)=T\cdot\sum_{n=-\infty}^{\infty}\exp(\pm j2\pi N\nu t)$
$\displaystyle\sum_{n=-\infty}^{\infty}\delta\left(\nu-\frac{n}{T}\right)=T\cdot\sum_{n=-\infty}^{\infty}\exp(\pm j2\pi N\nu t)$	$\nu_g\cdot\dfrac{\sin(\pi\nu_g t)}{\pi\nu_g t}$
$\nu_g\cdot\dfrac{\sin(\pi\nu_g t)}{\pi\nu_g t}$	$\nu_g\cdot\dfrac{\sin(\pi\nu_g t)}{\pi\nu_g t}$
$\exp\left(-\dfrac{\nu^2}{2\kappa^2}\right)$	$\dfrac{1}{\sigma\sqrt{2\pi}}\exp\left(-\dfrac{t^2}{2\sigma^2}\right);\sigma=\dfrac{1}{2\pi\kappa}$
$\dfrac{\tau}{1+j2\pi\nu\tau}$	$\begin{cases}\exp(-t/\tau) & t\geqslant 0\\ 0 & t<0\end{cases}$

表 2.3-3 中的部分结果可以使用以下公式求得:

$$\sum_{n=0}^{N-1}q^n=\frac{q^N-1}{q-1} \tag{2.3-54}$$

表 2.3-2　二维傅里叶变换

$F(k_x,k_y)$	$f(x,y)$
常数 $=1$	$\delta(x)\cdot\delta(y)$
$\delta(k_x-k_x^0)\cdot\delta(k_y-k_y^0)$	$\exp[j2\pi(k_x^0 x+k_y^0 y)]$
$\exp[-j2\pi(k_x x_0+k_y y_0)]$	$\delta(x-x_0)\cdot\delta(y-y_0)$
$\dfrac{1}{2}[\delta(k_x-k_x^0)\cdot\delta(k_y-k_y^0)+\delta(k_x+k_x^0)\cdot\delta(k_y+k_y^0)]$	$\cos[2\pi(k_x^0 x+k_y^0 y)]$
$\dfrac{1}{2j}[\delta(k_x-k_x^0)\cdot\delta(k_y-k_y^0)-\delta(k_x+k_x^0)\cdot\delta(k_y+k_y^0)]$	$\sin[2\pi(k_x^0 x+k_y^0 y)]$
$\begin{cases}1 & -K/2\leqslant k_x\leqslant +K/2;-L/2\leqslant k_y\leqslant +L/2\\ 0 & \text{其他}\end{cases}$	$K\cdot\dfrac{\sin(\pi Kx)}{\pi Kx}\cdot L\cdot\dfrac{\sin(\pi Ly)}{\pi Ly}$
$L_x\cdot\dfrac{\sin(\pi k_x L_x)}{\pi k_x L_x}\cdot L_y\cdot\dfrac{\sin(\pi k_y L_y)}{\pi k_y L_y}$	$\begin{cases}1 & -L_x/2\leqslant x\leqslant +L_x/2;-L_y/2\leqslant y\leqslant L_y/2\\ 0 & \text{其他}\end{cases}$
$\begin{cases}1 & k_x^2+k_y^2\leqslant K_g^2\\ 0 & \text{其他}\end{cases}$	$\pi K_g^2\cdot 2\cdot\dfrac{J_1\left(2\pi K_g\sqrt{x^2+y^2}\right)^a}{2\pi K_g\sqrt{x^2+y^2}}$
$\exp\left(-\dfrac{k_x^2+k_y^2}{2\kappa^2}\right)$	$\dfrac{1}{2\pi\sigma^2}\exp\left(-\dfrac{x^2+y^2}{2\sigma^2}\right);\sigma=\dfrac{1}{2\pi\kappa}$

注: $J_1(x)$ 是一阶贝塞尔函数。

表 2.3-3　一维 DFT

$F_l(0{\leqslant}l{\leqslant}N-1)$	$f_k(0{\leqslant}k{\leqslant}N-1)$
常数$=1$	$N\cdot\delta k,0$
$\delta_{l,n}(0{\leqslant}n{\leqslant}N-1)$	$\exp\left(j\,\dfrac{2\pi}{N}k\cdot n\right)$
$\dfrac{N}{2}\left[\delta_{l-n,0}+\delta_{l+n,0\mid N}\right]^3$	$\cos\left(\dfrac{2\pi}{N}k\cdot n\right)$
$\dfrac{N}{2j}\left[\delta_{l-n,0}-\delta_{l+n,0\mid N}\right]^3$	$\sin\left(\dfrac{2\pi}{N}k\cdot n\right)$
$\dfrac{\sin\left(\pi\,\dfrac{k_2-k_1+1}{N}\cdot l\right)}{\sin\left(\pi\,\dfrac{1}{N}\cdot l\right)}\cdot\exp\left[-j\pi\dfrac{k_1+k_2}{N}\cdot l\right]$	$\begin{cases}1 & k_1{\leqslant}k{\leqslant}k_2\\0 & \text{elsewhere}\end{cases}\quad(0{\leqslant}k_1{\leqslant}k_2{\leqslant}N-1)$
$\dfrac{\exp(-a\cdot N)-1}{\exp\left(-a-j\,\dfrac{2\pi}{N}\cdot l\right)-1}$	$\exp(-\alpha\cdot k)$

注：$\delta_{l+n,0\mid N}$是 $\delta_{l+n,0\mid N}=\begin{cases}1 & l+n=0\\0 & \text{其他}\end{cases}$ 或者　$l+n=N$的缩写。

2.4　线性系统

系统理论研究中,电子和光学系统通常可以用所谓的线性系统来描述。线性系统描述了取决于多个变量的输入信号 $f_{\text{in}}(x,y,z,\cdots)$ 和输出信号 $f_{\text{out}}(x,y,z,\cdots)$ 之间的联系,其满足可加性,由

$$f_{\text{in}}=a\cdot f_{\text{in}}^{(1)}+b\cdot f_{\text{in}}^{(2)} \tag{2.4-1}$$

有

$$f_{\text{out}}=a\cdot f_{\text{out}}^{(1)}+b\cdot f_{\text{out}}^{(2)} \tag{2.4-2}$$

即总输出信号是输出分量的线性相加。

这里不对系统理论作深入介绍,只是为了理解光电系统,仅介绍一些基础性知识。其中特别重要的是平移不变线性系统,它由输入和输出信号之间的以下关系定义:

$$f_{\text{out}}(x,y,z,t)=\iiiint h(x-x',y-y',z-z',t-t')\cdot f_{\text{in}}(x',y',z',t')\,\mathrm{d}x'\mathrm{d}y'\mathrm{d}z'\mathrm{d}t'$$
$$\tag{2.4-3}$$

方程(2.4-3)描述了一个四维系统。移位不变性意味着输入信号的移位($f_{\text{in}}(x',y',z',t')\rightarrow f_{\text{in}}(x'-a,y'-b,z'-c,t'-d)$仅导致输出信号的相同移位而没有任何其他变化。

这里讨论了描述电信号和光信号变换的一维和二维系统。一维系统对于理解和设计传感器的模拟电子信号处理单元(前端电子设备)很重要。这里,函数 $f(t)$ 是电流或电压等随时间变化的电量。信号处理的重要类型之一是对信号 $f(t)$ 进行滤波,以减少不需要的信号分量,例如干扰噪声。它由卷积定义:

$$f_{\text{out}}(t)=\int_{-\infty}^{+\infty}h(t-t')\cdot f_{\text{in}}(t')\,\mathrm{d}t' \tag{2.4-4}$$

即通过 Fehler 类型的线性系统完成(读者自行参考文献),可以将这个操作象征性地写为:

$$f_{\text{out}}=h\otimes f_{\text{in}}. \tag{2.4-5}$$

考虑(2.4-4)所述滤波器对于针状输入脉冲 $\delta(t)$（DELTA 函数，参见第 2、3 章）的效果。在这种情况下输出信号时，$h(t)$ 称为脉冲响应。由于输入信号 $\delta(t)$ 集中在 $t=0$ 处，所以不能有 $t<0$ 的输出信号，则：

$$h(t)=0 \quad 当 \ t<0 \tag{2.4-6}$$

物理系统的脉冲响应必须始终满足条件(2.4-6)。这实质上限制了信号过滤的可能性。

频率空间中卷积(2.4-4)的表示方式对于理解滤波操作十分重要。将傅里叶反变换(2.3-6)应用到(2.4-4)，有：

$$F_{out}(\nu)=H(\nu) \cdot F_{in}(\nu) \tag{2.4-7}$$

这意味着在频率空间中，滤波器操作简化为输入频谱与滤波器频率响应 $H(\nu)$ 的简单乘法，这在系统分析与信号合成中具有很好的优势。

如果滤波器的频率响应 $H(\nu)$ 写为：

$$F_{out}(\nu)=H(\nu) \cdot F_{in}(\nu) \tag{2.4-8}$$

并且如果根据(2.3-5)，$F_{in}(\nu)$ 和 $F_{out}(\nu)$ 以相同的方式表示，那么根据(2.4-7)，以下关系成立：

$$|F_{out}(\nu)|=|H(\nu)| \cdot |F_{in}(\nu)| \tag{2.4-9}$$

$$\varphi_{out}(\nu)=\Phi_H(\nu)+\varphi_{in}(\nu) \tag{2.4-10}$$

这里特别注意，如果对正弦输入信号 $f_{in}(t)=\cos(2\pi\nu t)$ 进行滤波，则输出信号具有相同的形状和频率，这时只发生衰减和相移：$f_{out}(t)=|H(\nu)|\cos(2\pi\nu t+\Phi_H(\nu))$。

然而，非正弦函数没有这个优势：它们的形状通过滤波后会发生改变。这也正是正弦函数在系统分析和设计中的重要优势。

下面举例说明，理想的低通滤波器具有频率响应：

$$H(\nu)=A(\nu) \cdot e^{-j2\pi\nu\tau}; A(\nu)=\begin{cases} 1 & -\nu_g \leqslant \nu \leqslant +\nu_g \\ 0 & 其他 \end{cases} \tag{2.4-11}$$

其中，ν_g 是截止频率（见图 2.4-1）。

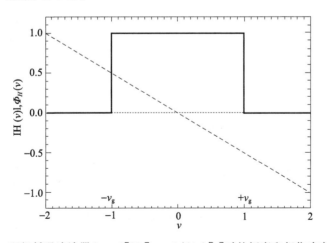

图 2.4-1　理想低通滤波器（$\nu_g=1[Hz]$，$\tau=1/(4\pi)[s]$时的幅度和相位响应（虚线））

该滤波器的脉冲响应为：

$$h(t)=2\nu_g \frac{\sin[2\pi\nu_g(t-\tau)]}{2\pi\nu_g(t-\tau)} \tag{2.4-12}$$

此函数扩展到无穷范围,不满足公式(2.4-6)条件,这即意味着理想的低通滤波器在现实中是不存在的;所以只能予以近似。近似的一种可能性是为 $t<0$ 分配值 $h=0$,显然随着时间滞后 τ 的增加,这种近似将变得更好,见图 2.4-2。

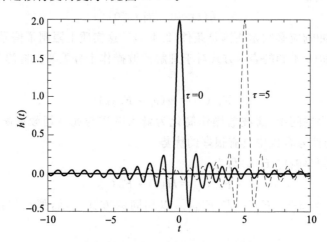

图 2.4-2　理想低通滤波器:$\tau=0$ 和 $\tau=5$ 时的脉冲响应/s

所谓的一阶低通滤波器(图 2.4-3 和图 2.4-4)具有脉冲响应:

$$h(t)=\begin{cases} \dfrac{1}{\tau}\mathrm{e}^{-t/\tau} & t\geqslant 0 \\[2mm] 0 & 其他 \end{cases} \tag{2.4-13}$$

和频率响应:

$$H(\nu)=\frac{1}{1+j2\pi\nu\tau};\ |H(\nu)|=\frac{1}{\sqrt{1+(2\pi\nu\tau)^2}};\Phi_H=-\arctan(2\pi\nu\tau) \tag{2.4-14}$$

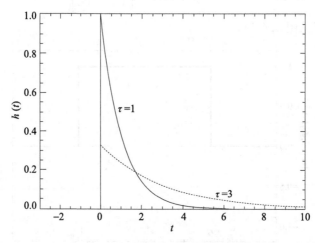

图 2.4-3　一阶低通滤波器:脉冲响应

其可用一个电子 RC 电路予以实现,它的频率响应随频率 $(1/\nu)$ 非常缓慢地下降。具有更陡峭下降的滤波器(例如巴特沃斯滤波器)可以用更复杂的电路来实现。

二维情况下,这些滤波器对光学成像很重要,这样公式(2.4-3)和(2.4-7)变为:

$$f_{\text{out}}(x',y')=\iint h(x'-x,y'-y)\cdot f_{\text{in}}(x,y)\mathrm{d}x\mathrm{d}y \tag{2.4-15}$$

$$F_{out}(k_x, k_y) = H(k_x, k_y) \cdot F_{in}(k_x, k_y) \tag{2.4-16}$$

通过对公式(2.14-15)和(2.4-16)的适当选择,可依据成像系统孔径处光线衍射对辐射量(强度、辐射等)改变予以描述。但在介绍衍射极限光学系统函数 $h(x, y)$ 之前,这里先考虑更一般情况。

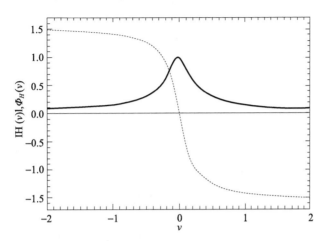

图 2.4-4　一阶低通滤波器:幅度和相位响应(虚线)($\tau = 1$)

令 $f_{in}(x, y) = \delta(x - x_0) \cdot \delta(y - y_0)$ 是光学系统中物平面一发光点的(理想化)强度分布,然后在图像平面上,得到 $f_{out}(x', y') = h(x' - x_0, y' - y_0)$ 的强度分布。由于衍射,函数 $h(x, y)$ 具有一定的宽度,因此点 (x_0, y_0) 的图像被扩展到某个区域范围内(或模糊),函数 $h(x, y)$ 称为点扩展函数(PSF)。

如果光学系统具有圆对称性,则函数 h 仅取决于距主轴的距离 $r = \sqrt{x^2 + y^2}$,即具有 $h(x, y) = g(r)$ 性质。在这种情况下,发光点的图像围绕 (x_0, y_0) 具有圆对称性:

$$f_{out}(x', y') = g\left(\sqrt{(x' - x_0)^2 + (y' - y_0)^2}\right)$$
$$H(k_x, k_y) = G(k) \quad (k = \sqrt{k_x^2 + k_y^2})$$

可见,圆形对称函数 $h(x, y)$ 的频谱 $H(k_x, k_y)$ 也是圆形对称的:

现在,令物平面中给出的周期性强度分布为:

$$f_{in}(x, y) = 1 + \cos[2\pi(k_x x + k_y y)]$$

由于辐射强度不能采用负值,因此这里给余弦函数增加了一个单位量。因为 $1 = \cos[2\pi(k_x^0 x + k_y^0 y)]$,其中 $k_x^0 = k_y^0 = 0$,所以函数 f_{in} 由此转化的输出包含两个周期性部分,与一维情况类似(见(2.4-10)随后的解释),则有:

$$f_{out}(x', y') = |H(0, 0)| + |H(k_x, k_y)| \cdot \cos[2\pi(k_x x' + k_y y') + \Phi_H(k_x, k_y)]$$

这意味着图像平面中也存在周期性强度分布,当然其具有不同的幅度和相位。函数 $|H(k_x, k_y)|$ 衰减调制了正弦强度的分布,因此称为调制传递函数(MTF)。因为 f_{out}(与 f_{in} 同样)不能采用负值,所以 MTF 必须满足条件:

$$|H(0, 0)| \geqslant |H(k_x, k_y)| \tag{2.4-17}$$

函数 $H(k_x, k_y)$ 和 $\Phi_H(k_x, k_y)$ 分别称为光学传递函数(OTF)和相位传递函数(PTF)。

现在更具体地考虑圆形对称情况,如上所示,在这种情况下 OTF $H(k_x, k_y)$ 仅取决于空间频率 k,因此 H 是一个一维函数。此外,可以证明 $H(k_x, k_y) = G(k)$ 也是一个实值函数。对于 $k_1 < k < k_2$,令 $G(k) < 0$,则有 $G(k) = |G(k)| \cdot \exp(j\pi)$ 且 $\Phi_H(k) = \pi$ 成立($k_1 < k < k_2$)。由于

$\cos(x+\pi)=-\cos(x)$，图像平面中的强度分布变为：

$$f_{\text{out}}(x',y')=|G(0)|-|G(k)|\cdot\cos[2\pi(k_x x'+k_y y')](k_1<k<k_2)$$

因此，在 $k_1<k<k_2$ 中存在对比度反转（输入波的亮部变暗，暗部却变亮），图 2.4-5 和图 2.4-6 说明了这种现象。在 $k_1=1.5$ 到 $k_2=3$ 的范围内，$H(k)\leqslant0$；在 $k=k_1$ 和 $k=k_2$ 时，波消失。

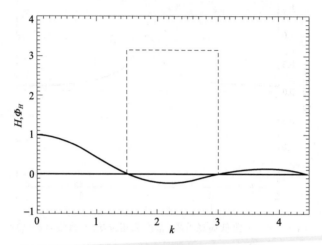

图 2.4-5　对比度反转：OTF 和 PTF（虚线 d）

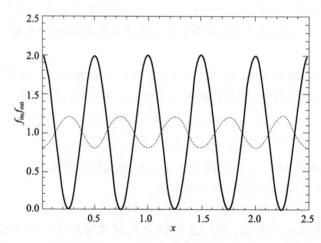

图 2.4-6　对比度反转：$k=2$ 时物平面和像平面（虚线）中的强度分布

在以下讨论中，给出 $h(x,y)$ 和 $H(kx,ky)$ 函数并据此进行薄透镜光学成像（见图 2.1-2）分析。设 $f_{\text{in}}(x,y)=L_\lambda(x,y)$ 和 $f_{\text{out}}(x,y)=L'_\lambda(x',y')$ 分别是物平面和像平面中的光谱辐射。那么这些辐射间的关系为：

$$L'_\lambda(x',y')=L_\lambda(x,y)\mathrm{d}x\mathrm{d}y \tag{2.4-18}$$

且

$$h_\lambda(x',y';x,y)=\text{const}\cdot\left[2\frac{J_1\left(\frac{\pi D}{\lambda b}\sqrt{\left(x'+\frac{b}{g}x\right)^2+\left(y'+\frac{b}{g}y\right)^2}\right)}{\frac{\pi D}{\lambda b}\sqrt{\left(x'+\frac{b}{g}x\right)^2+\left(y'+\frac{b}{g}y\right)^2}}\right]^2 \tag{2.4-19}$$

这里 J_1 是一阶贝塞尔函数，函数 h_λ 不是平移不变的，这样做的原因是用因子 b/g 进行缩放(缩小)和坐标反转。如果在物平面中引入新坐标：

$$X = -\frac{b}{g}x , Y = -\frac{b}{g}y$$

则 PSF h_λ 取决于 $\sqrt{(x'-X)^2+(y'-Y)^2}$ 并且也是平移不变和圆对称的。

(x_0, y_0) 处发光点具有的衍射图像辐射度 $L_\lambda(x, y) = \delta(x-x_0) \cdot \delta(y-y_0)$ 形成点 (x'_0, y'_0) 附近的圆形光斑(艾里斑)，$x'_0 = -\frac{b}{g}x_0$，$y'_0 = -\frac{b}{g}y_0$。这个点被一亮一暗的圆环包围，随着距点 (x_0, y_0) 距离增加，这些环变得越来越弱(见图 2.4-7)。

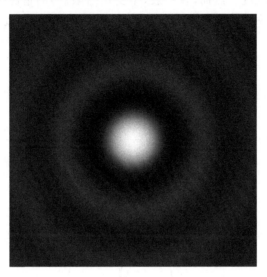

图 2.4-7　艾里斑(明暗圆环已增强显示)

PSF 为：

$$h_\lambda(r) = \text{const} \cdot \left[2\frac{J_1\left(\frac{\pi D}{\lambda b}r\right)}{\frac{\pi D}{\lambda b}r} \right]^2 , r = \sqrt{x^2+y^2} \tag{2.4-20}$$

它的第一零点位于：

$$r_0 = 1.22\frac{\lambda b}{D} \tag{2.4-21}$$

或对于 $g \gg f, b \approx f$

$$r_0 = 1.22\frac{\lambda f}{D} = 1.22 \cdot \lambda \cdot f_\# \tag{2.4-22}$$

半径 r_0 是艾里斑厚度的度量，它与波长 λ 成正比：长波光比短波光更容易被衍射。对于 $\lambda \to 0$，衍射现象消失，这是几何光学所指的极限情形。此外，r_0 随着 $f_\# = f/D$ 增加：具有较小 f 数的镜头将产生更清晰的图像，这一点被摄影者周知。

具有 PSF(2.4-20)特点的透镜称为衍射极限，今天的实体镜头工艺通常实现不受像差的衍射限制(没有几何光学像差，仅受孔径光阑的衍射效应影响)，其模糊度接近衍射极限透镜的模糊度。

借助 PSF 可以定义光学系统的几何分辨率，可以基于瑞利衍射极限分辨率准则：如果两个点光源中的其中一个最大艾里斑中心在另一个点光源最小艾里斑位置处，即如果两个艾里斑中心之间的距离为 r_0，则两个点光源是可分离的。那么，可分离光源在物平面中的距离为 $r_0 \cdot g/b$。

图 2.4-8 对这种情况进行了示意：两个点的衍射图像之和有一个强度值为 0.74 的中央凹陷（虚线）。这意味着中心值相对于最大值降低了大约 26％。衍射图像的最大值和最小值之间的这种差异通常是完全可检测的，这意味着瑞利值 r_0 不能提供衍射受限光学系统的最终分辨率，最终，测量精度（受噪声和量化误差的限制）决定了两点是否可以被分离。如果信噪比非常好，且使用高级估计理论与方法，则距离远小于 r_0 的两个点可被分离。但作为经验法则，r_0 是进行粗略估计的很好测度。然而，在一般（不受衍射限制）的情况下，PSF 不一定必须具有零值 r_0。那么几何分辨率可以定义为两点之间的距离 d，据此有函数：

$$a_\lambda(r) = h_\lambda\left(r - \frac{d}{2}\right) + h_\lambda\left(r + \frac{d}{2}\right) \tag{2.4-23}$$

进而有对比度：

$$C = \frac{\max\{a_\lambda\} - a_\lambda(0)}{\max\{a_\lambda\}} = 0.26 \tag{2.4-24}$$

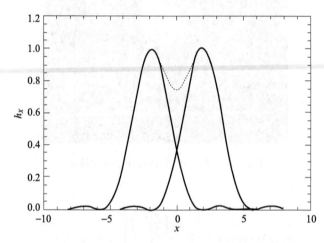

图 2.4-8　基于瑞利准则的几何分辨率

衍射极限光学系统的 PSF 只给出了一个常数因子（2.4-20），它描述了在 2.2 节中讨论过的成像辐射特性，这里对此不感兴趣。通常会选择一个常量以便 $\iint h_\lambda(x, y)\mathrm{d}x\mathrm{d}y = 1\left(\mathrm{const} = \frac{\pi}{4}\left(\frac{D}{\lambda \cdot b}\right)^2\right)$，然后将 OTF 归一化为 $H_\lambda(0, 0) = 1$。

归一化 PSF（2.4-20）的 OTF 由下式给出（见图 2.4-9）：

$$H_\lambda(k_x, k_y) = G_\lambda(k) = \begin{cases} \dfrac{2}{\pi}\left[\arccos\left(\dfrac{\lambda b}{D}k - \dfrac{\lambda b}{D}k \cdot \sqrt{1 - \left(\dfrac{\lambda b}{D}k\right)}\right)\right] & k \leqslant \dfrac{D}{\lambda b} \\ 0 & \text{其他} \end{cases} \tag{2.4-25}$$

公式（2.4-25）表明，对于大于截止频率的空间频率，OTF（或 MTF）即会灭失。

$$k_g = \frac{D}{\lambda b} \tag{2.4-26}$$

光学系统可视为一个精确的带限空间低通滤波器。如果空间频率满足条件 $k = \sqrt{k_x^2 + k_y^2} > k_g$，则在像平面中看不到物平面中的波状强度分布 $f_{\mathrm{in}}(x, y) = 1 + \cos[2\pi(k_x x + k_y y)]$。换句

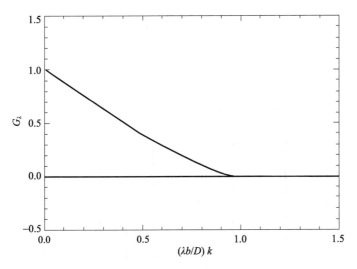

图 2.4-9　衍射极限光学系统的 MTF(=OTF)

话说,如果 $\Lambda<1/k_{\mathrm{g}}$ 成立,则无法解析两个波峰之间的距离 $\Lambda=1/k$。因此,可以通过最小可分辨波长 $\Lambda_{\mathrm{g}}=1/k_{\mathrm{g}}$ 给出关于分辨率稍显不同的定义。这与上面给出的定义差别不大,因为 $r_0=1.21\cdot\Lambda_{\mathrm{g}}$。为了测量分辨率,通常会使用在均匀背景上带有细线的测试图像。令 Λ 为线对的宽度,如果每毫米线对的数量[lp/mm]大于某个值 k_{g}(在衍射受限系统的情况下 k_{g} 由式(2.4-26)给出)。因此,截止频率 k_{g} 定义了每毫米可以解析出的线对的上限。

　　如果不使用正弦函数来测量 MTF,而是使用矩形条纹图案(更容易生成),那么就不是直接获得 MTF,而是获得一个与之相关的函数,称之为对比度传递函数(CTF)(Holst,1998b),CTF 也是衡量光学系统质量的一个很好的适用指标。

　　为了深入研究 CTF,应从公式(2.4-15)开始。设 $f_{\mathrm{in}}(x,y)=f_{\mathrm{in}}(x)$ 是一个仅取决于 x(但不取决于 y)的函数,那么 f_{out} 也是单独量 x 的函数,并且这两个函数通过下式关联:

$$f_{\mathrm{out}}(x')=\int_{-\infty}^{+\infty}q(x'-x)\cdot f_{\mathrm{in}}(x)\mathrm{d}x \tag{2.4-27}$$

这里

$$q(x)=\int_{-\infty}^{+\infty}h(x,y)\mathrm{d}y \tag{2.4-28}$$

是所谓的线扩展函数(LSF),它是光学系统对线形强度分布的反应:

$$f_{\mathrm{in}}(x)=\delta(x-x_0)$$

函数 $c(x)$ 是式(2.4-27)对以下类型的直立条纹图案的响应:

$$f_{\mathrm{in}}(x,y)=\sum_{n=-\infty}^{+\infty}r_L(x-n\Lambda);\Lambda=2L \tag{2.4-29}$$

这里(与式(2.3-25)有点不同):

$$\gamma_L(x)=\begin{cases}1 & -\dfrac{L}{2}\leqslant x\leqslant+\dfrac{L}{2}\\[2mm]0 & 其他\end{cases}$$

是矩形函数,$\Lambda=2L$ 是周期(或“波长”)。函数(2.4-29)的图形如图 2.4-10(实线)所示。将 g(2.4-29)代入式(2.4-27),得到如下结果(对于 $f_{\mathrm{out}}(x)=c(x)$):

$$c(x) = \sum_{n=-\infty}^{+\infty} q_n(x) \tag{2.4-30}$$

其中，

$$q_n(x) = \int_{x-\left(2n+\frac{1}{2}\right)L}^{x-\left(2n-\frac{1}{2}\right)L} q(z)\mathrm{d}z \tag{2.4-31}$$

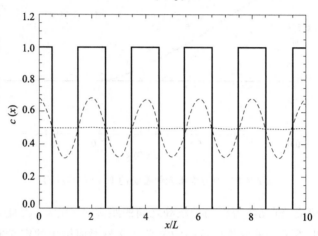

图 2.4-10 $\sigma = L/2$（虚线）和 $\sigma = L$（虚线）的条纹图案响应 $c(x)$

高斯 PSF 或 LSF 的示例为：

$$h(x,y) = \frac{1}{2\pi\sigma^2}\mathrm{e}^{-\frac{x^2+y^2}{2\sigma^2}} \;;\; q(x) = \frac{1}{\sigma\sqrt{2\pi}}\mathrm{e}^{-\frac{x^2}{2\sigma^2}}$$

如图 2.4-10 所示。如上所述，条纹图案的形状在通过光学系统传输后不会保持。此外，人们意识到图像平面中的对比度在 $\sigma = L$ 时几乎消失，条纹图案响应 $c(x)$ 可能与 OTF 相关。首先，从式（2.3-40）得出：

$$q(x) = \int Q(k_x)\mathrm{e}^{j2\pi k_x x}\mathrm{d}k_x \quad Q(k_x) = H(k_x,0) \tag{2.4-32}$$

这里，$Q(k_x)$ 是 LSF 的频谱（类似于 MTF，可称之为线调制传递函数）。其次，式（2.4-31）中的量可以写成：

$$q_n(x) = \int H(k_x,0) \cdot L\,\frac{\sin(\pi k_x L)}{\pi k_x L} \cdot \mathrm{e}^{j2\pi k_x x} \cdot \mathrm{e}^{-j4\pi k_x n}$$

从式（2.4-30）和（2.3-34）得到以下结果：

$$c(x) = \frac{1}{2}\sum_{n=-\infty}^{+\infty} H\left(\frac{n}{2L},0\right) \cdot \frac{\sin\left(n\,\frac{\pi}{2}\right)}{n\,\frac{\pi}{2}} \cdot \mathrm{e}^{jn\pi\frac{x}{L}} \tag{2.4-33}$$

该公式在空间频率 $k_x = n/2L$ 且 $k_y = 0$ 情况下通过 OTF $H(k_x,k_y)$ 表示函数 $c(x)$。

现在就很容易介绍 CTF，函数 $c(x)$ 的对比度（或调制）由 $[\max\{c(x)\} - \min\{c(x)\}]/[\max\{r_\mathrm{L}(x)\} + \min\{r_\mathrm{L}(x)\}] = [\max\{c(x)\} - \min\{c(x)\}]$。CTF 是作为空间频率 $k_x = 1/2L$ 的函数的对比度，可以使用式（2.4-33）计算，结果是：

$$\mathrm{CTF}(k_x) = \frac{4}{\pi} \cdot \sum_{n=0}^{\infty} \frac{(-1)^n}{2n+1} \cdot H[(2n+1)k_x,0] = \frac{4}{\pi} \cdot \sum_{n=0}^{\infty} \frac{(-1)^n}{2n+1} \cdot Q[(2n+1)k_x]$$

$$\tag{2.4-34}$$

图 2.4-11 显示了衍射极限系统的 CTF,其中一些截止频率值具有 OTF(2.4-25)$k_g = \dfrac{D}{Nb}$。

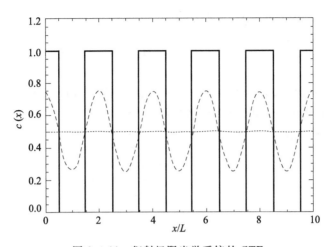

图 2.4-11　衍射极限光学系统的 CTF

(实线:$k_g = 150$ mm^{-1};虚线:$k_g = 100$ mm^{-1};虚线:$k_g = 50$ mm^{-1})

2.5　采样

到目前为止,一维或二维信号都被认为是空间或时间的连续函数。现在必须考虑到,对于使用数字计算机的信号处理,信号在空间(或时间)和幅度上都必须离散化。这意味着将在离散空间或时间点对连续信号进行采样。

在一维情况下,离散点 t_n 处的值 $f(t_n)$ 是从连续函数 $f(t)$ 中提取的,问题是:是否或多少信息会因采样而丢失。事实证明,在有限支持函数(带限函数)的情况下,如果采样间隔足够小,则不会丢失信息。因此,在采样前应用带限滤波器显得十分必要(如果必须避免混叠现象,请参见下文)。

令 $f(t)$ 是具有有限频谱 $F(\nu)$ 且截止频率为 ν_g 的函数:

$$F(\nu) = 0, \quad |\nu| > \nu_g \tag{2.5-1}$$

则谱函数 $F(\nu)$ 是周期性连续的,且可写成傅里叶级数形式。令 ν_s 是任意频率,且 $\nu_s \geqslant \nu_g$。如果使用 $2\nu_s$ 作为周期,则类似于式(2.3-9),在区间 $-\nu_s < \nu < +\nu_s$ 内,$F(\nu)$ 可以表示:

$$F(\nu) = \sum_{n=-\infty}^{+\infty} a_n \cdot e^{-j2\pi \frac{n}{2\nu_s}\nu} \tag{2.5-2}$$

其中,

$$a_n = \frac{1}{2\nu_s} \int_{-\nu_s}^{+\nu_s} F(\nu) \cdot e^{j2\pi \frac{n}{2\nu_s}\nu} d\nu \tag{2.5-3}$$

然而,函数 $f(t)$ 是有限的,可以写成傅里叶积分:

$$f(t) = \int_{-\nu_s}^{+\nu_s} F(\nu) \cdot e^{j2\pi \nu t} d\nu \tag{2.5-4}$$

比较式(2.5-3)和(2.5-4),可以看出傅里叶系数 a_n 与信号 $f(t)$ 的采样值 $f(t_n)$ 成正比:

$$a_n = \frac{1}{2\nu_s} f\left(\frac{n}{2\nu_s}\right) \tag{2.5-5}$$

如果根据以下条件选择采样点:

$$t_n = n \cdot \Delta t = \frac{n}{2\nu_s} \tag{2.5-6}$$

那么，由于 $\nu_s > \nu_g$，采样点的距离 Δt 必须小于 Δt_{max}：

$$\Delta t_{max} = \frac{1}{2\nu_g} \tag{2.5-7}$$

才能不丢失信息。

如果满足条件 $\Delta t < \Delta t_{max}$ 并给出采样值 $f(n \cdot \Delta t)$，则谱 $F(\nu)$ 可以根据式（2.5-2）和（2.5-5）计算得到。对于函数 $f(t)$ 也必须如此，因为它由 $F(\nu)$ 唯一确定，由式（2.5-2）、（2.5-4）和（2.5-5），有香农（Shannon）采样定理：

$$f(t) = \sum_{n=-\infty}^{+\infty} f\left(\frac{n}{2\nu_s}\right) \cdot \frac{\sin\left[2\pi\nu_s\left(t - \frac{n}{2\nu_s}\right)\right]}{2\pi\nu_s\left(t - \frac{n}{2\nu_s}\right)} \tag{2.5-8}$$

或者

$$f(t) = \sum_{n=-\infty}^{+\infty} f(n\Delta t) \cdot \frac{\sin\left[\frac{\pi}{\Delta t}(t - n\Delta t)\right]}{\frac{\pi}{\Delta t}(t - n\Delta t)}; \Delta t = \frac{1}{2\nu_s} \tag{2.5-8a}$$

如果给定所有采样值 $f(n \cdot \Delta t)$，则可由采样定理（2.5-8）式计算出 $f(t)$ 的任何值。当然，实际上只有有限数量的采样值可用（例如 $f(n \cdot \Delta t)$，$-N \leqslant n \leqslant N$），如果提供关于 $f(t)$ 关于 $|t| \to \infty$ 的先验知识，可以对采样误差进行充分的估计。

如果选择的采样距离 Δt 大于 Δt_{max}（或 $\nu_s < \nu_g$，称之为欠采样），则会出现不同类型的误差现象。在 $-\nu_g < \nu < \nu_g$ 范围内的某些频率上，影响程度所有不同，这可能会让函数 $f(t)$ 显著扭曲（使用采样定理或其他插值公式由采样值计算函数值）。

此现象可以使用周期函数 $\sin(2\pi\nu_g t)$ 来说明（见图 2.5-1）：图中的虚线表示的是函数 $\sin(2\pi\nu_g t)$，并进行了采样（垂线段），由于采样距离大于正弦函数的周期（允许小于半个周期），因此严重欠采样。使用香农采样定理对采样值进行插值得到一个新的函数（图 2.5-1 中的实线），其也是一个正弦函数，但频率不正确（太低）。因为眼睛在采样点（图片元素、像素）之间进行了插值，这种效果在采样图像中表现更为明显（参见图 2.5-4）。

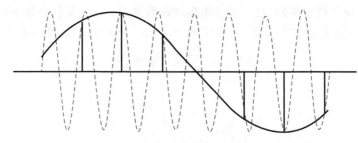

图 2.5-1 欠采样

光电传感器同样会对图像进行采样，所以同样会出现和采样相关的现象和问题。在第 2.4 节中已说明，由于存在衍射，光学系统会具有带限特性（参见公式（2.4-25）和图 2.4-9），所以场景中的空间频率 $k > k_g$ 将被截断、从而不会映射在生成图像中，这意味着场景被"平滑"了。如果使用光电传感器（如 CCD 或 CMOS 传感器）对图像进行采样，则应考虑到这一点，尤其是当场景中存在导致混叠的周期性纹理结构时，尤是如此。

因为使用的光电探测器基本上都是以周期性方式排列的探测器元件组装而成,如图 2.5-2 所示(理想化的)的矩形探测器元件,其中心点为 (x_k, y_l)、探元线性尺寸为 $\delta x, \delta y$。探测器元件具有间距 Δx 和 Δy,其中 $\Delta x \geqslant \delta x$ 且 $\Delta y \geqslant \delta y$。如果根据公式(2.1-2),探测器阵列被投影到物体平面(例如遥感情况下的地球表面),则 $\Delta x' = \Delta x \cdot g/b$ 且 $\Delta y' = \Delta y \cdot g/b$ 被称为地面采样距离(GSD)(分别在 x 和 y 方向)。地面上探测器元件的投影尺寸为 $\delta x' \cdot \delta y'$,其定义了瞬时视场(IFOV),也可以通过 angles $\approx \delta x'/g = \delta x/b \approx \delta y'/g = \delta y/b$ 来予以表示(与高度无关)。

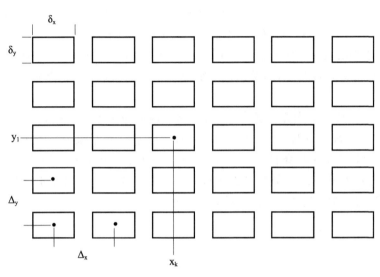

图 2.5-2　探测器阵列

每个探测器元件会产生一个单一的电信号,经过预处理和模数转换后,对应生成计算机中可显示在屏幕或其他介质上的图像的一个像素点(图形元素)。因此,有时将探测器元件(探元)本身也称为像素。

由于探测器元件接收到的总辐射中包含的空间信息被转换为单个信号值,因此其中一些信息会丢失。这里,单个探元面积上辐射功率的积分可以用 PSF 或 OTF 来描述(参见第 2.4 节),现假设探测器元件内部存在恒定的光响应度,而外部(即在像素之间的间隙中,参见图 2.5-2)响应度消失(理想情况)。那么,整个像素区域上的积分可以用 PSF 或 OTF 来描述:

$$h_{\text{pix}}(x,y) = \begin{cases} \dfrac{1}{\delta_x \delta_y} & -\dfrac{\delta_z}{2} \leqslant x \leqslant \dfrac{\delta_z}{2},\ -\dfrac{\delta_y}{2} \leqslant y \leqslant \dfrac{\delta_y}{2} \\ 0 & \text{其他} \end{cases} \tag{2.5-9}$$

$$H_{\text{pix}}(k_x, k_y) = \frac{\sin(\pi \delta_x k_x)}{\pi \delta_x k_x} \cdot \frac{\sin(\pi \delta_y k_y)}{\pi \delta_y k_y} \tag{2.5-10}$$

由于探测器元件为矩形,所以这些函数不是圆形对称函数。因此,图像的"平滑"一定程度上受方向影响。

实际上,PSF 和 OTF 将分别获得与式(2.5-9)和(2.5-10)略有不同的值,这是由于像素不完全是规则矩形并且像素内部的响应度也不是恒定的。此外,还存在一定的物理效应,例如像素之间的电荷载流子会在一定程度上扩散,这进一步模糊了信息采集。如果想要准确地确定 PSF,则必须对其进行测量。但这里要求的 PSF 形状不必十分精确,对于这个问题的理解由式(2.5-9)就足够了。

探测器阵列对光信号的采样可以分为两个步骤进行描述。首先,光学系统的(连续)输出

信号 $f_{\text{out}}(x,y)$ 与 PSF 函数 h_{pix} 进行卷积（另见式(2.5-4)）：

$$f_{\text{pix}}=h_{\text{pix}}\otimes f_{\text{out}}=h_{\text{pix}}\otimes h_{\text{opt}}\otimes f_{\text{in}}=h\otimes f_{\text{in}} \tag{2.5-11}$$

式中，h_{opt} 是光学系统的 PSF，f_{pix} 是连续信号（在 x,y 坐标下），其中包含像素区域上的积分。因此，包含光学系统对输入信号的映射及像素上积分的总 PSF 是由光学系统的 PSF 和探测器元件的卷积给出的。

频率空间中的对应关系为：

$$F_{\text{pix}}(k_x,k_y)=H_{\text{pix}}(k_x,k_y)\cdot F_{\text{out}}(k_x,k_y)$$
$$=H_{\text{pix}}(k_x,k_y)\cdot H_{\text{opt}}(k_x,k_y)\cdot F_{\text{in}}(k_x,k_y)$$
$$H(k_x,k_y)=H_{\text{pix}}(k_x,k_y)\cdot H_{\text{opt}}(k_x,k_y) \tag{2.5-12}$$

其次，在像素中心处 $x_k=k\cdot\Delta x(k=0,\pm 1,\pm 2,\dots)$，$y_l=l\cdot\Delta y(l=0,\pm 1,\pm 2,\cdots)$ 对（平滑的）信号 $f_{\text{pix}}(x,y)$ 进行采样，结果是一组值 $f_{k,l}=f_{\text{pix}}(x_k,y_l)$，这些值与计算机生成图像的灰度值成正比。

由于光学 OTF 具有上限截止频率 k_g(2.4-26)，因此总 OTF 也是如此。图 2.5-3 显示了 $k_x=k(k_y=0)$，$\Delta x=\delta x=1/2k_g$，$k_g=D/(\lambda b)$ 的情况，这意味着奈奎斯特频率 $k_{\text{nyq}}=1/2\Delta_x$ 等于截止频率，并且恰好满足采样条件(2.5-13)式。根据式(2.5-10)，OTF 函数 $H_{\text{pix}}(k_x,0)$ 在奈奎斯特频率下的值为 $2/\pi\approx 0.64$，如果与像素间距 Δ_x 相比减小像素尺寸 δx，则可以提高该值。那么，总的 OTF 与光学系统的 OTF 会对应得更好。

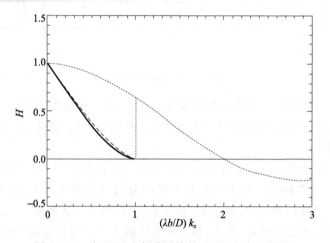

图 2.5-3　总 OTF 和部分系统的 OTF（文中已说明）

在图 2.5-3 中，光学元件的 OTF 用虚短线绘制，$H_{\text{pix}}(k_x,0)$ 是虚点线，总 OTF 函数 $H=H_{\text{opt}}\cdot H_{\text{pix}}$ 为实线。

如果采样距离选择为：

$$\text{Max }\{\Delta x,\Delta y\}<\frac{1}{2k_g} \tag{2.5-13}$$

如果采样条件满足，则用采样值 $f_{k,l}=f_{\text{pix}}(k\Delta x,l\Delta y)$ 可重构空间信号 $f_{\text{pix}}(x,y)$：

$$f_{\text{pix}}(x,y)=\sum_k\sum_l f_{\text{pix}}(k\Delta x,l\Delta y)\cdot\frac{\sin\left[\frac{\pi}{\Delta x}(x-k\Delta x)\right]}{\frac{\pi}{\Delta x}(x-k\Delta x)}\cdot\frac{\sin\left[\frac{\pi}{\Delta y}(y-l\Delta y)\right]}{\frac{\pi}{\Delta y}(y-l\Delta y)} \tag{2.5-14}$$

当满足采样条件时，值 $f_{k,l}$ 可代表整个信号 $f_{\text{pix}}(x,y)$（当然只是近似代表，因为仅有限数量的采样值可用）。如果不满足，$f_{\text{pix}}(x,y)$ 将包含太高的频率，采样会导致上述混叠误差，这可能会改变周期信号部分的空间频率和方向。例如，图 2.5-4 中的左侧图像给出了正弦亮度分布，其是在明亮标记点处采样的，而右侧图像显示的是采样点处的亮度。可以看出空间频率太低，波向是错误的。

周期性纹理结构的欠采样产生的图案如众所周知的莫尔图案特例。当通过其他周期性结构观察周期性结构纹理时，就可能会出现此类情形（如穿过细织窗帘的栅栏）。

不够密集的采样点可能会导致错误，而不必要的过密集采样点虽然不会破坏信号重建，但数据量会更高。如果采样距离的最大可能值为 $1/2k_g$，则所有采样点对于函数 $f_{\text{pix}}(x,y)$ 的完整重建是必要的。如果仅缺少一个采样值，则就不再可能进行精确重建。但是，如果采样距离小于 $1/2k_g$，则有一定的冗余可用，其可用于内插出缺失值（这里不再讨论）。

成像并不总是限于面状探测器阵列（图 2.5-2），如果成像系统可相对于场景移动，线状排列的探测器阵列就足够了，这样的具有 N 个像素的线阵传感器在 x 方向上进行采样，强度场采样与面阵传感器 x 方向上的模式相同，y 方向的采样由传感器在该方向上的相对运动形成。令 $f(x,y)$ 为图像平面中的强度分布，当传感器在 y 方向以恒定速度 v（与图像平面相关）移动时，点 (x_0,y_0)（例如像素的中心点）处的强度会依据 $f(x_0,y(t))$，$y(t)=y_0+v\cdot t$ 生成。如果像素在时间 Δt（曝光时间，积分时间）期间曝光，则强度由积分得到，结果信号为：

$$g(x_0,y_0)=\Delta t\cdot\frac{1}{\Delta t}\int_0^{\Delta t}f(x_0,y_0+v\cdot t)\mathrm{d}t$$

对于某个所考虑的探测器元件，这种成像关系也表现为一个线性系统：

$$g(x_0,y_0)=\Delta t\cdot\int_{y_0}^{30+v\cdot\Delta t}H_{\text{mot}}(y_0-y)\cdot f(x_0,y)\mathrm{d}y \tag{2.5-15}$$

其中，扫描运动的 PSF 为：

$$H_{\text{mot}}(\xi)=\begin{cases}\dfrac{1}{v\cdot\Delta t} & -v\Delta t\leqslant\xi\leqslant0\\[2mm]0\end{cases} \tag{2.5-16}$$

与 $f(x_0,y_0)$ 相比，强度 $g(x_0,y_0)$ 在 y 方向（沿航迹）容易模糊，模糊程度随着积分时间 Δt 有所增加，这会导致清晰度的不对称性，如果选择一定的积分时间和像素尺寸 $(\delta_y<\delta x)$ 使得积分后 y 方向上的有效像素尺寸 $\delta y+v\cdot\Delta t$（近似）等于 δx，则可以将这种不对称性造成的影响降至最低，当然要实现这一点，就需要特殊的传感器设计。

如果选择的积分时间恰当，可使得在该时间内像素移动量等于像素尺寸（称之为驻留 Δt_{dwell}），一个点 (x,y) 的光信号会在这段时间内穿过像素一次（驻留在像素内）。在大多数情况下，会要求尽量不超过驻留时间成像。不幸的是，在大多数情况下不可能选择 $\Delta t\ll\Delta t_{\text{dwell}}$，因为这样信噪比会变得太低（参见第 2.6 节）。

如果使用两条 CCD 线阵（而不是一条），使得第二条线阵相对于第一条线移动 1/2 像素（交错阵列，图 2.5-5），则地面采样距离（GSD）可以在两个方向上减半（沿航迹和跨航迹）。但是为了提高几何分辨率，必须要求光学系统的 PSF 也得提高（截止频率 k_g 的充分提高）。

对于面阵传感器阵列，如果通过微扫描技术在 x 和 y 方向上移动阵列，则可以实现相同的效果，但这种方法仅适用于连续测量期间物体和传感器之间不发生相对运动的情况。

有时，光学系统的几何分辨率等于地面采样距离（GSD）（对应于像平面中的 Δ_x 或 Δ_y）。但总的来说，总是存在出入。在第 2.4 节中，使用了有关瑞利的概念，但其不是可实现的最终分辨率限制。如果信噪比（SNR）良好，则图像中两个相邻点的中央凹陷（会远小于瑞利距离

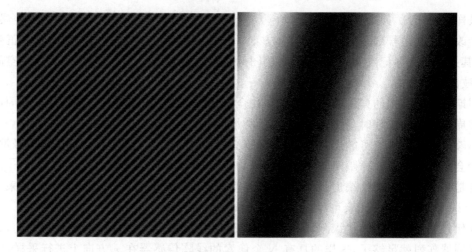

图 2.5-4　混叠

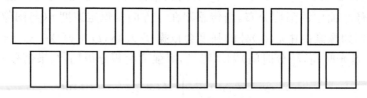

图 2.5-5　交错阵列

r_0 处的 26% 凹陷,见图 2.4-8 和公式(2.4-24)),可以被检测到。在特殊情况下 $\Delta = \Delta_x = \Delta_y = 1/2k_g$(无混叠),有 $\Delta = r_0/2.42$。因此对于良好的 SNR,GSD 对应于比 r_0 更好的分辨率,并且可以作为几何分辨率的经验法则值,但最终可实现的分辨率仍取决于 SNR。

　　总之,函数的采样过程如图 2.5-6 示意,在二维情况下,采样是从 $f(x,y)$ 到 $fm,n = f(m \cdot \Delta x, n \cdot \Delta y)$ 的转变,这些函数特征值来自实连续函数。要在数字计算机中处理这些数字,必须将它们数字化,此过程是在模数转换器或单元(ADC、ADU)的帮助下完成的,这些转换器可将实数转换为整数。例如,一个 8 位 ADU 将输入信号(电压)U_E 转换为数字输出值 $U_A = n \cdot \Delta U_A (n = 0, 1, \cdots, 2^8 - 1)$,对应数字 n,此操作可以按以下方式定义:如果输入信号 U_E 满足条件 $(n - 1/2) \cdot \Delta \leqslant U_E < (n + 1/2) \cdot \Delta$,则输出信号 $U_A = n \cdot \Delta U_A$,或者整数 n 被分配给 U_E。当然,这个操作会导致一定的(数字化)误差(除非碰巧 $U_E = n \cdot \Delta$ 成立),下一章会进行相关讨论。

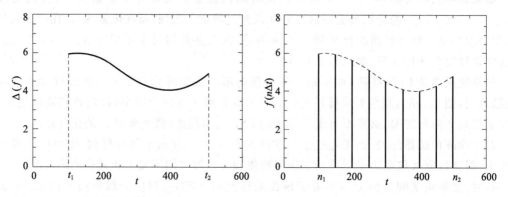

图 2.5-6　一维采样:连续函数 $f(t)$ $(t_1 \leqslant t \leqslant t_2)$ → (time—)离散函数 $f_n = f(n\Delta t)$ $(n = n_1, \cdots, n_2)$

2.6 辐射分辨率和噪声

在上文中已经提到了良好信号噪声比(SNR)的必要性,好的辐射分辨率可以提高几何分辨率。因此,辐射测量和几何性能不是有很强的相关性。要正确理解辐射分辨率,必须了解随机变量和随机过程的性质。如果没有噪声,辐射分辨率——即区分相邻强度值的可能性,将是任意大的,并且可以将任何靠近的点光源分开。

随机过程 $\xi(t)$ 的特点是不可能准确预测 $\xi(t)$ 的未来值,其只能为这些值分配概率。噪声具有随机性的原因是物理信号载体(光子、电子等)进行随机运动并在空间中随机分布。例如,光束中的光子由随机分布的发射原子或分子在随机时刻发射。因此,探测器元件在时间间隔 Δt 内接收到的数量会随机波动。由于与离子和其他电子的相互作用,负责导线内部信号传输的电子速度是混沌分布的(取决于导线的温度),因此产生了在辐射量接收期间被感知为噪声的信号波动,所以这些随机过程称之为"噪声"。

随机场 $\xi(x,y,\cdots)$ 是二维或多维随机过程的一种概括,而随机变量由数字 $\xi_1,\xi_2,\cdots,\xi_n$ 表示。在这里,对随机过程相关理论做一简单介绍。

因为光电成像传感器是一种采样系统,下面的侧重随机变量的简短讨论(如随机场 $\xi(x,y)$ 的采样值的 $\xi_{k,l}=\xi(x_k,y_l)$)。

令 ξ 是一个可以取实数 x 的随机变量,对应概率密度为 $p_\xi(x)$。$p_\xi(x)\mathrm{d}x$ 是 ξ 值在区间 $[x,x+\mathrm{d}x]$ 中事件的概率。那么 ξ 在区间 $x_1\leqslant x\leqslant x_2$ 内取值 x 的事件概率由下式给出:

$$P_\varepsilon\{x_1\leqslant x\leqslant x_2\}=\int_{x_1}^{x_2}p_\varepsilon(x)\mathrm{d}x \tag{2.6-1}$$

因为可以肯定 ξ 在区间 $-\infty<x<+\infty$ 内取某一个值,所以有单位概率对应的必然事件为:

$$\int_{-\infty}^{+\infty}p_\xi(x)\mathrm{d}x=1 \tag{2.6-2}$$

函数 $p_\xi(x)$ 允许定义所谓的期望值。令 $f(\xi)$ 是随机变量 ξ 的任何函数,那么 $f(\xi)$ 的期望值由下式给出:

$$\langle f\rangle=\int_{-\infty}^{+\infty}f(x)p_\varepsilon(x)\mathrm{d}x \tag{2.6-3}$$

如果进行 N 次实验,若随机变量 $f(\xi)$ 取值结果为 $f_1,\cdots,f_N$,则可以计算出算术平均值:

$$\overline{f}=\frac{1}{N}\sum_{n=1}^{N}f_n \tag{2.6-4}$$

如果 N 很大,则 $\overline{f}$ 大概率接近 $\langle f\rangle$。因此,期望值也称为统计平均值。期望值为:

$$\langle\xi\rangle=\int_{-\infty}^{+\infty}x\cdot p_\xi(x)\mathrm{d}x \tag{2.6-5}$$

随机变量 ξ 本身和 $(\xi-\langle\xi\rangle)^2$ 平方后的期望值:

$$\sigma_\varepsilon^2=\langle(\xi-\langle\xi\rangle)^2\rangle=\int_{-\infty}^{+\infty}(x-\langle\xi\rangle)^2\cdot p_\varepsilon(x)\mathrm{d}x \tag{2.6-6}$$

σ_ε^2 称之为随机变量 ξ 的方差和标准偏差 σ_ξ(方差的平方根),其定义了 ξ 与平均值 $\langle\xi\rangle$ 的偏差度量,因此也是概率密度 $p_\varepsilon(x)$ 宽度的度量。

以在波长范围内 $[\lambda,\lambda+\Delta\lambda]$ 温度为 T 的黑体辐射平均能量为例进行考虑,其在积分时间 Δt 期间由探测器元件所接收,能量大小与普朗克函数 $B_\lambda(T)$ 成正比(参见第 2.2 节)。$B_\lambda(T)$

不是随机变量:它表征了黑体辐射的平均辐射率。因此,迄今为止考虑的所有辐射量都必须理解为平均值统计量。作为测量结果获得的值会在这些平均值附近波动,标准偏差 σ 是这种波动幅度的一种度量。因此,用信噪比来表征信号的质量是有意义的。

$$SNR = \frac{\langle S \rangle}{\sigma} \tag{2.6-7}$$

设 $E = \Phi \cdot \Delta t$ 是探测器元件在积分时间 Δt 期间接收到的能量(Φ 是该辐射的功率;参见第 2.2 节)。如果探测器是线性的(CCD 传感器可以很好地满足这一条件),则传感器输出信号 U 与 E 成正比:$U = K \cdot E$。在测量期间,观察到(噪声)值 $U = \langle U \rangle + \delta U$。这里,$\delta U$ 是一个随机变量,其均值 $\langle \delta U \rangle = 0$,标准偏差为 σ_U。假设噪声 δU 是在探测器或读出电子设备中产生的,并且输入信号(辐射)是无噪声的(这意味着在式(2.6-20)—式(2.6-24)中表示的光子噪声可以忽略)。那么,误差 $\delta E = \delta U / K$,误差 $\delta \Phi = \delta U / (K \cdot \Delta t)$ 可归因于随机误差 δU。这些随机变量分别具有标准偏差 $\sigma_E = \sigma_U / K$ 和 $\sigma_\Phi = \sigma_U / (K \cdot \Delta t)$,它们是测量所考虑的辐射变量的质量度量,并定义了可实现的辐射分辨率。特别地,σ_Φ 称为噪声等效功率(NEP)。以这种方式,也可以估计其他辐射测量变量(例如辐射度)的辐射分辨率。例如,如果存在一个波长范围为 $\Delta\lambda$ 的辐射测量 λ,根据式(2.2-9)有关系式:

$$\Phi = K_0 \cdot L_\lambda; \quad K_0 = \frac{\pi}{4} \cdot \frac{F_D}{f_\#^2} \cdot \cos^4(\theta) \cdot \tau_\lambda \cdot \Delta\lambda$$

并且 $\sigma_{L\lambda} = \sigma_U / (K_0 \cdot K \cdot \Delta t)$。

如果 U 和 E 之间的关系是非线性的(如 CMOS 传感器),若随机变量 U 的概率密度 $p_U(u)$ 是已知,则可确定 E 的辐射分辨率(Φ 或 L_λ 同样可定)。令 E 和 U 由式 $E = f(U)$ 给出,则根据式(2.6-3)和(2.5-6),以下关系成立:

$$\sigma_E^2 = \langle (E - \langle E \rangle)^2 \rangle = \int [f(u) - \langle E \rangle]^2 \cdot p_U(u) du \tag{2.6-8}$$

$$\langle E \rangle = \int f(u) \cdot p_U(u) du \tag{2.6-9}$$

线性关系 $E = U/K$ 是 $E = f(U)$ 的特例。实际情况下(具有弱噪声)可采用更简单的关系式

$$\sigma_E \approx |f'(\langle U \rangle)| \cdot \sigma_U \tag{2.6-10}$$

$$\langle E \rangle \approx f(\langle U \rangle) \tag{2.6-11}$$

如果关系式 $E = f(U) = f(\langle U \rangle + \delta U)$ 近似为 $f(\langle U \rangle) + \delta U \cdot f'(\langle U \rangle)$,则可以获得以上近似时。方程(2.6-10)表明,在非线性情况下,(对于弱噪声)E 的辐射分辨率取决于平均信号值 $\langle U \rangle$,因此也取决于接收到的平均辐射能量。一个例子是对数关系 $U = C \cdot \ln E$(与 CMOS 传感器较为符合),有 $E = e^{U/C} = f(U)$,$\sigma_E = \frac{1}{C} e^{\langle U \rangle / C} \cdot \sigma_U = \frac{1}{C} \langle E \rangle \cdot \sigma_U$。相对辐射误差 $\sigma_E / \langle E \rangle$ 和 SNR 信噪比 $\langle E \rangle / \sigma_E$ 不依赖于平均能量 $\langle E \rangle$。

为了准确地计算式(2.6-8)和(2.6-9)(对于强噪声),需要知道概率密度 $p_U(u)$,其通常可以近似为高斯分布或正态分布——符合中心极限定理的最重要的概率分布,如果随机变量 ξ 是(不一定独立)N 个随机变量 $\xi_1, \xi_2, \cdots, \xi_N$ 的和(各随机变量可能具有异于正态分布的不同概率密度),那么(在一定条件下)随着 N 的增加,ξ 的概率密度会趋于正态分布。

正态分布由下式给出

$$p(x) = \frac{1}{\sigma \sqrt{2\pi}} e^{-\frac{(x-a)^2}{2\sigma^2}} \tag{2.6-12}$$

其中$\langle\xi\rangle=a$ 和 $\sigma_\xi=\sigma$。图 2.6-1 给出了正态分布 f 示例($a=5$ 且 $\sigma=1$)。ξ在区间 $a-3\sigma<x<a+3\sigma$ 中取值的概率为 0.9973。这个所谓的 3σ 区间通常被用来衡量随机变量 ξ 的值域分布,但必须认识到此区间之外的值(所谓的异常值)也是会发生的。

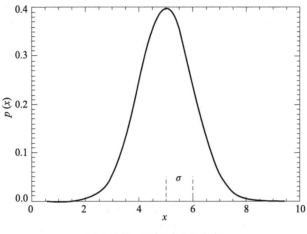

图 2.6-1 正态(高斯)分布

在热噪声 $\sigma^2\sim T$ 情况下(见(2.6-29)和(2.6-30)),许多噪声过程(尤其是热噪声)可以用正态分布进行很好地描述,因此可以通过冷却探测器和电子电路来减少这种噪声。

如果必须考虑多个随机变量 $\xi_1,\xi_2,\cdots,\xi_N$,则必须使用联合概率密度 $p_{\xi_1\cdots\xi_N}(x_1,\cdots,x_N)$。对于独立的随机统计变量,该分布衰减为单密度 $p_{\xi_n}(x_i)$ 的乘积,这意味着随机变量 ξ_n 的值的出现概率不受所有其他随机变量的影响。这一点很重要,因为在大多数情况下,输出信号是几个独立随机过程的叠加(例如,光子噪声是探测器噪声、电子元件噪声等几种类型噪声的叠加效果)。令:

$$\xi=\xi_1+\cdots+\xi_N \tag{2.6-13}$$

是 N 个独立随机变量的总和,则有关系式:

$$\langle\xi\rangle=\langle\xi_1\rangle+\cdots+\langle\xi_N\rangle \tag{2.6-14}$$

$$\sigma_\xi^2=\sigma_{\xi_1}^2+\cdots+\sigma_{\xi_N}^2 \tag{2.6-15}$$

例如,若 ξ_n 是具有(灭失)平均值($<\xi n>=0$)的辐射场振幅,则在统计性独立的情况下(在光学中称为"不相干"),振幅平方的总和便是如此。如在第 2.1 节中所提及,在独立噪声贡献情况下,式(2.6-15)表明它们的方差是相加的。尤其需要注意一个物理参数被多次测量的情况,此时$\langle\xi_1\rangle=\langle\xi_2\rangle=\cdots=\langle\xi_N\rangle$关系式并成立,因此,根据式(2.6-14)和(2.6-15),$\langle\xi\rangle=N\cdot\langle\xi_n\rangle$,并且 $\sigma_\xi=\sigma_{\xi_n}\cdot\sqrt{N}$,SNR 与 N 的平方根成正比:

$$\mathrm{SNR}_\xi=\mathrm{SNR}_{\xi_n}\cdot\sqrt{N} \tag{2.6-16}$$

这种方法通常用于提高测量质量,一个重要应用是所谓的 TDI 原理(Time Delay and Integration)。如果使用机载或星载 CCD 线阵传感器,则积分时间受高度速度比 h/V 和像素大小 δ 的限制。为了在给定的 h/V 下显著提高几何分辨率(这意味着必须减小像素尺寸),信号强度和 SNR 会降低,这又限制了提高几何分辨率的可能性。当 N 个探测器元件($n=1,\cdots,N$)(沿航迹)耦合时,会形成一个可行的解决方案——积分时间内在探测器元件 n 中产生的电荷量可以转移到下一个元件 $n+1$ 中,这就要求必须确保电荷转移与传感器的运动同步。在 $t_n\leqslant t\leqslant t_n+\Delta t$ 期间,元素 n"看到"的物体(部分能量)必须在下一个区间 $t_{n+1}\leqslant t\leqslant t_{n+1}+\Delta t$ 中

被元素 $n+1$ "看到"，以累加增强转移的电荷量。因此，信号强度将变为值 $N \cdot S$，而噪声仅增加到值 $\sigma \cdot \sqrt{N}$，这意味着 SNR 的增加为 $\sqrt{N}$。

到目前为止，随机变量一直被认为是具有连续的实数值。模数转换生成与整数 0、± 1、$\pm 2 \cdots$ 成比例的离散值。这些离散随机变量仅采用有限数量的值（或者，在有限的情况下，是可数的）。设 ζ 为离散随机变量，其值为 $z_1, z_2, \cdots, z_N$。那么 $P\{\zeta = z_n\} = P_n$ 是 ζ 在实验结果中取值 z_n 的概率。现在替换公式（2.6-2），归一化条件变为（对照式（2.6-5）和（2.6-6））：

$$\sum_{n=1}^{N} P_n = 1 \tag{2.6-17}$$

期望值和方差根据以下公式计算：

$$\langle \zeta \rangle = \sum_{n=1}^{N} z_n \cdot P_n \tag{2.6-18}$$

$$\sigma_C^2 = \sum_{n=1}^{N} (z_n - \langle \zeta \rangle)^2 \cdot P_n \tag{2.6-19}$$

以下是与光电系统相关的离散随机变量的两个示例。第一个例子是（连续）随机变量 $U = \langle U \rangle + \delta U$ 的模数转换。令 U 是均值为 a、方差为 σU 的正态分布，如果 U 的取值 u 在区间 $z \cdot \Delta - \Delta/2 \leqslant u < z \cdot \Delta + \Delta/2$ 内（z 是整数，Δ 是离散化或量化级别的间隔），则整数 $z = [u/\Delta + 0.5]$ 会分配给 u。这里，$[x]$ 是实数 x 的整数部分的表示法。使用给定的正态分布 U，可以计算随机数 $\zeta = [U/\Delta + 0.5]$ 取 z 值的概率 P_z，这个概率（Jahn et al.，1995）主要取决于比率 Δ/σ_U 和（较弱的）a/σ_U。对于 $\Delta/\sigma_U \leqslant 1$，$\zeta$ 的期望值和标准偏差与连续变量 U/Δ 的相同值的偏差很小。因此对于 $\Delta/\sigma_U \leqslant 1$，模数转换导致的退化是微不足道的，在大多数情况下，选择 $\Delta \approx \sigma_U$ 就足够了。如果噪声非常小（$\sigma_U \ll \Delta$）甚至消失（$U = \langle U \rangle$），则 U 的离散化会导致误差 ΔU，且 $|\Delta U| \leqslant \Delta/2$（在特殊情况 $U = z \cdot \Delta$ 下，$\Delta U = 0$）。如果 U 被解释为一个随机变量，它在区间 $z \cdot \Delta - \Delta/2 \leqslant u < z \cdot \Delta + \Delta/2$ 内均匀分布，即：

$$p_{U(u)} = \begin{cases} 1/\Delta & (z - 1/2) \cdot \Delta \leqslant u < (z + 1/2) \cdot \Delta \\ 0 & \text{其他} \end{cases}$$

根据式（2.5-6），可得 $\sigma = \Delta/\sqrt{12} \approx 0.289 \cdot \Delta$ 标准偏差作为量化误差的度量，有时也用于表征量化噪声。

作为离散随机变量的第二个例子，现在考虑光子噪声。设 N_{phot} 是在积分时间 Δt 内探测器接收到的光子数，N_{phot} 是一个整数（可以取值 $n = 0, 1, 2, \ldots$）。在第 2.2 节中考虑的期望值 $\langle N_{phot} \rangle$ 是一个实数，通常泊松分布：

$$P_n = \frac{a^n \cdot e^{-a}}{n!}; n = 0, 1, 2, \cdots \tag{2.6-20}$$

可被选定为 N_{phot} 的概率分布。根据（2.6-18）和（2.6-19），N_{phot} 有期望值和标准差：

$$\langle N_{phot} \rangle = a \tag{2.6-21}$$

$$\sigma_{N_{phot}} = \sqrt{\langle N_{phot} \rangle} \tag{2.6-22}$$

因此，信噪比为 $\text{SNR} = \sqrt{\langle N_{phot} \rangle}$。只有当平均光子数可以增加（例如通过扩大孔径或更大的积分时间）时，该值才能被增强。无论如何，光子噪声定义了可达到的测量精度的极限，可以通过冷却等方式减少其他噪声的贡献。

图 2.6-2 给出了参数 $a = \langle N_{phot} \rangle$ 的取给定两个值的泊松分布。可以看出，对于较大的 a

值,泊松分布接近正态分布,数学上也可表示。

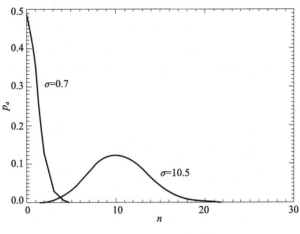

图 2.6-2　泊松分布

当探测器(例如 CCD 或 CMOS 传感器)是具有量子探测率 η_{qu} 的量子探测器时,生成的电子数 N_{el} 再次是满足泊松分布的随机变量:

$$\langle N_{el} \rangle = \eta_{qu} \cdot \langle N_{phot} \rangle \ 且 \ \sigma_{N_{el}} = \sqrt{\langle N_{el} \rangle} = \sqrt{\eta_{qu}} \cdot \sigma_{N_{phot}} \tag{2.6-23}$$

令 N_{max} 为探测器元件可包含的最大电子数,然后应该据此设计光学系统,使得最大接收光子数足够小时可确保最大生成电子数(直到异常值)保持在 N_{max} 以下(例如通过选择 $\langle N_{el} \rangle + 3\sigma_{Nel} = N_{max}$ 实现)。必须测量的最小值 $N_{min} \approx \langle N_{el} \rangle_{min}$ 具有噪声(值)$\sigma_{min} = \sqrt{\langle N_{el} \rangle_{min}}$。如上所示,该值应选择不大于 ADU 的量化步长 Δ。Δ 对应于最低有效位(LSB)。为了能够精确测量从 $\langle N_{el} \rangle_{min}$ 到 $\langle N_{el} \rangle_{max}$ 的整个信号范围,需要(对于 $\sigma_{min} \approx \Delta$):

$$D = \frac{N_{max}}{\sigma_{min}} \approx \frac{N_{max}}{\Delta} \tag{2.6-24}$$

量化等级($\log_2 D$ 位),ADU 必须不含误差。D(或 $\log2D$)被称为系统的动态范围。例如,$N_{max} = 100000$ 且 $\langle Nel \rangle_{min} = 100$ 的光子噪声限制探测器元件具有动态范围 $D = 10000$。需要 14 位存储才能高质量覆盖该值域范围。

通常使用所谓的功率谱来表征噪声过程。为了介绍这个量,必须简要讨论随机过程 $\xi(t)$。令 $\xi(t)$ 在时间 t 的取值为 x,则 $\xi(t)$ 将由概率密度 $p_\xi(X, T)$(任意序列 N 的联合概率密度函数为 $p_\xi(X_1, t_1; X_2, t_2; \ldots; X_N, t_N)$,这里暂且不用)描述。

根据式(2.6-5)和(2.6-6),期望值和方差由下式给出:

$$\langle \xi(t) \rangle = \int_{-\infty}^{+\infty} x \cdot p_\xi(x, t) dx \tag{2.6-25}$$

$$\sigma_\xi^2(t) = \int_{-\infty}^{+\infty} (x - \langle \xi(t) \rangle)^2 \cdot p_\xi(x, t) dx \tag{2.6-26}$$

现在,这两个量都取决于时间 t。

随机过程的一个重要子类是平稳随机过程,其统计特性不随时间变化,这尤其意味着概率密度、期望值和方差不会依赖于时间。借助傅里叶变换(2.3-3),可以将频谱(功率谱)$S_\xi(\nu)$ 赋予平稳过程 $\xi(t)$ 的方差:

$$\sigma_\xi^2 = \int_0^\infty S_\xi(\nu) d\nu \tag{2.6-27}$$

　　为了阐明这个量的含义,考虑温度为 T 的电阻 R。当其触点通过电压表连接时,可以测量平均值为零的(弱)噪声电压 $U(t)\langle U(t)\rangle$。只要电阻及其温度不变,该电压的变化就是恒定的。热噪声(也称为约翰逊噪声)是由电荷载流子的混沌运动引起的,随着温度的升高,这种运动变得更加强烈。过程 $U(t)$ 的平稳性取决于物理参数 R 和 T 的稳定性,方差 $\sigma_U^2=\langle U^2\rangle$ 与电功率成正比。因此,名称功率谱被赋予 $S_U(\nu)$。在很宽的频率范围内(k 是玻尔兹曼常数),热噪声具有恒定的功率谱:

$$S_U(\nu)=4kTR \tag{2.6-28}$$

　　所谓的白噪声的功率谱在无限高的频率下是恒定的。根据式(2.6-27)它的方差是无限大的,在现实中不存在。因此,热噪声的频谱(2.6-28)必须随着(高)频率的增加而减少。如果从噪声中滤除频率范围 $\Delta\nu$,则观察到的有效噪声电压由下式给出:

$$U_{\text{eff}}=\sqrt{\langle U^2\rangle}=\sqrt{4kTR\Delta\nu} \tag{2.6-29}$$

　　在大多数情况下,热噪声的频率范围远大于所需信号的频率范围。如果 ν_g 是信号的截止频率,若选择 $\Delta\nu=\nu_g$,可能会大大降低热噪声影响。

　　散粒噪声也几乎是一个白噪声过程,它是在电流通过半导体时 p-n 跃迁产生的。如果 $I=\langle I\rangle+\delta I$ 是电流,则噪声电流 δI(在非常大的频率范围内)的功率谱由下式给出:

$$S_{\delta 1}(\nu)=2e\langle I\rangle \tag{2.6-30}$$

(e 是基本电荷)。频率范围 $\Delta\nu$ 内的有效噪声电流为:

$$\delta I_{\text{eff}}=\sqrt{\langle(\delta I)^2\rangle}=\sqrt{2e\langle I\rangle\Delta\nu} \tag{2.6-31}$$

　　如果使用光电二极管,平均电流 $\langle I\rangle$ 由两部分组成。主要部分是由接收到的光子(所需信号)产生的。第二部分是所谓的暗电流,它是在没有光的情况下由热效应产生的。这种干扰信号会导致(与信号无关的)暗电流噪声。它随着温度的升高而增加,因此可以通过冷却来减少。

　　另一个重要的噪声过程是 $1/f$ 噪声(也称为闪烁噪声)。它产生于半导体中杂质和缺陷处电荷的随机附着。其功率谱在低频(有时高达 MHz)下具有 $1/\nu$—依赖性。当然,对于 $\nu\to 0$,频谱必须收敛到一个有限值,否则积分式(2.6-27)会发散。出于同样的原因,对于高频,$S_{1/f}(\nu)$ 必须比 $1/\nu$ 下降得更快。

　　面阵列和线阵列传感器中出现的所谓固定模式噪声并不是真正的随机过程。它是由探测器元件的不均匀性引起的,不随时间变化(或仅非常缓慢退化)。光响应非均匀性(PRNU)是由不同的像素尺寸和像素与像素之间量子效率的变化引起的。暗信号非均匀性(DSNU)描述了暗电流从像素到像素的变化现象,因为暗电流取决于探测器的温度,所以可以通过冷却来减少 DSNU(不能类似地减少 PRNU)。由于两者在时间上都是恒定的,因此在校准过程中测量时可以对其进行校正。当然,如果量子效率在像素(暗像素)中消失,则无法对其进行校正,这时必须对这些值进行插值。

　　接下来简要考虑传感器的光谱分辨率。在 2.2 节中表明,探测器元件中产生的平均电子数与等式(2.2-15)$\int_0^\infty \eta_\lambda^{\text{qu}}\cdot\tau_\lambda\cdot\dfrac{\lambda}{h\cdot c}\cdot L_\lambda\,\mathrm{d}\lambda$ 成比例,描述观察对象特性的辐射率 L_λ 被大气、光学材料和(颜色)滤光片的透射率以及量子效率滤除。如果将光谱滤波函数组合在一个联合光谱响应度 η_λ 中,则测量信号与下式:

$$\int_0^\infty \eta_\lambda\cdot L_\lambda\,\mathrm{d}\lambda \tag{2.6-32}$$

成比例关系。光谱响应率 η_λ 定义了传感器系统(包括大气)的光谱分辨率。通常系统会传输宽带辐射(全色传感器),例如基于硅技术的 CCD 传感器可检测光谱的整个可见光和近红外范围内高达(略大于)1 μm 的光。通过特殊的窄带滤光片或光谱设备(如棱镜或光栅),可以限制这种宽带光谱范围并使其变为极窄带光谱。

令 $\eta_\lambda(\lambda_0)$ 为中心波长 λ_0 的窄带函数(图 2.6-3),此函数对辐射 L_λ 进行切割:

$$S(\lambda_0) = \int_0^\infty \eta_\lambda(\lambda) \cdot L_\lambda \cdot \mathrm{d}\lambda \qquad (2.6\text{-}33)$$

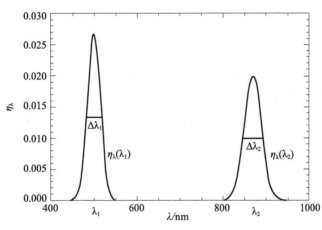

图 2.6-3　窄带滤波器

这个信号的切割部分可以近似为:

$$S(\lambda_0) = L_{\lambda_0} \cdot \int_0^\infty \eta_\lambda(\lambda_0)\mathrm{d}\lambda = \mathrm{const} \cdot L_{\lambda_0} \qquad (2.6\text{-}34)$$

L_λ 在函数 $\eta_\lambda(\lambda_0)$ 的宽度上的变化越小,这种近似将越好。如果滤波器的带宽足够窄,就有可能在波长 $\lambda=\lambda_0$ 处测量辐射率 L_λ。当然,这可能仅适用于 $\eta_\lambda(\lambda_0) \rightarrow \mathrm{const} \cdot \delta(\lambda-\lambda_0)$。

机载或星载传感器通常使用具有中心波长 $\lambda_1,\cdots,\lambda_N$ 和光谱宽度 $\Delta\lambda_1,\cdots,\Delta\lambda_N$ 的多个滤波器,它们被称为多光谱传感器。高光谱传感器有许多(例如 $N>100$)窄带光谱通道。

可以各种方式定义具有响应度 $\eta_\lambda(\lambda_0)$ 的光谱通道的宽度 $\Delta\lambda_0$。一个常见的度量是半高宽,即 $\eta_\lambda(\lambda_0)$ 在 $\max\{\eta_\lambda(\lambda_0)\}/2$ 的宽度(见图 2.6-3),值 $\lambda_0/\Delta\lambda_0$ 被称为信道的光谱分辨率。

必须提到的是,光谱通道的宽度 $\Delta\lambda$ 不能减小到零,因为当 $\Delta\lambda\rightarrow0$ 时,辐射功率消失(见第 2.2 节)。光电系统设计中必须在光谱分辨率和辐射分辨率之间进行权衡,这两者不是独立的。

2.7　颜色

虽然光的光谱和辐射特性在物理上有很好的定义,但颜色却不一样。颜色是当刺激到眼睛视网膜中的三种颜色探测器(视锥细胞)时,在大脑视觉系统中产生的一种感知现象。这种现象的量化只能通过测试人员的视觉比较来进行,因此不能做到完全客观。过去已经开发了解决此问题的各种方法(Wyszecki,1960),限于篇幅此处不做详述。

当眼睛接收波长 $\lambda=700.0\mathrm{nm}$ 的光时,会产生红色印象。在 $\lambda=546.1\mathrm{nm}$ 处,印象为绿色,在 $\lambda=435.8\mathrm{nm}$ 处为蓝色。这三种颜色称为原色,如果它们的强度为 73.04∶1.40∶1.00,则用 R、G、B 表示。该定义由国际照明委员会 CIE(Commission Internationale de l'Eclairage)给

出。任何颜色 F 都可以由波长范围从 $\lambda_{\min} \geqslant 380$ nm 到 $\lambda_{\max} \geqslant 760$ nm 的任何光谱分布的光产生。假设 F 可由三基色 R、G、B 的线性叠加表示：

$$F = R' \cdot \boldsymbol{R} + G' \cdot \boldsymbol{G} + B' \cdot \boldsymbol{B} \tag{2.7-1}$$

这种颜色表示可以解释为具有三个单位向量 $\boldsymbol{R}$、$\boldsymbol{G}$、$\boldsymbol{B}$ 的向量方程。唯一确定颜色 F 的三个颜色值 $\boldsymbol{R}$、$\boldsymbol{G}$、$\boldsymbol{B}$ 必须通过测试人员进行实验确定。在这样的实验中，颜色 F 被投影到测试板 1 上，而叠加 $R' \cdot \boldsymbol{R} + G' \cdot \boldsymbol{G} + B' \times \boldsymbol{B}$ 被投影到第二个测试板（均在黑色背景上）上。然后改变三个颜色值 R'、G'、B'，直到测试人员在两个测试板上感知到相同的颜色。结果值 R、G、B 则是表征颜色 F 的颜色值。事实证明，并非所有颜色 F 都可以用三个非负颜色值 R、G、B 来描述。但是可以改变该方法，使得只有两种原色的总和（例如 $G' \cdot \boldsymbol{G} + B' \times \boldsymbol{B}$）投影到测试板 2 上，而在测试板 1 上，$F$ 与 $R' \cdot \boldsymbol{R}$ 叠加。从 $F + R' \cdot \boldsymbol{R} = G' \times \boldsymbol{G} + B' \times \boldsymbol{B}$ 再次遵循(2.7-1)，但现在 R 为负值。这意味着如果颜色值 R、G、B 也可以取负值，则公式(2.7-1)一般性成立。

对应于具有连续光谱的光的三个颜色值 R、G、B 可以由光谱颜色值 $R_\lambda \, \mathrm{d}\lambda$、$G_\lambda \, \mathrm{d}\lambda$、$B_\lambda \, \mathrm{d}\lambda$ 的叠加表示：

$$R = \int_{\lambda_{\min}}^{\lambda_{\max}} R_\lambda \, \mathrm{d}\lambda, \cdots \tag{2.7-2}$$

令 r_λ、g_λ、b_λ 是对应于具有恒定强度光谱的颜色值（光谱值函数）（图 2.7-1），这样可以计算任何（光谱）颜色刺激的颜色值。颜色刺激 ϕ_λ 由引起颜色感知的光的光谱分布定义：

$$\varphi_\lambda = \beta_\lambda \cdot S_\lambda \tag{2.7-3}$$

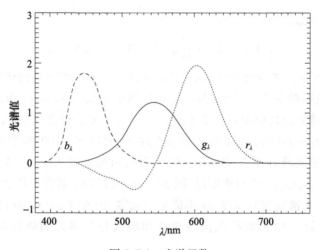

图 2.7-1　光谱函数

这里，β_λ 是被照明表面的光谱反射率，S_λ 是照明光的光谱密度。那么有下面等式：

$$R = \int_{\lambda_{\min}}^{\lambda_{mNx}} \beta_\lambda \cdot S_\lambda \cdot r_\lambda \mathrm{d}\lambda, \; G = \int_{\lambda_{\min}}^{\lambda_{mNx}} \beta_\lambda \cdot S_\lambda \cdot g_\lambda \mathrm{d}\lambda, \; B = \int_{\lambda_{\min}}^{\lambda_{man}} \beta_\lambda \cdot S_\lambda \cdot b \mathrm{d}\lambda \tag{2.7-4}$$

光谱颜色值（图 2.7-1）的缺点是它们可能具有负值，因此不能用滤光器生成。可以使用光谱仪生成颜色值 R、G、B，但不能使用仅由三个滤光器组成的所谓真彩色传感器。使用光谱仪，可以用反射光测量光谱颜色刺激量 ϕ_λ，然后可以将它们与光谱颜色值 r_λ、g_λ、b_λ 相乘，最后可以数值计算积分式(2.7-4)。为了用三色传感器测量颜色，必须执行从原色 $\boldsymbol{R}$、$\boldsymbol{G}$、$\boldsymbol{B}$ 的颜色空间到所谓的标准颜色 $\boldsymbol{X}$、$\boldsymbol{Y}$、$\boldsymbol{Z}$ 的空间过渡。

向量 $\boldsymbol{X}, \boldsymbol{Y}, \boldsymbol{Z}$ 与向量 $\boldsymbol{R}, \boldsymbol{G}, \boldsymbol{B}$ 通过线性变换关联

$$\begin{bmatrix} X \\ Y \\ Z \end{bmatrix} = A \cdot \begin{bmatrix} R \\ G \\ B \end{bmatrix} \tag{2.7-5}$$

$$A = \begin{bmatrix} 2.36460 & -0.51515 & 0.00520 \\ -0.89653 & 1.42640 & -0.01441 \\ -0.46807 & 0.08875 & 1.00921 \end{bmatrix} \tag{2.7-6}$$

如果类似于(2.7-1)有：

$$F = X \cdot X + Y \cdot Y + Z \cdot Z \tag{2.7-7}$$

然后有原色值 R、G、B 和归一化颜色值 X、Y、Z 之间的关系如下：

$$\begin{bmatrix} R \\ G \\ B \end{bmatrix} = A^{\mathrm{T}} \cdot \begin{bmatrix} X \\ Y \\ Z \end{bmatrix}, \quad \begin{bmatrix} r_\lambda \\ g_\lambda \\ b_\lambda \end{bmatrix} = A^{\mathrm{T}} \cdot \begin{bmatrix} x_\lambda \\ y_\lambda \\ z_\lambda \end{bmatrix} \tag{2.7-8}$$

这里 A^{T} 是 A 的转置面阵，$x_\lambda, y_\lambda, z_\lambda$ 分别是标准频谱值的函数(参见图 2.7-2)。归一化谱值函数具有非负值并且可以用适当的滤波器来实现。

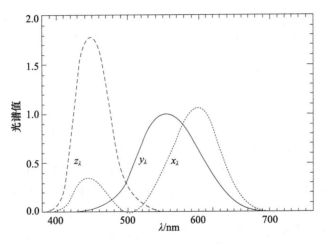

图 2.7-2　标准谱值函数

类似于(2.7-4)，标准颜色值服从方程

$$X = C \cdot \int_{\lambda_{\min}}^{\lambda_{\max}} \beta_\lambda \cdot S_\lambda \cdot x_\lambda \mathrm{d}\lambda, Y = C \cdot \int_{\lambda_{\min}}^{\lambda_{\max}} \beta_\lambda \cdot S_\lambda \cdot y_\lambda \mathrm{d}\lambda, Z = C \cdot \int_{\lambda_{\min}}^{\lambda_{\max}} \beta_\lambda \cdot S_\lambda \cdot z_\lambda \mathrm{d}\lambda \tag{2.7-9}$$

对于完全无光泽的白色反射表面($\beta_\lambda = 1$)，选择乘数 C 使得标准颜色值 Y 为 100：

$$C = \frac{100}{\int_{\lambda_{\min}}^{\lambda_{\max}} S_\lambda \cdot y_\lambda d_\lambda} \tag{2.7-10}$$

标准颜色值 X、Y、Z 可以使用带有滤光片 x_λ、y_λ、z_λ 的数字测量相机辅以光谱仪生成。标准颜色值 X、Y、Z 是颜色仪器无关的基础，用于在显示器和打印机上表示颜色(参见公式(2.7-13)后的备注)。其提供了独立于仪器的颜色测量可能性，这可以通过将 X、Y、Z 空间转换为更适合人类视觉感知的其他颜色空间来实现。

如果观察颜色略有不同两个相邻的板，分别由值 X_1, Y_1, Z_1 和 X_2, Y_2, Z_2 描述，那么可以赋以这些颜色的颜色距离为：

$$\tau_{1,2} = \sqrt{(X_1 - X_2)^2 + (Y_1 - Y_2)^2 + (Z_1 - Z_2)^2} \qquad (2.7\text{-}11)$$

但事实证明,这个距离并不对应于颜色空间 X,Y,Z 中不同位置的相等感知。换句话说,如果有两个色板 1 和 2 在颜色空间 X、Y、Z 的位置(例如,在蓝色范围内)和另外两个板 3 和 4 在另一个位置(例如,在红色范围内),使得 $r_{1,2} = r_{3,4}$,那么对这些颜色差异的感知可能会有所不同。因此,研究人员试图找到在这方面具有更好特性的其他色彩空间,一个例子是 CIE $L^* a^* b^*$ 颜色空间,其经过多次修改,可以提供完全令人满意的解决方案。

从 X、Y、Z 空间到 CIE $L^* a^* b^*$ 颜色空间的转换由以下转换给出:

$$L^* = 116 \cdot \left(\frac{Y}{Y_n} \right)^{1/3} - 16$$

$$a^* = 500 \cdot \left[\left(\frac{X}{X_n} \right)^{1/3} - \left(\frac{Y}{Y_n} \right)^{1/3} \right]$$

$$b^* = 200 \cdot \left[\left(\frac{Y}{Y_n} \right)^{1/3} - \left(\frac{Z}{Z_n} \right)^{1/3} \right] \qquad (2.7\text{-}12)$$

此处,X_n、Y_n、Z_n 是在等照度下(根据式(2.7-10),$Y_n = 100$)为完全无光泽的白色表面($\beta_\lambda = 1$)获得的标准值。

在 CIE $L^* a^* b^*$ 颜色空间中 L^* 与亮度成正比,a^* 是所谓的绿红值,从绿色($a^* = -500$)变为红色($a^* = +500$),$b^* = 0$。类似地,b^* 从黄色变为蓝色,称为黄蓝值。$L^* a^* b^*$ 值被用于颜色和颜色差异的客观评估,使用的距离测量为:

$$\Delta E = \sqrt{(\Delta L^*)^2 + (\Delta a^*)^2 + (\Delta b^*)^2} \qquad (2.7\text{-}13)$$

该测度的"等距性质"优于(2.7-11),但非完全理想化。

如果图像的 X、Y、Z 值存储在计算机中并且想要使它们可见,则必须使用彩色输出设备,例如显示器、打印机或数据投影仪。问题是所有这些设备都有不同的色彩空间,即使在一类设备内(例如,从一个显示器到另一个显示器),颜色空间也可能不同。这意味着标准色值 X、Y、Z 可能会不同程度地激发每个显示器的发光磷光体,从而产生不同的色彩印象。

使用阴极射线管(CRT)监视器的例子更详细地解释了这个问题。为了控制监视器,有 $[0, 255]$ 范围内的三个整数 R、G、B。这些值被转换成控制三个电子枪的三个电压,电子枪由此产生电子束,激活屏幕上的 R、G、B 荧光粉,发出具有定义强度 I_R、I_G、I_B 的光。这种转换是非线性的,并且通常因监视器而异。因此,有标准化和校准监视器的方法存在。如果显示器满足国际电工委员会(IEC)定义的 sRGB 标准,则以下转换(http://www.srgb.com/basicsofsrgb.htm)成立。首先,必须通过线性变换将 X、Y、Z 值转换为 R、G、B 值:

$$\begin{bmatrix} R \\ G \\ B \end{bmatrix} = \begin{bmatrix} 3.2406 & -1.5372 & -0.4986 \\ -0.9689 & 1.8758 & 0.0415 \\ 0.0557 & -0.2040 & 1.0570 \end{bmatrix} \cdot \begin{bmatrix} X \\ Y \\ Z \end{bmatrix}_{D65} \qquad (2.7\text{-}14)$$

此处,X、Y、Z 值未归一化为 100(参见式(2.7-10)),而是归一化为 1。索引 D65 指的是标准光 D65(参见图 2.7-3),它对应于平均日光。准确地说,物体应该用 D65 光照射以测量它们的颜色,因为正常的日光或人造光与 D65 有一定的不同。

式(2.7-14)中 R、G、B 可能会取负值或大于 1 的值,这些值分别设置为 0 或 1。则有非线性变换:

$$R' = \begin{cases} 12.92 \cdot R & R \leqslant 0.0031308 \\ 1.055 \cdot R^{0.4167} - 0.055 & \text{其他} \end{cases} \qquad (2.7\text{-}15)$$

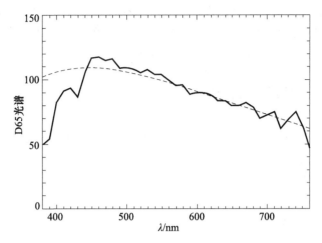

图 2.7-3　标准光 D65(虚线表示 6500 K 处的黑体辐射)

$$R_{sRGB} = [255 \cdot R' + 0.5] \tag{2.7-16}$$

G 和 B 有类似变换($[x]$ 表示实数 x 的整数部分)。

然后,可将值 R_{sRGB}、G_{sRGB}、B_{sRGB} 传输到监视器。为了直观地评估颜色,显示器必须位于暗室中。

如果 sRGB 显示器与真彩色传感器和 D65 照明一起使用,并且 sRGB 的值已根据式(2.7-14)、(2.7-15)和(2.7-16)生成,则感知的颜色印象应该接近类似于正在观察的被照亮物体颜色,这是颜色标准化的目标。打印机存在类似,但此处不再过多阐述。

商用相机具有标准的光谱值函数,但大多数数字测量相机都具有与标准光谱值函数有很大差异的滤色器(图 2.7-2)。这在 Landsat-TM、SPOT 和 ADS40 等多光谱相机的情况下尤其如此,实做中使用了相对较窄的光谱通道,这些通道不是为了生成真彩色图像而是为了遥感目的而优化的,但使用这种传感器只能近似地创建真实颜色。

为了更详细地讨论这个问题,可以考虑在 λR、λG、λB 处具有三个窄带 RGB 通道的传感器。如果场景被波长为 λ 的单色光照亮,例如位于 λR 和 λG 之间的中间位置,则传感器无法检测到任何光,并且无法表示与波长 λ 对应的颜色。传感器"看"不到被照亮的物体,而是保持黑色。因此,如果照明是窄带的,则应使用与之对应的重叠的光谱通道。用于摄影测量和遥感的机载和星载相机没有这个问题:照明是宽带的,可以使用窄带通道。

如果传感器有 N 个中心波长为 $\lambda_1, \cdots, \lambda_N$ 的光谱通道,它会生成 N 个测量值 $S_1, \cdots, S_N$(对于每个像素)。对于普通数字测量相机(红色、绿色和蓝色通道),$N=3$。多光谱传感器通常具有 $N<10$ 个通道,而高光谱传感器可能具有 $N>100$ 个光谱通道,因此可以根据下式生成三个颜色值 X',Y',Z'

$$\begin{bmatrix} X' \\ Y' \\ Z' \end{bmatrix} = \begin{bmatrix} a_{1,1} & \cdots & a_{1,N} \\ a_{2,1} & \cdots & a_{2,N} \\ a_{3,1} & \cdots & a_{3,N} \end{bmatrix} \cdot \begin{bmatrix} S_1 \\ \cdots \\ \cdots \\ \cdots \\ S_N \end{bmatrix} \tag{2.7-17}$$

对于某些类别的光谱数据,该结果可以适用于标准值 X、Y、Z,这些值可以根据(2.7-9)为这些数据进行色彩计算。例如对于 ADS40,该方法已成功实施,其中添加到三个颜色通道 R、

G、B 的全色通道总计给出 $N=4$ 个光谱通道（Pomierski 等，1998）。如果需要良好的真彩色能力，该流程模式也可应用于普通数字测量相机（$N=3$；颜色校准）。如果输出介质也经过校准（例如，显示器的 sRGB 标准），效果和质量将更为出色。

2.8 时间分辨率及相关属性

在本节中，将介绍一些数学公式和数学关系，使机载相机的用户能够据此对预期的参数进行估计，这些参数包括：

- 曝光时间（积分时间）；
- 数据速率和容量；
- 相机视角（FOV，IFOV）；
- 立体角度。

像素阵列原理如图 2.8-1 所示，假设探测器阵列（线或面阵）已被放置在镜头的图像平面上，并进一步假设镜头可产生没有球面像差的理想几何图像，并且在光谱滤波器加持下，传感器也不会产生色差。

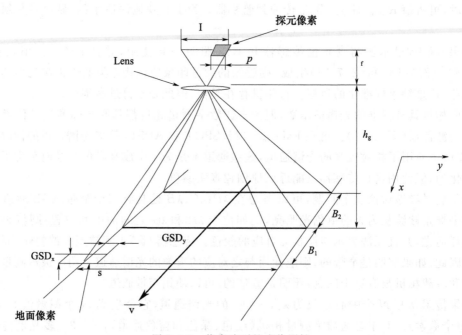

图 2.8-1 像素阵列的成像属性

上图中，扫描距离为 GSD_y、飞行高度 h_g，利用相似性定理对镜头焦距 f 与像素尺寸 p 的比值关系进行推导，得公式（2.8-1）。例如，当 $h_g=1$ km、$f=62$ mm 和 $p=6.5$ μm 时，则 $GSD_y=10.5$ cm。距离 GSD_y 对应于地面上跨越飞行方向的像素地面采样距离大小。在飞行方向上，像素采样距离大小取决于传感器控制（线阵相机）的扫描率控制，快门控制（面阵相机）的帧传输面阵传感器与之相异。在某些应用中，关系式（2.8-2）是不必要的，因为假设了不对称采样。在二次像素形成的情况下，式（2.8-2）适用。

跨越飞行方向的采样距离由下式给出：

$$\mathrm{GSD}_y = \frac{p_y \cdot h_g}{f} \tag{2.8-1}$$

其中，p 是跨航迹像素间距；h_g 是离地高度；f 是镜头焦距；GSD_y 是跨航迹采样距离。飞行方向上的采样距离 GSD_x 由下式给出：

$$\mathrm{GSD}_x = \frac{p_x \cdot h_g}{f} \tag{2.8-2}$$

其中 p_x 是飞行方向上的像素大小。请注意，由于飞机速度，传感器像素在地面上的投影会出现"涂抹"现象——拖尾量取决于积分时间和驻留时间的比率，需要对其加以限制（见公式(2.8-4)）以保证成像质量，更多的量化评估及对成像系统 MTF 的影响会在在 4.10.2 节详述。

飞行速度 v 在图 2.8-1 中是一个重要变量，如前文所述，在摄影测量中，人们通常试图获得"方形"图像，为此可以引入驻留时间概念（方形采样区域的最大循环时间），其是在飞行方向上对应像素的区域投影成像所需时间。在线阵相机中，每次驻留完毕后都会重新开始积分。在面阵探元成像系统情况下，新积分的开始时间会根据飞行方向上的像素数量和重叠程度而延迟。

若积分时间对应于驻留时间，几何分辨率不会存在像素拖尾现象。等式(2.8-3)定义了驻留（时间）。最大可能循环时间（驻留时间）的这种定义设置了线阵相机和面阵相机的最大可能积分时间：

$$t_{\mathrm{dwell}} = \frac{\mathrm{GSD}_x}{v} \tag{2.8-3}$$

数据速率 D_{line} 和 D_{matrix} 是对 k 个传感器集合而言的，假设每个传感器具有 N_P 个像素（面阵相机和线阵相机的有效数据速率不同，因为面阵相机通常使用约 60% 的航向重叠度来生成立体图像）。线阵相机数据速率 D_{line} 每秒像素数由下式给出：

$$D_{\mathrm{line}} = \frac{k \cdot N_p}{t_{\mathrm{dwell}}} \tag{2.8-4}$$

立体面阵相机数据速率 D_{matrix}（以像素为单位），假设每帧包含 2.5 张面阵子图像为：

$$D_{\mathrm{matrix}} = \frac{k \cdot N_p \cdot 2.5}{t_{\mathrm{dwell}}} \tag{2.8-5}$$

数据量还与辐射分辨率[bits]和图像记录时间[t_{image}]有关，每个像素所需的记录位数通常会取整数字节。因此，14 位数字像素值会由两个字节[16 位]表示，这样在影像数据存储和处理中需要注意图像表示形式的转换约定。大多数情况下，14 位值的低位对应于 16 位值的最低值位。以字节为单位的数据量 D_v 定义为：

$$D_v[\mathrm{Byte}] = \frac{\mathrm{pixel}}{\mathrm{s}} \cdot t_{\mathrm{image}} \cdot N_B \tag{2.8-6}$$

假设在飞行方向上可用有限数量的像素来定义 FOV（视场）——例如在线阵相机中，其对应线阵传感器的像素数[Ns]，而在面阵相机情况下，其对应的则是面阵的跨航迹像素维度。如图 2.8-1 所示，这个维度决定了相机系统的幅宽。如果想象一条从天底像素沿系统光轴的铅垂线，则由三角形几何关系很容易理解得到公式(2.8-7)和(2.8-8)：

$$\mathrm{FOV} = 2 \cdot \arctan\left(\frac{0.5 \cdot N_s \cdot p}{f}\right) \tag{2.8-7}$$

瞬时视场（IFOV）由下式给出：

$$\text{IFOV} = \arctan\left(\frac{p}{f}\right) \tag{2.8-8}$$

会聚成像角(立体角)描述了传感器系统立体成像角度的实现模式,其保证相机能够产生立体图像,这个角度的大小主要取决于镜头的焦距 f。线阵相机情况下,此角度由相互平行的线阵之间的距离 Z_s 决定。公式(2.8-9)中,假设 Z'_s 被定义为下视线阵,由此可计算出会聚成像角。在三线阵相机中,通常相对于下视线阵会存在不同的阵列距离,这样相机系统会具有三个不同的会聚成像角。

$$\alpha_{\text{Stereo}} = \arctan\left(\frac{\|\, Z_s - Z'_s \,\|\,]}{f}\right) \tag{2.8-9}$$

在面阵相机的情况下,会聚成像角取决于镜头的焦距、重叠度百分比,如传感器等式(2.8-5)和(2.8-10)所描述,式(2.8-10)中假设的最小重叠度为50%,否则生成的立体数据在立体条带中会出现漏洞区域,可以很容易地从图2.8-2看出这一点。所以,立体覆盖一方面与传感器及其镜头之间的几何位置有关,另一方面与影像重叠度也相关。从下图中可以清楚地看出,面阵相机中的会聚角(或立体角)会受到重叠度百分比的影响。但另一方面,其也受读取面阵传感器所需的最短时间的影响,这些都会影响摄影重叠的选择和设定。

$$\alpha_{\text{Stereo}} = \arctan\left(\frac{x}{h} + \frac{a}{f} \cdot (1 - 2O_v)\right) + \arctan\left(\frac{a}{f} - \frac{x}{h}\right) \tag{2.8-10}$$

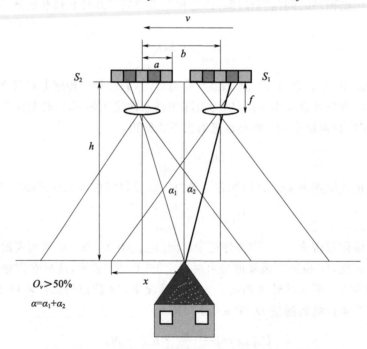

图 2.8-2　三角交会测量模型(α 是重叠度 O_v 的函数)

一个直接影响立体交会计算质量的误差参数是立体基线与飞行高度比(B/h)。在图2.8-2中可以清楚地看到,在面阵相机的情况下,基线与重叠度有一定关系。线阵相机有固定的会聚成像角(线阵之间可以两两组合,注意图2.8-1中有三种基线,分别可以是 B_1 和 B_2 或两者相加)。

因此,式(2.8-11)是可应用于线阵相机和面阵相机的一般性基高比 B/h 误差(Δerr)形式

$$\Delta\text{err} = f\left(\frac{B}{h}\right) \tag{2.8-11}$$

对于线阵相机,在智能传感器控制系统的帮助下,可利用不同线阵的不同组合形成满足不同立体视角观测的摄影数据。

2.9 胶片与 CCD 的比较

以下用不同的统计方法描述胶片和固态探测器(以下统称为 CCD,尽管 CMOS 技术的辐射质量与之近乎相当)的成像差异,这些差异会对影像特性曲线和不同的质量标准产生影响,只能结合相机一起才能进行完全评估,因此本节中,两者的比较都是根据实际的相机物理特性展开研究的。

摄影成像过程、CCD 技术和光学基本量的相关基础知识可以参考第 2.4 和 4.3 节,进一步还可参阅 Schwidefski,Ackermann(1976)、Finsterw alder,Hofmann(1968)以及摄影测量手册(McGlone 等,2004)和光学手册(Bass 等,1995)。

2.9.1 成像过程与特性曲线对比

现代黑白胶片材料的晶粒尺寸范围为 $0.1 \sim 3 \ \mu m$,典型值为 $0.5 \ \mu m$。每个颗粒仅携带 1 位信息(黑/白),由此引申出"等效像素"的概念——要形成某一灰度值,则需要更大的成像面积,在该成像面积内的黑色颗粒所占总晶粒数的比例反映了灰度值的大小。进一步,该等效像素的面积大小由所用光学器件的 MTF 或胶片扫描过程的采用的像素大小予以定义——一般像素实际大小会大于 $4 \ \mu m$[胶片扫描的典型值为 $12 \sim 25 \ \mu m$(McGlone et al.,2004)]。

等效像素大小的下限对应胶片的晶粒颗粒度,其基于颗粒聚类程度并据此导致灰度值变化的统计量,即使对于均匀照明也是如此。实际上,在 10% 的透射率(对应 $D=1$ 的对数密度)下,粒度介于细晶粒乳剂薄膜的 $0.8 \ \mu m$ 和粗晶粒乳剂薄膜的 $1.1 \ \mu m$ 之间(Finsterwalder et al.,1968)。

晶粒乳剂薄膜上的颗粒统计分布不会产生混叠效应。理论上至少需要三个光子才能使颗粒变黑,但实际上这个数字要大于 10 或更多(Dierickx,1999)。因此,泊松分布可用于描述颗粒被一定数量的光子击中的可能性。三个或更多光子发射到晶粒(特征曲线)事件的结果累积分布函数是非线性的。对于低曝光区域的三光子颗粒,灰度值最初与发射到光子数量的三次方成正比,随着光子数的增加特性曲线函数才表现出线性特征(参见图 2.9-1)。然而,对于假设的单光子颗粒,在低曝光的情况下,密度与一开始的光子数量成正比(Dierickx,1999)。低曝光率下的非线性区域会呈现低对比度雾像。

该函数的大致线性部分包括大约两个自然对数单位或 7 位,并由对比度因子 γ(特征曲线的最大梯度)描述,对于航拍胶片,其范围为 $0.9 \sim 1.5$(Finsterwalder et al.,1968)。超过线性部分会发生饱和,然后是过曝(在极端过度曝光情况下发生的对比度反转)。

为方便与 CCD 相比统计,对于为 1 的单光子颗粒归一化曝光(即光子数乘以量子效率等于颗粒数),胶片也不会完全变黑。相应地,对于为 3 的三光子颗粒归一化曝光情况也不会表现出完全的黑。

与地面摄影相比,因为从空中看地面物体时对比度较低,所以要求特征曲线较为陡峭。地面反射率通常在 2% 到 40% 之间,即地面上的物体亮度动态范围为 1:20。然而,由于空中杂散光的叠加,在航空相机中测量的物体亮度动态范围仅为 1:8 左右——具体值取决于大气特性(Schwidefski et al.,1976)。

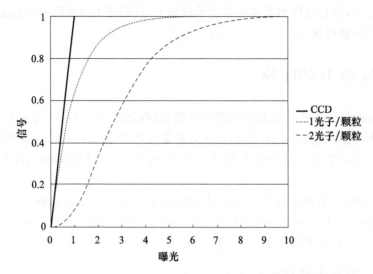

图 2.9-1　理想 CCD 和两种不同胶片材料的归一化曝光信号函数模型

对于 CCD 而言,产生电子的可能性与光子数成正比,其由量子效率(Q_E)和填充因子(F_F)的乘积决定,现在此值可以达到 0.5 左右(Dierickx,1999)。在下面的讨论中,Q_E 实际上总是表示为乘积 $Q_E * F_F$。

在接近最大电荷载流子数范围内,CCD 对来自探测器的基本恒定信号、放大器噪声具有严格线性特性,电荷数主要取决于像素的大小并决定了动态辐射范围。例如对于 6.5 μm 的像素尺寸,将获得超过 3 个对数单位(12 位)的线性范围。在饱和度以上,普通 CCD 会出现像素之间的串扰(溢出)。为了防止这种情况发生,CCD 设计必须包括一个所谓的防溢门。

粒度由像素大小给出,一旦摄影对象纹理结构低于双像素距离(奈奎斯特极限),像素的规则排列就会导致混叠现象发生。

2.9.2　灵敏度

胶片的灵敏度大致与晶粒直径的三次方(Finsterwalder et al.,1968)及晶粒的量子效率成正比,与每个等效像素的晶粒数成反比。然而,粗粒胶片具有较低的辐射动态范围和较差的空间分辨率,这是由每个等效像素的颗粒数量较少造成的。因此,为了获得较高图像质量,必须选择中等感光度的胶片。

对于 CCD,灵敏度与填充因子及量子效率成正比,与每个像素的最大电子数成反比。

由于 CCD 量子效率较高(每个电子 1 个光子,而每个颗粒 3～20 个光子),所以 CCD 的绝对灵敏度要高于具有相同像素尺寸的胶片。实际效果是较小的 CCD 像素尺寸即可以达到与胶片相似的灵敏度(例如,CCD 为 6.5 μm,而胶片为 15 μm)。因此,CCD 相机往往使用了物理尺寸明显更小的焦平面(大约 80 mm×80 mm 等效于 230 mm×230 mm 相比),使得相机机身可以更为紧凑。

2.9.3　噪声

即使在全黑条件下,CCD 也会随着时间的推移表现出累积的噪声。这与入射光信号无关,故在数据处理时可以减去。普通 CCD 往往在曝光时间上会存在几分钟时间范围内的上限,但这不影响摄影测量。胶片没有类似的暗噪声。

此外,CCD 会表现出所谓的散粒噪声,其与信号有关,是由传入光子数量的统计变化引起的:

$$N_{\text{noizeflectrons}} = \sqrt{N_{\text{electrons}}}$$

对于胶片,实际中必须面对离散化噪声,对于低曝光可由等效像素内的激活颗粒数量和总颗粒数 N_{total} 给出。因此其可以与 CCD 像素的噪声相提并论:

$$N_{\text{noire\_grains}} = \sqrt{\frac{N_{\text{black\_grains}} N_{\text{white\_grains}}}{N_{\text{total}}}} \approx \sqrt{N_{\text{black\_gains}}}$$

2.9.4 信噪比(SNR)

信噪比(SNR)定义为有用信号与噪声信号之间的关系:

$$\text{SNR} = \frac{N_{\text{photons}}}{N_{\text{noisephocons}}}$$

CCD 的 SNR 与每个等效像素的入射光子 N 的平方根成正比,量子效率为 Q_E:

$$\text{SNR} = \sqrt{Q_{EN}}$$

因此,可获得的最高 SNR 与像素面积的平方根成正比。

对于假设的单光子颗粒,SNR 计算如下(Dierickx,1999):

$$\text{SNR} = \sqrt{Q_{EN}} \frac{\sqrt{\alpha}}{\sqrt{\frac{1-\exp(-\alpha)}{\exp(-\alpha)}}}$$

$$\text{SNR} \approx \sqrt{Q_{EN}}$$

$$\text{SNR} \approx \sqrt{Q_{EN}} \sqrt{\alpha \exp(-\alpha)}$$

其中 $\alpha \equiv \dfrac{Q_{EN}}{N_{\text{total}}}$ 和 N_{total} 是每个等效像素的颗粒数。三光子晶粒的相应公式更为复杂。

为了与信号相关的 SNR 进行直接比较,图 2.9-2 中显示了具有 10000 个电子的 CCD 像素以及具有 10000 个单光子颗粒和 10000 个三光子颗粒的等效像素对比关系,x 轴是归一化的曝光量(光子数×量子效率/晶粒或电子总数)。

比较表明:对于低曝光,理想的 CCD 和单光子颗粒表现等同,并依平方根规律增加直至饱和。高于饱和度时,单光子颗粒的 SNR 迅速下降,与三光子颗粒的信噪比大致相同,并于十倍过度曝光时在噪声中的灭失;同时也可以看出,对于胶片,一次归一化曝光并不对应于完全激活。

虽然单光子颗粒在低曝光下也具有良好的 SNR,但三光子颗粒只能从归一化曝光的十分之一处开始有效。

2.9.5 动态范围

可获取的动态范围由黑暗条件下的最大信噪比定义,因为暗信号中不包含任何与信号相关的噪声,所以此值要比 SNR 大。

对于胶片和 CCD 之间的比对,定义应细化如下:动态范围是 SNR=1 时的下限点和上限点之间的曝光范围。

从图 2.9-2 中,动态范围可评估为:

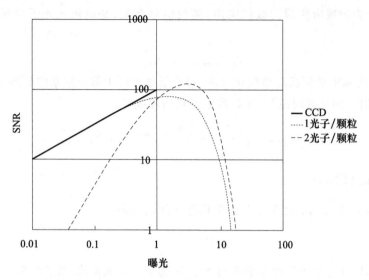

图 2.9-2 理想 CCD 和两种不同材质胶片的归一化曝光下信噪比(SNR)函数模型
（每种情况下最大信息容量均为 10000）

对象	动态范围
CCD	每个像素的最大灰阶负载数
单光子颗粒	每个等效像素的晶粒数的十倍
三光子颗粒	每个等效像素颗粒数的平方根的倍数

在 CMOS 技术中,开发了具有对数特性曲线的探测器以增强动态范围。

为了增强胶片乳剂的动态范围,可以混合不同尺寸的晶体颗粒,而且还可以增加乳剂表面单位面积的晶粒数量(尽管由于更小的晶粒导致灵敏度会有所降低)。

2.9.6 MTF

MTF 由信息载体之间的距离决定。从图 2.9-3 中可以看出,粒度在 1 μm 范围内的胶片比像素尺寸为 10 μm 的 CCD 具有优势,即使考虑 10 μm 的等效胶片像素也是如此。

这里由高斯函数建模胶片的 MTF:MTF $= \exp(-2(\gamma \cdot 2\sigma)^2)$,其中 2σ 是等效像素大小。

CCD MTF 的形状为 2σ 像素距离的 $\left|\dfrac{\sin(\gamma \cdot 2\pi\sigma)}{\gamma \cdot 2\pi\sigma}\right|$ 曲线。由于规则排列 CCD 结构可能产生的混叠,有用的分辨率被限制在 N_{yquist} 频率对应范围内。胶片的理论分辨率受到镜头系统的 MTF 和散粒噪声的限制,散粒噪声在分辨率提高到一定程度时会急剧增加。

2.9.7 MTF · SNR

从上文可以看出,对于结构性线对数,将 MTF 的乘积视为分辨率和最大 SNR 的函数似乎是合理的。对于胶片和 CCD,可获得的最大 SNR 随入射光子的平方根增加,该平方根与表面面积成正比,即与分辨率的平方成反比。因此,在这种情况下,SNR 与分辨率成反比。

从图 2.9-4 中可以看出,由于没有出现混叠,胶片在这种情况下也表现得更好,并且出于统计原因,即使对于相等的等效像素大小,其也可以达到奈奎斯特频率的两倍,而 CCD 受限于奈奎斯特频率。

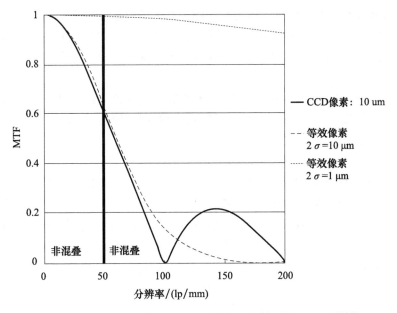

图 2.9-3　10 μm CCD 像素、等效 10 μm 胶片像素及衍射极限 1 μm 颗粒的 MTF 比较
（灰色竖条表示了 10 μm 像素大小的奈奎斯特频率对应位置）

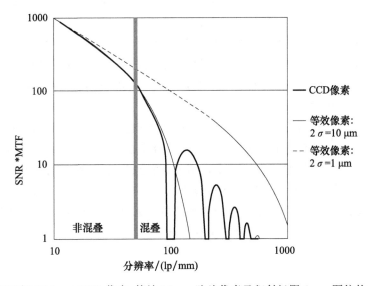

图 2.9-4　理想照明度下 10 μm CCD 像素、等效 10 μm 胶片像素及衍射极限 1 μm 颗粒的 SNR * MTF 比较
（灰色竖条表示了 10 μm 像素大小的奈奎斯特频率对应位置）

2.9.8　校准稳定性影响

CCD 的几何位置和稳定性可以通过适当的构造方法进行固定,从而在相同的操作条件下,在几分之一像素差异内可以再现图像。

在胶片显影过程中,即提取未曝光的卤化银晶体时,在 230 mm 的胶片宽度上会发生高达 69 μm 的持续收缩。可以通过显影定影期间较低的温度和湿度进行部分补偿(湿度增加 10％、温度增加 5 ℃会导致整个乳剂薄膜宽度膨胀 23 μm),可以使用在图像上曝光的基准框标来测量这种尺寸变化量,然后在后续量测中将其改正。

然而,乳剂薄膜不会表现出辐射稳定性。除了乳剂的制造公差之外,感光度还受到显影剂类型和显影时间 10 倍量级的影响(Schwidefski 和 Ackermann,1976 年,93)。此外,彩色胶片的颜色敏感性还会随储存条件变化而变化,因此只有在特定的航空摄影区域内才能获得可靠的辐射校准。

另一方面,固态探测器可以在 VISNIR 范围内很好地校准,并且辐射测量结果会常年稳定下来,但先决条件是焦平面要具备良好的热稳定性,以保持热噪声恒定。

2.9.9 光谱范围

目前已经针对不同的应用开发多种类型乳剂胶片,主要有黑白胶片类型的正色胶片(蓝绿敏感,俗称色盲片,现已过时)、全色胶片(蓝绿红)和红外胶片——对近红外敏感(蓝绿红近红外)以及彩色胶片——包括彩色 RGB 胶片和植被分析中使用的彩色红外胶片(假彩色红外胶片,FCIR)。在 FCIR 图像中,颜色会发生异变(绿色映射为蓝色、红色映射为绿色以及 NIR 映射为红色)。除此之外,还有针对某些特定波长的特殊乳剂,但尚未广泛使用。为了减少乳剂薄膜的光谱带宽,可以使用边缘滤光片,其在超过特定波长时是透明的——例如,黄色薄雾滤光器可以减少(特别是蓝光)大气效应的出现。

固态探测器的光谱灵敏度在很大程度上取决于半导体材料,广泛使用的硅基 CCD 灵敏度在长波长范围内受到 1050 nm 硅带隙的限制。不幸的是,就高分辨率机载成像相机所需的像素数和读出率而言,目前还尚无可用半导体材料适用于短波红外(SWIR)。传统 CCD 在 400 nm 的蓝色光谱段边界灵敏度可以通过特殊涂层降低到 170 nm,特性类似于实验室光谱仪所采用器件。由于 CCD 的高灵敏度,可以使用具有重叠光谱带的宽带滤波器和窄带干涉滤波器进行滤光操作,后者更适合遥感。然而对于胶片,彩色基层的数量限制为三层,但在 CCD 技术中可以使用更多的额外通道。

对于面阵传感器,宽带滤色器通常以 2×2 的正方形图案(例如 RGGB Bayer 图案模式)直接沉积在芯片表面上。通过这种方式,实际几何分辨率在两个方向上都降低了两倍,并且通道数量限制为四个。替代方案是可以为每个通道使用单独的 CCD 传感器,这就需要为每个波段使用单独的镜头、或者采用后节点长焦远心镜头和二向色分光器。对于线阵传感器,可以按照霍夫曼的多线阵原理在焦平面中以完全分辨率放置一系列立体成像通道。使用远心透镜和二向色分光器,光谱通道可以在空间上容易实现配准。

2.9.10 小结

由于统计性特点,CCD 具有比胶片更高的动态范围和更好的灵敏度。胶片要具备类似特征只能通过开发单光子颗粒乳剂薄膜来对标实现。

由于颗粒尺寸可以足够小、且等效像素尺寸可调节性,胶片可以提供更高的几何分辨率,然而,这以降低辐射动态范围为代价。对于胶片成像,细小的物体纹理结构也不会出现混叠现象。因此,胶片在高分辨率下更为适用,但整体而言成像质量并不好。几何稳定性对于胶片和 CCD 都是可控的。

CCD 的一大优点是与信号相关的噪声与最大可能的动态范围无关。因此,仍然可以对微弱的信号进行很好地分辨,所以 CCD 对曝光不足的容忍度更高。

由于具有非线性特性曲线,胶片适合人眼的对数灵敏度,这使其便于直接视觉解释。然而,现代图像处理系统允许对来自 CCD 的数值数据特征曲线进行任意拉伸。此外,胶片提供了独立于处理系统的相对持久、紧凑的资料存档可能性,相较而言额外需要针对数值数据进行开发软件存档系统开发。胶片的一个严重缺点是光化学过程中辐射稳定性较差,这会妨碍辐射校准的准确性。

CCD 表现出的良好线性特性和辐射稳定性使得将相机进行绝对辐射校准变得可行,从而保证了测量的可重复性,这一点对遥感应用同样十分重要——可通过大气校正和基于视角的反射计算得到真实的地面反射率。

2.10 传感器定向

2.10.1 传感器数据的地理参考

确定传感器在曝光瞬间的位置和姿态外部定向参数是传感器数据处理的关键内容。系统是成像系统还是非成像系统,或者它是基于面阵还是基于线阵并不十分重要。传感器内部坐标系和外部/物方(物体)坐标系(通常是国家坐标系)之间的关系对于所有传感器都很重要,这是后期数据采集和测绘的先决条件。建立传感器与物空间之间的对应关系称为地理参考,可分为直接和间接地理参考两种基本方法。可根据作业所需的准确性、成本投入和时间要求等选择适用的方法,当然也可以将直接和间接方法进行一定的组合,此时称为集成传感器定向,这种方式也常用于系统级的传感器系统校准以及区域性作业性能验证。

2.10.1.1 传感器与物体空间的关系

摄影测量中使用的数学模型通常基于中心透视条件,将投影关系简化为直线。在大多数情况下,传感器空间中的光线束与物体空间中的光线束相同,物镜入口节点和出口节点的不同不对这种等价关系造成破坏,这意味着物点 P、投影中心 O 和对应的像点 P' 位于一条直线上(图 2.10-1),理想情况下假设焦平面是绝对平整。

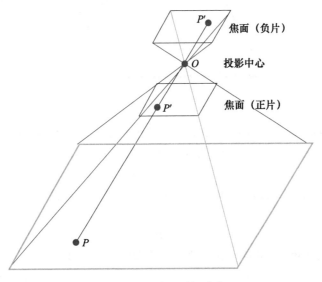

图 2.10-1 中心透视成像

无论是将焦平面视为负像(成像过程中实际情形)还是正像(图像观察常采用方式),像点、物点和投影中心之间的几何关系是不变的。像点与物点的关系可以用共线条件表示(图 2.10-2),

即像点、投影中心和物点位于同一条直线上。

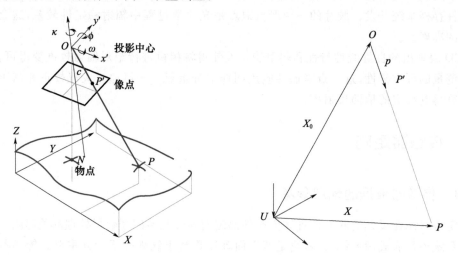

图 2.10-2　共线条件的基本关系

投影中心是图像空间坐标系的原点，$x'(x',y',-f)$是图像坐标系坐标分量，其中 f 为标定焦距(图 2.10-3)。图像空间坐标系通常相对于物体坐标系存在姿态旋转 ω,ϕ,κ，这里将对象坐标系(物空间坐标系)中的图像坐标命名为 $u(u,v,w)$。

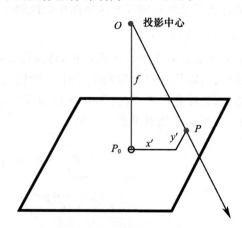

图 2.10-3　图像坐标系

对象在物空间系中的坐标向量 $X(X,Y,Z)$ 等于投影中心的位置 $O(X_0,Y_0,Z_0)$ 加上对应像点的传感器坐标向量($u(u,v,w)$，标记为 p)乘以比例因子 λ。

$$X=X_0+p\cdot\lambda \tag{2.10-1}$$

实际测量时只能测量坐标向量 p 的分量 x' 和 y'，而不能直接测量 (u,v,w)，之后需要使用旋转变换图像坐标。

$$x'=R\cdot u \tag{2.10-2}$$

其中，$R(\omega,\phi,\kappa)$ 为旋转矩阵，由各个旋转角对应旋转矩阵的乘积确定。

$$R(\omega)=\begin{bmatrix} 1 & 0 & 0 \\ 0 & \cos\omega & -\sin\omega \\ 0 & \sin\omega & \cos\omega \end{bmatrix}, R(\phi)=\begin{bmatrix} \cos\phi & 0 & \sin\phi \\ 0 & 1 & 0 \\ -\sin\phi & 0 & \cos\phi \end{bmatrix}, R(\kappa)=\begin{bmatrix} \cos\kappa & -\sin\kappa & 0 \\ \sin\kappa & \cos\kappa & 0 \\ 0 & 0 & 1 \end{bmatrix}$$

$$\tag{2.10-3}$$

通常旋转矩阵 R 是依旋转轴的旋转角大小生成的,各个旋转角对应旋转矩阵通常按 ω, φ,κ 角度旋转序列相乘,结果如下:

$$\boldsymbol{R} = \boldsymbol{R}(\omega) \cdot \boldsymbol{R}(\phi) \cdot \boldsymbol{R}(\kappa) =$$
$$\begin{bmatrix} \cos\phi\cos\kappa & -\cos\phi\sin\kappa & \sin\phi \\ \cos\omega\sin\kappa + \sin\omega\sin\phi\cos\kappa & \cos\omega\cos\kappa - \sin\omega\sin\phi\sin\kappa & -\sin\phi\cos\phi \\ \sin\omega\sin\kappa - \cos\omega\sin\phi\cos\kappa & \sin\omega\cos\kappa + \cos\omega\sin\phi\sin\kappa & \cos\omega\cos\phi \end{bmatrix} \quad (2.10\text{-}4)$$

这样,物体坐标和图像坐标之间的关系式(2.10-1)可具体展开为所谓的共线方程如下:

$$x' = \frac{a_{11}(X - X_0) + a_{21}(Y - Y_0) + a_{31}(Z - Z_0)}{a_{13}(X - X_0) + a_{23}(Y - Y_0) + a_{33}(Z - Z_0)}$$

$$y' = \frac{a_{12}(X - X_0) + a_{22}(Y - Y_0) + a_{32}(Z - Z_0)}{a_{13}(X - X_0) + a_{23}(Y - Y_0) + a_{33}(Z - Z_0)} \quad (2.10\text{-}5)$$

共线方程定义了图像坐标和物体坐标之间的关系,其中 a_{nm} 作为旋转矩阵系数,它适用于面阵传感器以及线阵传感器。如果线阵传感器的线阵非线性度也作为检校内容项,则要求线阵传感器中 y' 坐标量测误差不要超过 0.5 个像素。

2.10.1.2 带附加参数的自校准

透视关系的数学模型是一个很好的近似,但不足以描述真实的几何情况。真实模型需考虑不同的偏差来源,无法准确预测。通常,传统模拟胶片相机的测量精度受到曝光期间胶片不平整度、胶片变形等因素的限制,相比较而言 CCD 相机与之差异较大。光学系统影响图像几何性状主要表现为物镜的径向对称畸变以及由镜片的非中心安置引起的切向畸变,并且成像系统内部的光学元件还可能还会受到气压、温差及温度梯度等因素影响。特别地,模拟胶片相机受每次航摄飞行条件影响更甚。真实的图像几何性状与理想化的透视模型之间的系统偏差称为系统图像误差,可采用一定的数学模型尽可能精确地予以描述,实践中这种系统图像误差可以至少部分地通过附加参数的自校准光束法平差来估计。通过不同附加参数的组合,相对理想透视模型的几乎任何类型偏差(局部性偏差除外)都可以基于区域性光束法平差进行确定性估计。

常用的多项式附加参数集有:Ebner 参数(Gotthard,1975)——基于 9 网格点的多项式系统图像误差,公式如下:

$$\Delta x = P_1 \cdot y' + P_2 \cdot x' \cdot y' + P_3 \cdot y'^2 + P_4 \cdot x'^2 \cdot y' + P_5 \cdot x' \cdot y'^2$$
$$\Delta y = P_6 \cdot y' + P_7 \cdot x'^2 + P_8 \cdot x' \cdot y' + P_9 \cdot x'^2 \cdot y' + P_{10} \cdot x' \cdot y'^2 \quad (2.10\text{-}6)$$

P_n 是附加参数的未知系数,Grün(1978)基于 25 个图像网格点扩展开发了类似的参数集。此类多项式系统误差模型不容易进行物理成因分析,例如据此就很难看出通常占主导地位的径向对称畸变到底是多少;此外,如果图像点不接近网格点处,则求解所得多项式参数容易相关。Jacobsen(1982)开发了一组直接描述主导性物理误差的参数,该参数集合有时候可能还会需要一些与物理参数无关的通用性参数,以补偿物理上合理但未被涵盖的畸变效果:

$$\Delta x = P_1 \cdot y' + P_2 \cdot x' + P_3 \cdot x' \cdot \cos 2\beta + P_4 \cdot x' \cdot \sin 2\beta + P_5 \cdot x' \cdot \cos\beta +$$
$$P_6 \cdot x \cdot \sin\beta - P_7 \cdot y' \cdot r \cdot \cos\beta - P_8 \cdot y' \cdot r \cdot \sin\beta + P_9 \cdot x'(r - C_1) +$$
$$P_{10} \cdot x' \cdot \sin(r \cdot C_2) + P_{11} \cdot x' \cdot \sin(r \cdot C_3) + P_{12} \cdot x' \cdot \sin 4\beta$$

$$\Delta y = P_1 \cdot x' - P_2 \cdot y' + P_3 \cdot y' \cdot \cos 2\beta + P_4 \cdot y' \sin 2\beta + P_5 \cdot y' \cdot \cos\beta +$$
$$P_6 \cdot y \cdot \sin\beta - P_7 \cdot x' \cdot r \cdot \cos\beta - P_8 \cdot x' \cdot r \cdot \sin\beta + P_9 \cdot y'(r - C_1) +$$
$$P_{10} \cdot y' \cdot \sin(r \cdot C_2) + P_{11} \cdot y' \cdot \sin(r \cdot C_3) + P_{12} \cdot y' \cdot \sin 4\beta \quad (2.10\text{-}7)$$

β描述了像面内图像像点矢量相对于x'轴的角度，C_1、C_2、C_3是常数，大小取决于传感器尺寸。P_1表示面内旋转度，P_2表示仿射变形，P_7和P_8表示切向畸变，P_9-P_{11}表示径向对称畸变。此附加参数公式可以直接用于面阵传感器，但对于线阵传感器必须进行参数调整。径向对称畸变是最主要误差项，对应图像半径的三次方项，对于线阵传感器，可被简化为：$\Delta x = P_9 \cdot |(x'-C)|^3$。常数值$C$描述了零交叉畸变，要求其与焦距无关。式(2.10-7)中的参数P_1描述了直线相对于垂直于飞行方向的方向偏差，公式中的P_2是速度和时间的比例因子。还可以根据区域性影像摄影场景的连接(Jacobsen,1998)或其他特殊传感器摄影几何构型为图像引入特殊的附加参数，Brown(1971)就为近距离摄影图像开发了一组替代性的严密物理参数。

使用附加参数进行自校准可显著改善图像定向效果，估计出真实的传感器几何性状。数字传感器比胶片型传感器具有更稳定的内部几何结构，使得在测试场上的系统校准更简单，这使得将校准结果进行先验性使用更为可靠。

2.10.1.3　间接地理参考

传统上，面阵传感器的图像方向是间接确定的，过程中会使用到地面控制点(具有已知物体和图像坐标的点)，传感器定向通过单个图像的后交和多个图像的区域性光束法平差来计算。数学模型采用由共线方程表示的透视几何模型，对于单个图像的6个外部定向参数未知数，至少需要3个控制点所对应3个图像点的x'和y'提供的6个观察值，这是6个未知数解算所需的最小观测量。通常会具有一个60%端重叠和足够侧重叠(航向和旁向重叠)的区域性图像，此时图像可以通过连接点(同一对象像点至少出现在2张图像上)连接。因此，通过区域性光束法平差，可以基于最少的地面控制点估计图像方向和连接点的对象坐标。为了实现与单个模型同等的定向精度(至少60%重叠的2张图像立体像对)，需要在测量区域边界上每间隔4~6个摄影基线长度布置完全控制点(具有X、Y和Z对象坐标)，基线长度b是同一飞行航线上两个相邻投影中心之间的距离。在大约每4个摄影基线长度的区域中需要额外的垂直控制点(仅具有已知的Z坐标)(图2.10-4)。控制点间距越大，绝对精度越低，但不太会影响相对精度。

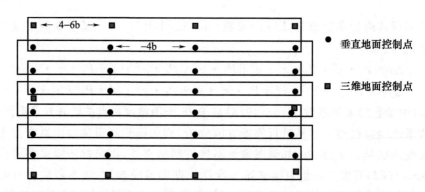

图2.10-4　60%航向重叠和20%~40%旁向重叠的常规区域测图所需控制点分布

垂直控制点的不足或不利的分布可能导致局部区域块几何结构出现不稳定现象。具有地面控制点的传统光束法区域网平差具有较好的实现性，但地面控制点的勘测，包括在图像中手动测量对应像点位置，是非常耗时的。出于这个原因，为了减少地面控制点的数量，需要进行额外的其他形式控制条件观测。但只有随着相对动态GPS定位技术的出现，这种需求的实现才变得可能。投影中心坐标的相对位置可以由GNSS确定，通常使用GPS测量设备可以实现更高的精度,从而大幅减少所需的地面控制点数量。这种将图像坐标和投影中心 GPS 坐标观测量的组合平差方法减少了对地面控制点的依赖。

　　动态 GPS 定位可能会受到模糊问题的影响,导致系统位置误差,主要误差量是系统性偏移值,有时还有与时间相关的漂移问题。这些系统误差对于各条航线而言可能会存在差异,这是由从一条航线转向下一条航线期间所发生的 GPS 周跳引起的。为此也需将漂移参数添加到组合区域性光束法平差中,这需要额外的交叉航线(图 2.10-5)辅助,且要在航线末端布设控制点。交叉航线航摄时,如果飞行航线的长度不超过 30 张影像,则仅在区域的角部布设控制点即可。当然,实践中出于可靠性考虑,在拐角处应尽量采用双控制点(两个控制点比较靠近)布点方式,防止单个控制点无法判识的情况出现。对于非常长的飞行航线,在区域边界附近需要每 30 个基线长度布设一个控制点。通过这样的配置,同等测量效果要求下,控制点施测的成本会降到最低。

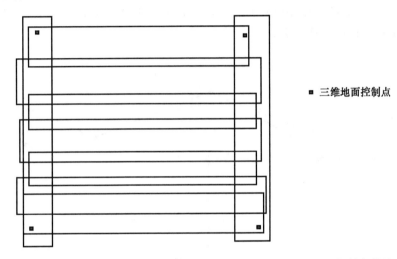

　■ 三维地面控制点

图 2.10-5　交叉飞行航线支持模式下的 GPS 坐标观测辅助区域网平差控制点数量及分布

2.10.1.4　线阵扫描仪图像的定向问题

　　每张画幅式透视图像对于它所覆盖的整个区域都有一致的几何定向参数,而线扫描仪的每条扫描线都有不同的外部定向参数,但是这些外部定向参数不会发生突变情况:连续变化并且是可微的。在卫星图像的极端情况下,可以认为轨道位置及姿态绝对光滑。即使对于航摄扫描影像,也至少可以将一定范围内相邻的线阵组合在一起(该区间内位置姿态平稳变化或无变化),从而可建立用于描述定向参数变化的函数模型。如果传感器定向是由动态 GPS 定位与惯性数据的组合而确定的,则可给出任何扫描线的外部定向参数,理论上不再需要区域性光束法平差。如果使用立体线阵扫描仪图像进行人工观测,可能会存在 y 视差,从而干扰立体观察效果(Gervaix,2002),这种情况下可以通过线扫描仪图像的空中三角测量技术予以解决。

　　线扫描仪图像也可以通过传统常规光束法平差来完成图像定向。当然要计算出每条扫描线的定向参数是不可能的,它们必须成组连接在一起(一景图像),为此需要一个函数模型来描述定向参数的变化。空中三角测量技术将会计算出每一景影像(每一组扫描线)中心线的定向参数,这些中心线被称为定位定向锚点(orientation fixes,Müller,1991)。由于相对于地面坐标系的横滚角和俯仰角对成像影响不同,因此线扫描图像平差计算与画幅式透视图像的平差有所不同。如果近似值是由 GPS 与惯性数据的组合确定的,则近似值往往准确性已经很高,稍微平差改进后即可用于 y 视差消除。ADS40 或 HRSC 等两线和三线阵传感器在设计上增强了定向的稳定性,因为在同一时刻拍摄的所有扫描线的外部定向参数基本相同。

基于定位定向锚点,线扫描仪图像的外部定向可以通过带有连接点和控制点的改进型光束法平差解决方案来确定。图 2.10-6 所示的几何关系示意不同扫描视角的图像定向参数效果,如果没有控制点,则无法计算地面基准坐标系的偏移量(X、Y、Z 的偏移)和定位/定姿系统漂移,并且区域性光束法平差仅限于相对定向结果的改进,这样仅可进行 y 视差消除从而建立自由模型下的立体扫描图像定向,便于进行人工立体观察与数据采集。只有少数应用需要对 GPS 和惯性组合数据进行定向参数绝对改正,当然如果没有可用的 GPS 和惯性数据,则需要控制点参与平差计算。理论上,即使没有额外的辅助定向信息,以常规的空中三角测量作业模式也可以确定三线阵扫描仪的图像定向参数(精度与画幅式面阵图像相当)。对于单线阵扫描仪图像,只能计算得到取决于外部定向变化的近似值。对于通过 GPS 和惯性、连接点和控制点等观测信息联合平差的 ADS40 应用场景,物点精度水平分量可以达到 1/3~2/3 地面采样距离,垂直分量接近地面采样距离。

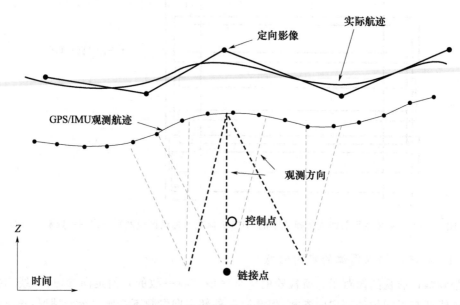

图 2.10-6　线扫描光束法定向的几何描述

2.10.1.5　直接地理参考

从经典地形图测制流程过渡到准实时在线摄影测量数据采集应用模式,这一技术趋势的实现需要更快速、更有效的定向过程予以辅助。传感器数据的间接地理参考数据处理技术较难实现这一技术目标,其中的定向过程是整个过程链中无法逾越的技术瓶颈,对于时效性要求很高的应用,间接定向过程中的耗时是不可接受的。此外,对于区域性光束法平差,还要求摄影影像具有足够重叠度、并一定程度上进行规则排列以完成立体图像覆盖,这对不规则摄影应用带来一定的限制,在进行条带摄影或区域内出现摄影漏洞情形下尤其如此。此外,传统定向程序不能不加改进地用于非成像系统或新传感器(例如线阵扫描仪、激光扫描仪或合成孔径雷达)。此类新型探测系统需要直接确定传感器定向参数,结合 GNSS 和惯性传感器,可形成能够直接提供用于确定位置和姿态的集成性系统。这种数据探测方式将定向过程与摄影数据的前期处理进行了"剥离",可够确定任意时刻的传感器定向参数。基于 GNSS 和惯性系统的定向参数计算往往会比使用控制点进行间接地理参考的过程快得多,而且也不怎么需要特殊的摄影重叠度、构型配置要求,此模式适用于任何类型的传感器,并且测图区域甚至无需连续覆盖。

2.10.2　GPS 概念性简述

NAVSTAR 全球定位系统(GPS)最初由美国国防部开发,作为一种基于卫星的全球无线电导航系统,其在提高军事力量效能的同时迅速发展了民用价值。它由连续绕地球运行的 GPS 卫星网络组成,所有用户的卫星接收机定义了系统的用户部分。每个接收器可接收来自 GPS 卫星的信号,并且处理结果可确定有关当前接收者位置、速度和姿态(当使用特殊的多天线 GPS 接收器或设置多个接收器时)的三维信息。在世界任何地方、任何天气条件下都可获得很好的绝对性、一致性精度。

GPS 空间部分自 1995 年 7 月全面建成并开始运行,由 6 个不同轨道平面的 24 颗活动卫星组成,每个轨道面有 4 颗卫星。卫星的实际数量根据系统的状态可进行适当调整,近乎圆形的卫星轨道距离地球中心的半径约为 26500 km,每个轨道平面的倾角为 55°,在此基础上单颗卫星公转时间为 12 h(恒星时),通常对于地球上任何时间和任何位置的导航应用,都可以看到 6 到 11 颗仰角大于 5°的卫星。尽管如此,系统供应商一般会保证只有 4 颗卫星可用。GPS 卫星在 L 波段发射两个连续低功率无线电信号,这些载波的频率是:L1,1575.42 MHz;L2,1227.60 MHz。这些频率是由 10.23 MHz 的 GPS 时钟基本频率的倍数获得的。有两种不同的二进制代码叠加在载波上,精度较低的 C/A 代码(在 L1 频段上)和精确的 P 代码(L1 和 L2 频段)。每当激活反欺骗(A/S)模式时,会使用 Y 代码代替 P 代码,这可防止未经授权的用户访问 P/Y 代码信号。除了 A/S 模式外,美国国防部还使用所谓的可用选择性(S/A)方式来降低实时 GPS 导航性能。S/A 是通过操控卫星轨道数据消息/或 GPS 基本时钟频率(抖动)来完成的。GPS 时钟叠加有短期和长期两种调制模式,这种 S/A 退化信号于 2000 年 5 月 1 日予以停止。广播消息,包括有关卫星健康状况和星历的信息,也在载波上进行调制。

基本的 GPS 数据观测类型是伪距和载波相位测量。相应的观测方程众所周知,如公式 (2.10-8)、(2.10-9)(Hofmann-Wellenhof et al.,2001;Wells,1987):

$$p_R^S = \rho_R^S + c \cdot (dt - dT) + d_\rho + d_{icn} + d_{trop} + \varepsilon_p \tag{2.10-8}$$

$$\Phi_R^S = \rho_R^S + c \cdot (dt - dT) + \lambda N + d_\rho + d_{ion} + d_{trop} + \varepsilon_q \tag{2.10-9}$$

接收机 R 到卫星 S 的距离 p_R^S 是通过对码信号传输时间的测量得到的。它是根据 $p_R^S = c \cdot (t_i^R - T_i^S)$ 乘积计算的,根据光速 c、卫星时钟 T_i^S 和接收器时钟 t_i^R 计算得出。从这个方程可以看出,接收器时间(接收信号)和卫星时间(发送信号)之间的差异对于确定信号行进距离至关重要。两个时钟(主要是接收器时钟)都受到误差的影响,信号的传播时间与真空中的光速并不完全相同,因此获得的距离 p_R^S 称为伪距。为了补偿这些时钟误差,需要进行一项额外的观测。简言之,需要四个同时的伪距观测量来求解用户的三维位置,其中包括一个额外的接收器时钟偏移。这种所谓的单接收机方法或导航解决方案主要用于实时绝对定位,这种不太准确的位置测量应用模式一定程度上是可接受的。位置精度的退化是由于卫星位置 d_ρ、电离层和对流层 d_{ion},d_{trop} 以及卫星和接收器时钟 dt、dT 中未补偿的建模误差所致。为了获得更好的精度,必须对这些误差源正确建模。同时,也可采用观测值差分处理等方法,从而大大减少甚至消除了上述误差源的影响。

除了伪距观测方式之外的第二个主要观测方式即所谓的载波相位观测。该观测量是通过将接收到的卫星信号与接收器生成的参考信号之间的相移进行比对来获得的。实践中,连续载波相位测量包含测量的小数相位部分、接收器从初始到当前测量周期的完整周期数的整数计数以及最后一个周期到第一个测量周期的未知整周期数。信号相位的确定性测量只能在一个波长周期内进行($L_1:\lambda_1 = 19.05\text{ cm}, L_2:\lambda_2 = 24.45\text{ cm}$)。这一部分的周期测量精度约为1~2 mm。初始时期接收机和卫星之间完整周期的整数 N 最初是未知的,称为相位模糊度或简称为模糊度。对于每个观测到的卫星,它是不同的,但只要接收机在整个测量间隔内保持信号的连续锁定,即只要没有发生失锁或周跳性的信号丢失,它就保持不变。正如已经针对伪距观测所讨论的那样,不同的误差源会影响相位观测的质量,并且必须通过使用差分处理方法进行建模或交叉校准才能有效地提高定位的准确性,正确确定相位模糊度对于基于相位观测的最终位置精度至关重要。可以使用不同的方法来求得正确的模糊度,关于这些方法的具体研究超出了本书讨论范围,不再赘述。运动过程中模糊度的估计对运动学应用有很大影响,如果采用了所谓的动态(on-the-fly,OTF)算法,则测量之前的静态初始化过程就变得多余了——测量之前的静态初始化是解算正确的模糊度(整周模糊数)所必需的。随着 OTF 算法的出现,动态 GPS 测量可以更为有效的方式进行。

如前所述,使用差分 GPS 技术(DGPS),即从绝对定位到相对定位的步骤,即使没有对观测误差进行精确建模也能提高精度。其背后的原理基于这样一个事实——误差的大小及对两个相邻 GPS 测站的影响相似。通过两个接收站观测的线性组合,几乎可以消除全部未建模误差的影响。然而,必须满足两个先决条件:两个接收器中的一个必须安装在已知坐标点上(所谓的参考站),并且这个接收器和另一个(所谓的流动站)接收器必须同时观测。在已知参考接收机位置的情况下,未建模误差的影响可以根据 GPS 观测结果与已知坐标之间的差异进行估计。然后使用这些差异来校正流动站上剩余的建模错误,这样流动站是相对于参考站进行相对定位的(非绝对定位),与早期的单点定位解决方案同理。

在差分 GPS 方法中,不对原始伪距或相位观测量进行处理。此概念基于对 L1 和 L2 原始基础观测值的线性组合的使用,这种组合方式在卫星之间、接收器之间和信号周期之间是完全可实现的。根据所形成的差异数量,期间必须对单个差异和多个差异进行区分。对于同时观测同一颗卫星的一对站点(流动站和参考站),可获得接收器之间的单个差异。这种差异消除了卫星时钟误差 dt 的影响,并在很大程度上消除了轨道误差和大气效应的影响,但前提是两个接收机之间的基线距离足够短。接收器卫星双差——即两个不同卫星的两个单差的差,会进一步消除接收器时钟误差(dT)。然而,一些上述所描述的未消除微小大气影响残留误差项仍保留在观测方程中,这些效应的影响程度取决于两个接收器之间的有效基线长度。假设两个接收站的大气条件相同,则所有大气影响将会被消除。双差分相位观测是高精度 GPS 应用的主要观测方式。

相对 GPS 定位依赖于一定数量的参考站的可用性。在理想情况下,这些测站应该是均匀分布在某个区域的永久参考站点网络的一部分。来自 GPS 参考站的数据随后会用于对各个流动站进行差分校正,例如,德意志联邦共和国各州测量局工作委员会(Arbeitsgemeinschaft deutscher Vermessungsverwaltungen)就建立了一个覆盖整个德国全域范围的永固性 GPS 参考(站)网,相关服务被称为 SAPOS[德国土地测量局卫星定位服务(SAPOS,2004)]。常设站点可不间断提供差分改正,并通过实时无线电通信或数据传输将其传输给用户,以便后续数据处理。如上所述,差分校正的精度取决于基线长度,即到要定位的流动站的距离。为了最小化这些与距离相关的影响,可以使用几个为一组的永久参考站来形成一个组合差分校正,该差分校正针对流动站本身进行了优化。这种依靠多个参考站获得最佳差分改正的方法被称为虚拟参考站或面积加权改正多项式差分。即使基线长度＞30 km,其也可以实现厘米范围内的定位精度。类似的永久网络站点概念在许多其他国家都已应用。

除了此类陆基永久型参考网络外,还可以使用基于卫星的校准服务。在所谓的基于卫星的增强系统(SBAS)中,GPS 差分改正通过卫星提供给地球上的用户。基于监测站网络,对 GPS 卫星的信号进行永久监测和分析。由此,获得对轨道和时钟误差以及电离层影响的修正。这些修正被上传到地球静止卫星,然后将这些信息再传输给用户。由于传输的校正信号与原始 GPS 信号的结构相似,地球同步卫星也可以作为附加的 GPS 卫星参与系统运行。目前三种 SBAS 系统在研或在用——用于北美的 WAAS 广域增强系统、欧洲对地静止导航覆盖系统 EGNOS 以及多功能卫星增强系统 MSAS(主要用于日本和亚洲其他地区)。由于所有这些基于卫星的增强系统都以与 GPS 信号兼容的形式提供其信息,因此无需额外的无线电接收设备即可使用此类服务。

GPS 定位的精度主要取决于 GPS 观测类型(伪距离或相位观测)和数据处理方式(绝对/差分、静态/运动、实时/后处理)。此外,特定的测量设置(差分处理的基线长度)和卫星配置也会影响定位精度,包括多路径、接收机噪声和天线相位中心的变化。在陆基和机载应用中,由于建筑物或飞机机翼在转弯期间造成的遮挡效应,可能会出现周跳和信号失锁。在讨论 GPS 精度时,必须考虑所有这些因素。表 2.10-1 中的准确性数值仅供参考,可能会因测量场景而异。

表 2.10-1　GPS 定位精度

GPS 观测和处理方法	准确性
GPS 单点定位/绝对定位	
定位精度 C/A-Code(带 S/A)	100 m
定位精度 C/A-Code(无 S/A)	10 m
定位精度 Y-Code(军用)	4 m
差分 GPS/相对定位	
定位精度伪距观测	1～5 m
定位精度载波相位观测	50 cm

到这里全球导航卫星系统(GNSS)的解释仅特指美国 NAVSTAR GPS。除此之外,还有两种替代的 GNSS 可用——第一个是俄罗斯 GLONASS,它于 1990 年代末全面投入使用,定位精度可与无 S/A 的 GPS 相媲美。GLONASS 和 GPS 原理上非常相似,但也有一些显著差异:最引人注目的是 GLONASS 既没有精度退化,也没有 GPS 加密。由于过去缺乏维护,GLONASS 的准确性和可用性有所下降,目前系统正在使用具有更长预期寿命的下一代 GLONASS 卫星对故障卫星进行现代化改造和更换,GLONASS 民用用户接受度要低些,经过更新迭代后,有望也可商用。俄罗斯相关的政策目标是到 2010 年使 GLONASS 的性能与 GPS 相媲美,并将其推向大众市场。

另一个 GNSS 是欧洲伽利略系统,目前处于最后装调阶段。与 GPS 类似,俄罗斯 GLO-NASS 最初主要设计为军用系统,而伽利略系统(GAlileo)旨在作为欧盟(EU)和欧洲航天局(ESA)领导下的民用系统。因此,该系统不受军事控制,这保证了独立于任何军事活动的功能性和可访问性。此外,伽利略还提供额外的完整性信号,为用户提供最可能的实际定位精度信息。Galileo 的技术设计原则上与 GPS 非常相似,但其由于使用了更多数量的卫星(名义上有 30 颗卫星分布在三个不同的轨道面上,倾角为 56°)和四个载波用于信号传播,预计会有更高的定位精度。直到 2005 年,伽利略系统的构建进度才处于开发和验证阶段。第一颗伽利略卫星原型于 2005 年 12 月发射,第二颗原定于 2007 年初发射。预计该系统将从 2008 年开始提供业务服务。

在新的欧洲伽利略 GNSS 发展推动下,GPS 星座计划进行重大改进升级,届时 L2 载波上的新民用信号和第三个载波 L5 上的新民用信号将在 1176.45 MHz 频率上广播,从而形成与伽利略的竞争态势。但若所有三个 GNSS 能提升互补性、且一定程度地消减竞争性,那么将会为全球用户提供更加完整可靠易用的高一致性、高准确性组合式 GNSS 服务。

2.10.3　惯性导航基础

惯性制导系统或惯性导航系统(来自拉丁语"惯性")最初是为飞机或船舶的导航而开发的。惯性导航可以定义为:依据牛顿运动定律进行反应的传感器对其所搭载的实时移动载体轨迹的确定。一般来说,相关定律描述了惯性参考系中物体的动力学规律——如果不施加外力,物体将保持静止或匀速直线运动。如果施加外力,加速度与作用力成正比。通过对此类加速度的测量,最终通过两个积分步骤可获得平台的速度和位置。惯性导航的原理是加速度对时间的二次积分。根据自由度,通常使用一组三个加速度计来测量三个维度上的线性加速度,据此可最终获得平台的三维定位。然而,在平台上单独使用三个加速度计不足以进行三维惯性导航,这是因为加速度计未与参考坐标系(即惯性或地球相关坐标系)进行轴向对齐。据此,载体相对于参考系的连续定向必须通过陀螺仪测量来提供观测值,由三元组加速度计综合角速率测量即可求得其在三维空间中的三个姿态方向。1920 年代,在德国首次尝试通过测量线性加速度(所谓的航位推算)来估计行进距离。第一个实用型惯性导航系统首用于军事,后来逐渐民用。

通常,惯性导航系统包括惯性测量单元本身(即代表三个分量的三个陀螺仪和三个加速度计)、一个用于安装传感器的平台以及最终将 IMU 测量值转换为相关导航信息的适当计算机算法。根据加速度计和陀螺仪的配置,开发设计了不同的系统:稳定平台系统或捷联系统。在稳定平台系统中,传感器固定在空间上稳定的平台上,该平台将传感器与运动载体的角运动相分离。因此,灵敏轴向可保持其自身相对于空间稳定平台或局部水平坐标系方向固定。在局部水平配置安装方面,平台在物理上提供了实际的局部水平框架,传感器垂轴与铅垂线方向一致,其他两个分量可在水平面内可测得。由此,水平位置的变化直接从水平加速度计测量值求得,同时垂直位置变化由垂轴加速度计积分求得,这最大限度地减少了处理时间。另一方面,稳定平台系统的机械性能非常复杂,因此成本高昂,系统通常仅用于最高精度需求场景。由于其机械复杂性,系统必须非常小心地进行系统维护,且也容易出现机械磨损现象。相反,捷联惯性导航系统更适合在小型灵活的环境限制下使用。与稳定平台方法相反,传感器会刚性固定("捷联")到移动载体上并随其等同运动。这避免了复杂机械机制的使用,因此这些系统的生产要求与成本都较低。然而,计算工作量略高,因为此情形下平台的水平量必须通过数据处理分析来完成构建。此外,传感器也会受到载体整个动态范围的限制,这会一定程度降低传感器最大性能的发挥。

随着更小、更便宜的陀螺仪和加速度计的出现,捷联技术成为中低精度惯性导航应用的首选方法。随着新技术发展(尤其是陀螺仪设计方面),这种趋势将更加明显。加之微机电系统(MEMS)技术的使用,小型化和低成本的巨大潜力显而易见。尽管这些基于 MEMS 的传感器精度有待进一步提高,但设计和制造过程的不断改进最终可能会导致其将取代基于机械或光学的传统惯性传感器,从而在导航领域深入应用。

除了依据系统设计原理外,惯性导航系统的另一种分类方法依赖于其定位和姿态测量的潜在精度。根据独立导航 1 h 后的定位误差(表 2.10-2)可将系统分为三个不同的精度类别:定位误差远低于 1 海里(nmi[①])(高达 0.1～0.2 海里/时或更高)的高精度 1 h 无辅助导航战略级系统;约 1 海里/h(0.5～2 海里/h)左右的中等精度导航级系统;以及定位误差大大超过 2 海里/h(在许多情况下高达几十海里)的低精度战术级系统。表 2.10-2 中的姿态精度针对的是横滚角和俯仰角的性能,对于航向角,性能下降约 3～5 倍。由于定位和姿态数据是从积分过程中获得的,由于系统误差传播很强,所以绝对系统精度与时间有关。表中还给出了 1 s 和 1 min 时间间隔的相应精度,根据传感器的具体性能差异,甚至可能会出现更大的误差。总体精度主要受陀螺性能的影响,主要特征表现在陀螺特定的陀螺漂移量(单位为[deg/h])。另一方面,加速度计偏移量(以[μg]给出)描述了加速度计的性能。三种系统性能等级的相应传感器精度如下(仅为指导值):0.0001°/h 或 1 μg(战略等级)、0.015°/h 和 50～100 μg(导航等级)、1°～10°/h 和 100～1000 μg(战术级)(El-Sheimy,2003 年)。

表 2.10-2　INS 位置和姿态确定精度(Schwarz et al. ,1994)

误差预估	系统精度（RMS）		
	高(战略级)	中(导航级)	低(战术级)
位置			
1 h	0.3～0.5 km	1～3 km	200～300 km
1 min	0.3～0.5 m	0.5～3.0 m	30～50 m
1 s	0.01～0.02 m	0.03～0.10 m	0.3～0.5 m
姿态			
1 h	10″～30″(0.003°～0.008°)	1′～3′(0.016°～0.050°)	1°～3°
1 min	1″～2″(0.0003°～0.0006°)	15″～20″(0.004°～0.006°)	0.2°～0.3°
1 s	0.1″～0.2″(0.00003°～0.00006°)	1″～2″(0.0003°～0.0006°)	0.01°～0.03°

通过使用适当的外部联合更新信息,时间相关的误差影响会显著减小甚或几乎消除。在理想情况下,只要有足够的更新信息可用(Schwarz,1995),中高精度惯性导航系统就可以在 1 秒间隔范围内获得一致的绝对精度。由于传感器偏置的稳定性和传感器噪声的质量规格较低,即使具有高质量更新,战术级系统也无法获得 1 s 时间间隔模式下的性能。

如本节一开始所述,牛顿定律是惯性导航的基础。如果不施加外力,物体将保持静止或匀速直线运动。如果施加外力,加速度与作用力成正比。作用力 f 由质量 m 和加速度 a 的乘积获得,如式(2.10-10)所示。假设物体质量恒定,则加速度与受力大小成正比。

$$f=m \cdot a \tag{2.10-10}$$

加速度不是从长度测量获得,而是从作用在加速物体上的惯性力的测量中获得。所有这些测量都必须在惯性坐标系中进行,惯性坐标系被定义为牛顿定律适用的系统[3]。

---

① 1nmi(海里)=1.852 km。

在此基础上,给出描述体加速度 $a(t)$、速度 $v(t)$ 和位置 $r(t)$ 之间相互关系的微分方程如下

$$v = \frac{\mathrm{d}r}{\mathrm{d}t} = \dot{r}$$

$$a = \frac{\mathrm{d}v}{\mathrm{d}t} = \dot{v} = \frac{\mathrm{d}^2 r}{\mathrm{d}t^2} = \ddot{r} \tag{2.10-11}$$

假设对加速度 $a(t)$ 进行准连续测量,则在一定时间间隔 $t - t_0$ 后,物体的瞬时速度为

$$v = \int_{t_0}^{t} a \cdot \mathrm{d}t + v_0 \tag{2.10-12}$$

具有瞬时位置

$$r = \int_{t_0}^{t} v \cdot \mathrm{d}t + r_0 = \int_{t_0}^{t} \left(\int_{t_0}^{t} a \cdot \mathrm{d}t \right) \cdot \mathrm{d}t + v_0 \cdot (t - t_0) + r_0 \tag{2.10-13}$$

如果积分过程从零速度 $v(t_0) = 0$ 开始,则方程(2.10-13)简化为

$$r = \int_{t_0}^{t} \left(\int_{t_0}^{t} a \cdot \mathrm{d}t \right) \cdot \mathrm{d}t + r_0 \tag{2.10-14}$$

通常,导航是在地球重力场中完成的,这样存在独立于被加速物体额外的加速度。因此,在积分过程中也必须考虑这种重力加速度的影响。对地球重力场中运动物体有效的二阶微分修正方程为

$$\ddot{r}^2 = f^i + g^i \tag{2.10-15}$$

其中 r^i 是对象位置,f^i 是所感测的线性加速度(特定的力,比力),g^i 描述了重力加速度。所有观测量大小都在惯性坐标系(i-frame)中给出。二阶微分方程转化为一组一阶方程如下

$$\dot{r}^i = v^i$$

$$\dot{v}^i = f^i + g^i \tag{2.10-16}$$

由于所有线性加速度 f^i 最初是在系统特定的本体 b 坐标系(b-frame)中感测到的,该坐标系由传感器的轴向定义,并且不等同于惯性坐标系,因此需要正交变换矩阵 $\boldsymbol{R}_b^i$ 转换来自本体 b 的测量值到惯性系 i 下

$$f^i = \boldsymbol{R}_b^i \cdot f^b \tag{2.10-17}$$

其中 $\boldsymbol{R}_b^i$ 由下式得出

$$\dot{\boldsymbol{R}}_b^i = \boldsymbol{R}_b^i \cdot \boldsymbol{\Omega}_{ib}^b \tag{2.10-18}$$

其中倾斜对称矩阵 $\boldsymbol{\Omega}_{ib}^b$ 由角速率的测量值 ω_{ib}^b 形成,在 b 坐标系(b-frame)中相对于 i 坐标系(i-frame)给出。类似于式(2.10-17),矩阵 $\boldsymbol{R}_e^i$ 用于将重力矢量 g^e 转换为惯性 i 坐标系,通常是在与地球相关的 e 系统给出。

$$g^i = \boldsymbol{R}_e^i \cdot g^e \tag{2.10-19}$$

现在给出了式(2.10-16)中的所有观测量,则惯性系 i 中物体的运动方程描述如下

$$\dot{\boldsymbol{x}}^i = \begin{bmatrix} \dot{r}^i \\ \dot{v}^i \\ \dot{R}_b^i \end{bmatrix} = \begin{bmatrix} v^i \\ R_b^i \cdot f^b + R_e^i \cdot g^e \\ R_b^i \cdot \Omega_{ib}^b \end{bmatrix} \tag{2.10-20}$$

从式(2.10-20)中可见,导航信息(位置、速度和姿态)是相对于惯性 i 框架确定的。

然而,在常规应用中,惯性系是一个较为抽象的坐标系。因此,导航信息需要在与地球相关的坐标中进行确定。因此,最终的导航状态 r^i, v^i, R_b^i 必须转换为某一与地球相关的坐标系。为了在地球上进行载体导航,通常使用局部水平导航坐标系 l。或者,也可以在地球地心固定

坐标系 e 中导航。如果在这样的坐标系中进行导航过程,则还要考虑地球相对于先前使用的惯性坐标系的旋转。此处不赘述,运动体相对于地心地固坐标系(e-frame)的导航方程如下(Wei and Schwarz,1990)

$$\dot{x}^\varepsilon = \begin{bmatrix} \dot{r}^\varepsilon \\ \dot{v}^\varepsilon \\ R_b^\varepsilon \end{bmatrix} = \begin{bmatrix} v^\varepsilon \\ R_b^\varepsilon \cdot f^b - 2 \cdot \Omega_{ie}^\varepsilon \cdot v^\varepsilon + g^\varepsilon \\ R_b^\varepsilon \cdot (\Omega_{ib}^b + \Omega_{ie}^b) \end{bmatrix} \tag{2.10-21}$$

其中 $\boldsymbol{\Omega}_{ie}^b$ 的分量是由地球自转矢量 $\boldsymbol{\omega}_{ie}^b$ 形成的偏对称矩阵,它通过 $R_e^b = (R_e^\varepsilon)^T$ 从 e 坐标系转换到传感器特定的本体坐标系 b。该术语 $2 \cdot \boldsymbol{\Omega}_{ie}^\varepsilon \cdot v^\varepsilon$ 校正了科里奥利力,科里奥利力取决于飞行器在转动地球上的瞬时速度。重力校正取决于瞬时位置,并用适当的重力模型求得,这样得到的导航角度为

$$R_b^n = R_\varepsilon^n \cdot R_b^\varepsilon \tag{2.10-22}$$

其将本体框架与本地站心地平导航坐标系(n-frame)相关联,n 坐标系的垂轴始终与局部铅垂线重合。如果将导航角转移到另一个与椭球相关的本地站心地平坐标系(local topocentric coordinate frame),则必须考虑局部铅垂线方向的变化。该矩阵 R_ε^n 是地理坐标中给出的瞬时位置的函数 $(\Lambda, \Phi)^4$,从 R_b^n 可得出最终导航角(r,roll;p,pitch;y,yaw)。将来自惯性导航的姿态信息用于摄影测量传感器定向时,必须考虑摄影测量角度的不同定义(如 ω, φ, κ 转角系统),这导致额外的转换步骤。导航角的转换、大地水准面的作用和垂线偏转的影响在第 4.9.2 节中有更详细的说明。

为了求解式(2.10-21)中的导航方程,必须提供位置 $r^\varepsilon(t_0)$、速度 $v^\varepsilon(t_0)$ 和姿态信息 $R_b^\varepsilon(t_0)$ 的初始值。位置和速度的初始值通常从已知坐标值的静态参考站点或用 GPS 测得。在这种静止的情况下,载体平台相对于地球的速度为零。系统初始方向的确定更为复杂,正如在稳定平台系统与捷联系统设计概念讨论中已经提到的,捷联导航的初始方向必须严格地通过分析来完成。因此需要执行静态对准,其中重力矢量的分量在三个加速度计轴向上被感测,如果系统相对水平方向发生倾斜,则通过旋转分析可获得两个水平角,以使当前水平的两个加速度计中所测加速度量为零。然后,第二步中执行航向对齐。基于对地球角速率矢量的测量,偏航角通过旋转进行分析估计,以在两个已经水平的角速率传感器(所谓的陀螺罗盘)之一上获得零角速率测量值。这个零角速率轴向即指向东方向,因为地球角速率矢量仅由北和垂直方向分量组成。整个静态对齐过程通常分为两步程序执行——所谓的航向对齐到精细对齐,是一个由粗到精的过程。传感器信号仅用于粗略对准,而在细化步骤中,除了定向误差外,还估计并考虑传感器其他误差。

不得不提的是,地球角速率信号与目前使用的大多数陀螺仪的精度和噪声相比,相对较弱。因此,陀螺罗盘对于中等或较低精度的惯性导航系统是不可能的。陀螺仪测量的噪声会阻止偏航角确定的收敛。在这种情况下,静态对齐过程被所谓的动态对齐技术取代。在这里,关于平台位置和速度的外部信息(通常由 GPS 提供)用于获得惯性导航系统的初始方向。这种方法基于 INS 定向误差与 INS 速度误差的耦合,这些误差可以从外部 GPS 速度测量中观察到。这种系统校准的运动学方法经常用于集成性 GPS/惯性系统(即在机载环境中)。因此,它也被称为空中或运动中对齐。

如表 2.10-2 所示,INS 定位、速度和姿态确定的精度不是恒定的,而是取决于时间。这主要是由于单个传感器的误差会影响所观测的线性加速度和角速率的整个积分过程,从而将误差累积、放大到位置和姿态上。起初给定的初始值附含误差、用于数据处理的次优软件(即重

力异常的错误建模)和惯性传感器本身的技术缺陷等都是误差累积的主要来源。传感器误差主要是由偏移误差(陀螺仪漂移、加速度计非零偏置)、比例因子误差、传感器噪声、传感器轴向的非正交性和加速度相关效应等因素引起,等等所有这些误差项都必须在适当的加速度计和陀螺仪误差模型中加以考虑。根据传感器特性,可对导航方程(2.10-21)进行扩充,形成更为全面的(2.10-23)式。如果有足够的更新信息可用,这些误差项在导航过程中可被估计。

$$\dot{x}^{\varepsilon} = \begin{bmatrix} \dot{r} \\ \dot{v}^{\varepsilon} \\ R_b^{\varepsilon} \\ \delta\dot{\omega}_{ib}^b \\ \delta f^b \end{bmatrix} = \begin{bmatrix} v^{\varepsilon} \\ R_b^{\varepsilon} \cdot (f^b + \delta f^b) - 2 \cdot \Omega_{ie}^{\varepsilon} \cdot v^{\varepsilon} + g^{\varepsilon} \\ R_b^{\varepsilon} \cdot (\Omega_{ib}^b + \delta\Omega_{ib}^b + \Omega_{ie}^b) \\ -I_a \delta\omega_{ib}^b \\ -I_\beta \delta f^b \end{bmatrix} \tag{2.10-23}$$

在上面给出的扩展模型中,加速度计偏差 δf^b 和陀螺仪漂移项 $\delta\omega_{ib}^b$ 被建模为时变量(一阶高斯-马尔可夫过程,$I_{a,\beta}$ 是时间相关倒数对角矩阵)。(2.10-23)式中的方程系统现在包含15个不同的状态,6个与传感器相关的误差状态和用于导航过程的坐标系无关。它们根据传感器的瞬时误差现象进行修改,虽然已经修改和扩展了误差模型,但真正的误差现象仍然没有完美建模,这将再次导致整个导航步骤中的误差累积和传播。这样的影响只能粗略消减,其实必须通过附加的更新信息进行误差控制。在传统的惯性导航中,这种误差控制是在静态期间完成的,其中惯性测量的综合载体速度要与零进行比较(所谓的零速度更新点,ZUPT)。如果载体位置也是已知的,则惯性获得的位置也要与该参考值(坐标更新点,CUPT)进行比较。由于误差状态之间的耦合,这些更新足以控制惯性误差行为。随着GPS的出现,近乎连续的、高性能的位置和速度信息变得可用,在几乎所有情况下,GPS都与惯性导航系统集成以便利用此类更新数据。此外,GPS和INS几乎是互补性的系统行为:GPS提供高长期精度,但由于短期噪声和频率有限而存在缺点;而惯性导航提供非常频繁的高频观测数据,短期精度高。在集成GPS/惯性系统中,绝对定位精度主要取决于GPS定位的性能。另一方面,综合姿态确定的准确性主要取决于特定的陀螺噪声大小。在集成的惯性/GPS系统中,即使GPS信号由于遮挡而被阻拦,也可以进行连续定位。

2.10.4　惯性测量/GPS 集成的概念

惯性/GPS系统的集成可以通过基于软件或硬件的方法来完成。如果专注于前者,来自GPS和惯性测量的数据将通过松散耦合过滤方式进行结合。在这个概念中,两个或多个滤波器独立但并行工作,在特定时间相互作用。在集成惯性/GPS系统的情况下,会实现两个独立的滤波器。首先,对GPS测量进行过滤,但第二个滤波器是所谓的主滤波器,注意该滤波器不仅仅处理IMU数据以获得位置、速度和姿态信息,而是将本地GPS滤波器的输出用作主滤波器内的伪观测以更新其误差状态。原则上,利用GPS与惯性位置和速度之间的差异来估计惯性数据处理的误差大小。由于定位误差与平台姿态不断耦合,GPS定位和速度更新也足以完全控制惯性姿态确定的误差行为。惯性姿态误差和IMU传感器误差是根据GPS位置和速度估计的。因为平台位置始终依赖于惯性测量坐标系(由IMU传感器轴向定义)和地球相关导航坐标系之间的关系,所以这种方式完全可行。由于方向信息是从IMU角速率测量中获得,因此IMU姿态对定位和速度的影响是显而易见的。

系统误差状态的最佳估计通常通过卡尔曼滤波完成,该滤波器理论依据是(2.10-23)中给出的一组微分方程。自 1960 年左右以来,卡尔曼滤波一直用于时间离散线性过程的递归估计,主要用于导航应用,主要有以下原因(Brown et al.,1992):首先,卡尔曼滤波有利于测量的实时处理。导航中的误差可由适当的更新信息实时控制;其次,系统的动力学是关于误差的线性模型,即系统动力学的线性化可提供足够的精度;然后,在导航中,经常使用多传感器系统配置,因此必须考虑不同类型的输入和输出数据。由于所有这些数据都有其特定的精度特性,因此这种滤波器组合方式非常适合双向更新;最后,基于滤波器输入值的最佳组合,可以最佳估计精度获得最终输出结果。

关于通用卡尔曼滤波器方程的详细信息可以从相关文献中获得,例如 Grewal 和 Andrews(1993)、Brown 和 Hwang(1992)或 Gelb(1974)。在导航应用方面,算法中的离散时间公式是相关的。

卡尔曼滤波中的更新可以通过两种不同的方式进行:在前馈配置中,导航误差和系统状态被估计并用于之后的综合导航信息的校正。或者,在所谓的反馈或闭环误差控制中,IMU 传感器会持续校准而不是输出导航信息。在每个更新周期之后,估计的误差状态被反馈到惯性数据处理的导航过程中。在这种情况下,惯性原始测量(线性加速度和角速率)本身得以改进。

过滤总是提供在某个时间点(t_i)的最佳估计轨迹信息,其中已经包括所有先前在 $t_k \leqslant t_i$ 时间周期中的测量值。另一方面,平滑会以相反的方式完成,即在负时间方向上进行。这里所有未来的观测都用于估计当前时间周期(t_i)的状态。显然,过滤过程具有实时处理能力,这是导航应用不可或缺的要求。平滑仅在后处理期间执行,后处理方法中滤波和平滑的组合提高了系统误差估计的准确性。这种方法被推荐用于高精度轨迹确定(例如,机载传感器的直接地理参考就需要高精度的导航数据)。

2.11　惯性导航有关坐标系

(1)实用惯性坐标系(i-frame)

惯性空间中的物体运动规律符合牛顿第一、第二运动定律,惯性空间是一个抽象空间。实际运用中,可在误差或精度满足使用要求条件下将其具象化,下图中即定义了一种实用惯性坐标系。

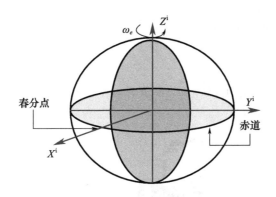

原点:地球质心。

z 轴:沿地球自转轴方向,从地心指向北极点(协议地极)。

x 轴:在赤道平面内,从地心指向春分点。

y 轴:与 x、z 轴构成右手坐标系。

（2）地心地固坐标系（ECEF，*e*-frame）

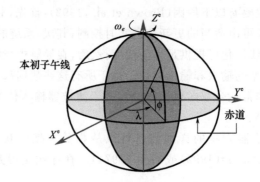

原点：地球质心。

z 轴：沿地球自转轴方向，从地心指向北极点（协议地极）。

x 轴：在赤道平面内，从地心指向赤道与本初子午线的交点。

y 轴：位于赤道平面内，与 x、z 轴构成右手坐标系。

（3）导航坐标系（*n*-frame，又称当地水平坐标系、地理坐标系）

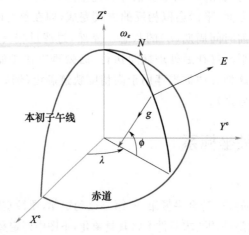

原点：载体中心或参考点。

z 轴：沿参考椭球的法线方向向下。

x 轴：参考椭球北向。

y 轴：参考椭球东向。

坐标轴指向有两种右手法则：$N-E-D$ 或 $E-N-U$。

（4）IMU 坐标系（*b*-frame）

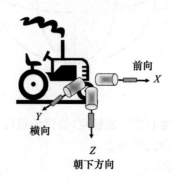

原点：IMU 测量中心。

x 轴：x 轴加速度计和陀螺正方向。

y 轴：y 轴加速度计和陀螺正方向。

z 轴：z 轴加速度计和陀螺正方向。

此坐标系也可称为本体坐标系，通常与载体固联，并与其他传感器坐标系如相机坐标系、激光扫描仪坐标系或载体坐标系(Vehicle-frame)等之间存在传感器集成安置形成的轴线偏差角(boresight angle)。坐标轴指向有两种右手法则：R－F－U 和 F－R－D。

章末注：

1	由于卫星的倾斜,在地球的极地地区可能会出现卫星覆盖问题。
2	1 海里（nmi）＝1852 m
3	惯性坐标系仅在所用传感器的给定测量精度范围内满足牛顿定律。因此,这样的坐标系被称为准惯性坐标系或可操作惯性坐标系。
4	本地站心地平坐标系(local topocentric coordinate frame)和导航坐标系都是切线坐标系,但轴向不同。从大地学的角度来看,本地站心地平坐标系被定义为东-北-垂直(上)右手系,而导航坐标系是东北-垂直(下)右手系。两者轴向之间的关系为：$R_b^g = R_l^g \left(\pi, 0, -\dfrac{\pi}{2} \right) \cdot R_b^l$
5	译者追加内容,引自 2021 年秋武汉大学导航工程本科专业《惯性导航原理》牛小骥、陈起金教授视频公开课课件。

第3章　成像对象和大气影响

摘要　被测物体一般在太阳照射下进行(图 3.1-1)。为了确定大气效应对传感器前方光谱辐射的影响,必须知道大气顶部的光谱辐射特性,研究资料中很容易找到相关数据集和各种表格描述,如 Neckel 和 Labs(1984)中也一并对数据进行了可视化——如图 3.1-2 中的曲线 A (外星辐照度,地外日照辐照度)。在穿过大气层到达地球表面的过程中,太阳辐射会因散射和吸收而减弱。空气分子的散射,也称为瑞利散射,很大程度上取决于波长——大约与辐射波长的 4 次方成反比。

3.1　传感器前方辐射

由图 3.1-2 中的曲线 B 可见,瑞利散射中太阳光谱的较短波长(例如蓝光,约 0.45 μm)相比较长波长(例如,红光,约 0.65 μm)散射更强。在近红外域中,对于长于约 1 μm 的波长,从实用角度看可以忽略瑞利散射影响。除了空气分子,大气气溶胶(灰尘、细颗粒)也有一定太阳光散射作用——气溶胶由大小和成分非常不同的颗粒组成。气溶胶的散射取决于其浓度和光学特性,某些类型的气溶胶(尤其城市气溶胶)也可以吸收太阳光。通常特定地点的气溶胶浓度是未知的,因此,要么通过使用适当的模型来估计气溶胶对光传播的影响,要么通过使用水平能见度来近似边界层中的气溶胶浓度。水平能见度通常是已知的,可通过能被识别标记的可视距离进行定义,其是浊度的体现,与消光系数成反比(公式(3.1-1))。

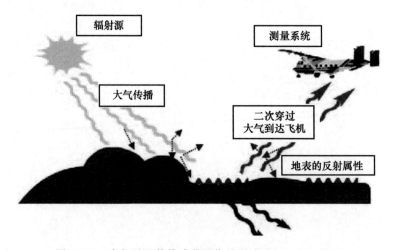

图 3.1-1　大气对机载传感器图像的影响(Hydrolab,2004)

此外,从图 3.1-2 可以看出,不同的气体吸收太阳辐射程度不同,大气水汽带作用最为明显。实际上,甚至在短波长谱段上太阳辐射不能够穿透大气到达地球表面(图中 χ-和 Ω-频

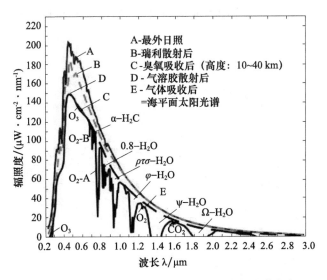

图 3.1-2　大气顶部和海平面入射太阳能的光谱分布

（y 轴:辐照度 E;x 轴:波长 λ）

带的水蒸气）。这里要注意,大气中的水蒸气浓度随时间和空间变化很大。

消光定律(Lambert-Bouguer-law)描述了单色辐射 L_λ 沿路径 dz 的衰减量 dL_λ:

$$dL_\lambda = -\beta_{E\lambda} L_\lambda dz \tag{3.1-1}$$

其中 $\beta_{E\lambda}$ 是消光系数。

对这个方程积分,有:

$$L_\lambda(z) = L_{\lambda 0} e^{-\int \beta_{E\lambda} dz}$$

$$\tau = \int \beta_{E\lambda} dz$$

$$L_\lambda(z) = L_{\lambda 0} e^{-\tau_j}\ ;\ e^{-\tau} = T$$

其中 T 是大气的透射率。如果辐射完全不受影响地穿透大气,则 T 等于 1。如果没有辐射可以传输通过大气,则 T 将恰好为零。透射率总是指垂直穿透方向,对于穿过大气层的倾斜路径 s,有图 1.3-4 效果。

透射指数被称为相对光学空气质量。在图 3.1-3 中,忽略地球曲率和大气折射影响,简单起见假设为水平面大气。据此可知,指数 $1/\cos\theta$ 仅在 $\theta = 60°$ 时是准确的,对于较大的天顶角 $\theta > 60°$,则必须考虑地球的曲率和折射。不同空气成分的公式和表格参考文献(Iqbal,1983)。

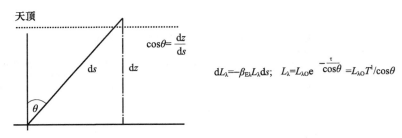

$$\cos\theta = \frac{dz}{ds}$$

$$dL_\lambda = -\beta_{E\lambda} L_\lambda ds;\quad L_\lambda = L_{\lambda 0} e^{-\frac{\tau}{\cos\theta}} = L_{\lambda 0} T^{1/\cos\theta}$$

图 3.1-3　均质共面大气消光对太阳天顶距 θ 的依赖性

图 3.1-4 描绘了在没有吸收特性的纯瑞利大气穿透（无气溶胶）下地球表面的直接日照情况。

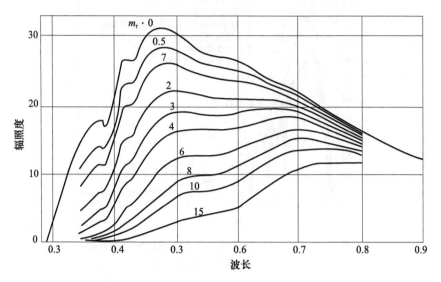

图 3.1-4　根据相对光学空气质量 m_l 绘制的地球表面直接太阳光照能量光谱分布

(Foitzik et al.，1958)

曲线在 $m_1=0$ 处表征了地外日照辐照度过曝情形，其对应于图 3.1-2 中的曲线 A（图 3.1-4 忽略了更精细的细节部分）。图 3.1-4 表明，当天顶距较大时，由于空气分子的散射，太阳光中的紫外线和蓝色部分在很大程度上会从太阳光谱中去除。相比之下，即使 $\theta\approx84°$（这意味着 $m_l\approx15$），太阳光的红外部分在地球表面几乎完全没有衰减。因此，地球表面的最大太阳能从蓝绿色光谱范围转移到了红色光谱范围。

被空气分子和气溶胶散射的辐射部分向后散射到高层大气（图 3.1-1 中的虚线箭头）并逃逸到太空中。这种反向散射辐射的一部分会发射到飞机或卫星中的传感器（图 3.2-1）上，称为路径辐射。散射到低层大气的部分称为漫天辐射（天空漫射，天空漫射辐射），会到达地球表面或被探测目标。因此，地球表面目标处的入射辐射由直接太阳辐射和漫射天空辐射组成。粗略的经验法则是，在无云条件下，漫射天空辐射占总入射辐射的 18%。穿过大气层衰减的直接太阳辐射和漫射的天空辐射发射到地球表面（图 3.1-1）后，会根据特定表面的光学特性进行反射。这种反射辐射，第 2 次穿过大气到达传感器，会生成所需的目标图像。不同的地球表面在不同的光谱范围内反射特性非常不同，表 3.1-1 中列出了光谱反照率的一些参考值。光谱反照率是所考虑的光谱域中反射辐照度［W/m²］与入射辐照度［W/m²］的比率。

表 3.1-1　不同地球表面光谱反照率参考值

谱域	裸露土地（干黏土）	植被（草）	雪（干）	裸露土地（湿黏土）
蓝色光	0.169	0.007	0.89	0.026
绿色光	0.268	0.051	0.906	0.049
红色光	0.329	0.040	0.91	0.041
近红外光	0.418	0.654	0.89	0.000

3.2　传感器处辐射

假设在平坦区域,发射到传感器的不同辐射分量如图 3.2-1 所示。在时间 t 检测到的目标上会存在直接辐射(E_{dr})和漫射辐射(E_{di}),直接辐射是穿过大气层后入射到地表的太阳辐射。如上所述,漫射天空辐射是由空气分子和气溶胶引起的散射过程产生,其是通过从主要方向散射而偏转的太阳光,会从半球的各个方向到达地表目标。这些分量($E_{dr}+E_{di}$)根据反射率 $\rho_{\Delta\lambda}$ 被反射,并在第二次穿过大气层后到达传感器(图 3.2-1 中的射线 2)。在它们第二次穿过大气层期间,E_{dr} 和 E_{di} 根据传输函数 $T_{\Delta\lambda,H}$(ΔH 表示传感器在地球表面上方的高度)受到一定损失。分量($E_{dr}+E_{di}$)包含了有关地球表面目标的所需信息。

$$L_{\Delta\lambda,\text{at the sensor}}=(E_{dr}+E_{di})\Delta\lambda\rho_{\Delta\lambda}T_{\Delta\lambda}\Delta H+L_{\Delta\lambda 0}+L_N$$

除了携带有关目标信息的分量外,其他辐射分量也会在时间 t 到达传感器,即所谓的路径辐射 $L_{\Delta\lambda 0}$(图 3.2-1 中的光线 1)和由相邻的像素反射的辐射 L_N(图 3.2-1 中的射线 3,也称为邻近效应或模糊效应)。分量 1($L_{\Delta\lambda 0}$)和 3(L_N)也会使图像变得模糊,它们也产生于散射过程。由于散射 $L_{\Delta\lambda 0}$ 会被引导至传感器,而未曾到达地球表面。作为相邻像素反射辐射量的一部分,L_N 由于散射也会在时间 t 入射到传感器(图 3.2-1 中的射线 3)。这些不需要的辐射成分对所需信号的贡献在蓝色光谱区域比在近红外区域强得多,因为空气分子的散射非常依赖于波长。此外,气溶胶的含量、尺寸及分布也有影响。

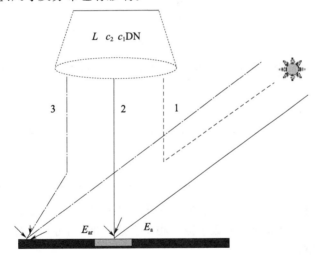

图 3.2-1　平坦地形上空到达传感器的太阳辐射分量示意图(Rese,2004)

表 3.2-1～表 3.2-4 为路径辐射($L_{\Delta\lambda 0}$)的贡献度以及在传感器前方的总体辐射 $L_{\Delta\lambda,\text{in front of the sensor}}$(气溶胶含量较低的中纬度夏季大气),数值针对不同的飞行高度给出。为了计算 $L_{\Delta\lambda,\text{in front of the sensor}}$,参考了表 3.2-1 中的反照率。

表 3.2-1　传感器前方辐射及不同表面上方的路径辐射(关于蓝色光谱通道(430～490 nm)并基于上文所提条件)

飞行高度/ km	路径辐射 $L_{\Delta\lambda 0}$/ ($\mu W/(cm^2 \cdot sr)$)	传感器前方水的 $L_{\Delta\lambda}$/ ($\mu W/(cm^2 \cdot sr)$)	传感器前植被的 $L_{\Delta\lambda}$/ ($\mu W/(cm^2 \cdot sr)$)	传感器前雪的 $L_{\Delta\lambda}$/ ($\mu W/(cm^2 \cdot sr)$)
1	55	124	73.6	2967

飞行高度/ km	路径辐射 $L_{\Delta10}$/ $(\mu W/(cm^2 \cdot sr))$	传感器前方水的 $L\Delta\lambda$/ $(\mu W/(cm^2 \cdot sr))$	传感器前植被的 $L\Delta\lambda$/ $(\mu W/(cm^2 \cdot sr))$	传感器前雪的 $L\Delta\lambda$/ $(\mu W/(cm^2 \cdot sr))$
3	140	209	154	2929
5	190	255	208	2921

表 3.2-2　蓝色光谱域(430～490 nm)路径辐射率占传感器前方总辐射率的百分比

飞行高度/km	水/%	植被/%	雪/%
1	44	75	1.9
3	67	91	4.8
5	75	92	6.5

表 3.2-3　不同表面近红外光谱通道(820～870 nm)的传感器前方辐射和路径辐射

飞行高度/ km	路径辐射 $L_{\Delta10}$/ $(\mu W/(cm^2 \cdot sr))$	传感器前水的 $L\Delta\lambda$/ $(\mu W/(cm^2 \cdot sr))$	传感器前植被的 $L\Delta\lambda$/ $(\mu W/(cm^2 \cdot sr))$	传感器前雪的 $L\Delta\lambda$/ $(\mu W/(cm^2 \cdot sr))$
1	9.9	9.9	1179.3	1627
3	21	21	1150	1582
5	25.4	25.4	1143	1571

表 3.2-4　近红外光谱域(820～870 nm)路径辐射占传感器前方总辐射的百分比

飞行高度/km	水/%	植被/%	雪/%
1	100	0.84	0.61
3	100	1.83	1.3
5	100	2.2	1.6

　　邻接效应的影响取决于气溶胶浓度,并且在很大程度上取决于场景的异质性和空间分辨率,这里不再详细讨论。如果使用的数字测量相机经过校准,则可以通过应用适当的软件来部分校正这两种干扰影响。

　　除了这些影响,物体本身由于大气中的光散射而变得模糊,因此点扩散函数(PSF)必须归因于大气。图 3.2-2 示意性地就此进行了说明:在理想光学假设下,从点 A 开始的光线在图像平面中的点 a 处成像;然而,如果光线在 S 点发生散射,因此在 b 点被检测到,这样似乎是从 B 点成像的,原本在 A 点的物体的照明产生了等价移动物体 A 到位置 B 现象,所以对象在图像平面中变得模糊。大气的 PSF 可以使用 2D 高斯分布近似

$$h(x,y) = \frac{1}{2\pi\sigma_{atm}^2} e^{-\frac{x^2+y^2}{2\sigma_{atm}^2}}$$

这里, x 和 y 是成像平面中的坐标。描述 PSF 宽度的均方根偏差 σ_{atm} 取决于大气参数,例如水蒸气含量、气溶胶含量、温度和风速。影响 σ_{atm} 的大气过程,用上述参数粗略描述的是大气散射、地表与空气分子及气溶胶之间的多次反射以及湍流效应。

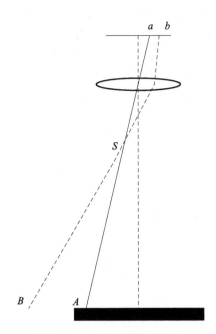

图 3.2-2　点扩散函数（PSF）

值 σ_{atm}^2 可以通过在测试地点上方的不同高度使用机载相机通过飞行实验来确定，现在已经开发出特殊情况下分量的第一种理论计算方法。

3.3　传感器场景对比度

上两节中，已经证明大气散射会损害摄影场景的对比度。通常场景的对比度 C 定义为

$$C=\frac{\rho_{max}-\rho_{min}}{\rho_{max}+\rho_{min}}$$

这意味着均匀表面场景上方成像的对比度为零。考虑到大气影响，场景的成像对比度 C' 为

$$C'=\frac{T_{max}-\tau_{min}}{\tau_{max}+\tau_{min}+\dfrac{2E_A}{E_ST}}\tag{3.3-1}$$

其中 E_A 是路径辐照度，乘以 π，E_S 是全局辐照度，示意图如图 3.3-1 所示。

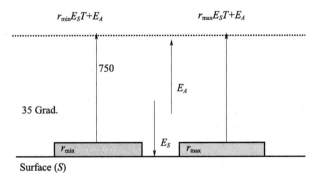

图 3.3-1　推导场景对比度 C'（考虑大气影响）的示意图

图 3.3-2 给出了关于确定场景对比度 C'（公式(3.3-1)和图 3.3-1)的概念分析,左侧的纵坐标给出到达机载传感器的路径辐射值,而透射比例显示在右侧,X 轴是飞行高度。计算是使用辐射传递代码 MODTRAN4 完成的——用于模拟夏季正午 48°N 和 15°E 的大气模型。此处假设郊区气溶胶的水平可以达到 23 km 的水平能见度——此假设表征大气非常干净,一并给出了蓝色光谱范围(430～490 nm)和近红外光谱域(820～870 nm)的计算结果。

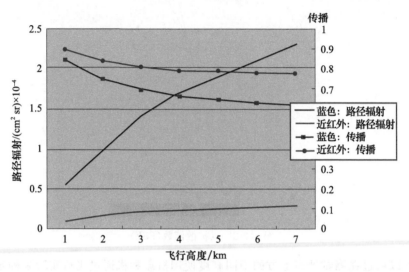

图 3.3-2 蓝色和近红外光谱域在不同飞行高度下的路径辐射和传输模型计算

因为在模型中选择了非常小的气溶胶浓度,所以图 3.3-2 再次证明了空气分子散射的影响强烈。地表的全局辐照度 E_s 包括太阳直射辐照度和漫射天空辐照度,该值取决于太阳的位置和大气条件(气溶胶、水蒸气),本章讨论通常忽略云的影响。

对于上面提到的大气模型,图 3.3-3 描绘了对比度的高度依赖曲线,并考虑了大气的影响,再次对蓝色(blue)和近红外(NIR)光谱区域的对比度 C' 进行了说明。使用的反照率取自表 3.1-1 的裸露土地和植被。

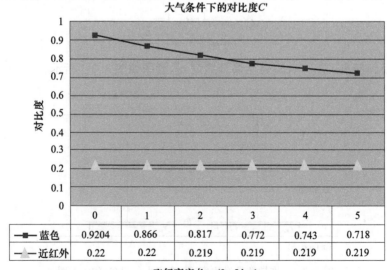

图 3.3-3 大气效应对裸露土地和植被场景对比度的影响(参见图 3.3-1)

3.4　双向反射分布函数 BRDF

到目前为止,在计算中已经使用了光谱反照率,其由两个辐照度的比率给出。辐照度总是指从大气(半球)入射或反射到大气(半球)的辐射,这种方法假设表面各向反射同性,这种反射率与视角无关的表面称为朗伯表面。自然表面通常不是朗伯表面:对于固定的太阳位置,自然表面的反射辐射取决于观察表面的方向,如图 3.4-1,虚线箭头表示观看方向;太阳有一个固定的天顶距离 35°。

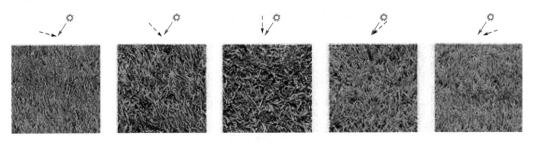

图 3.4-1　草的双向反射效果(RSL,2004)

如果要考虑反射的定向效应而不是反照率,应使用双向反射分布函数(BRDF)

$$\text{BRDF}\ (\lambda,\theta_S,\phi_s,\theta_v,\phi_v)=\frac{L_v(\lambda,\theta_S,\phi_s,\theta_v,\phi_v)}{E(\lambda,\theta_S,\phi_s)}\left[\text{sr}^{-1}\right] \tag{3.4-1}$$

在公式(3.4-1)中的符号具有以下含义:L_v 是单位面积,波长范围和立体角单元的反射辐射$[\text{W}/(\text{m}^2\cdot\mu\text{m}\cdot\text{sr})]$,$E$ 是每单位面积及波长间隔下的输入辐照度$[\text{W}/(\text{m}^2\cdot\mu\text{m})]$,$\lambda$ 是波长,θ 是天顶的距离,ϕ 是方位角,S 是太阳及 v 是观看者。

BRDF 的理论和现象在此不再赘述,读者可以参考文献(Schönermark et al.,2004)。然而,需要强调的是,当将在不同位置太阳下或不同飞行方向期间获得的航空照片拼接在一起以形成更大图像时,必须考虑 BRDF 效应。对于数字航空照片,简单的 BRDF 校正算法已被证明非常有用。

困难之处是大气条件根据光谱域、气溶胶浓度和飞行高度发生变化,从而"修改"或掩盖了地表的 BRDF 效应,图 3.4-2 讨论这种现象。

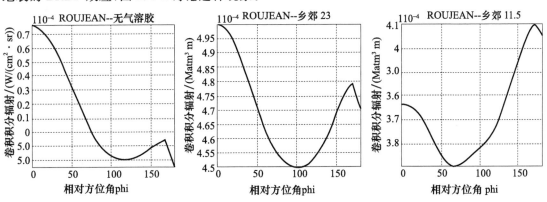

图 3.4-2　在离地 2.5 km 飞行高度下的辐射模拟测量

(参数为:7 月 21 日中午,苜蓿地上方,光谱域 775～825 nm)(Rössig,2004)

对于辐射计算,在近红外光谱域测量的离散 BRDF 值已通过使用模型(Roujean 模型)进行近似(拟合函数)。使用此模型和辐射传输代码 MODTRAN4,已计算出传感器(本例中为 ADS40)的预期辐射。在图 3.4-2 中,相对方位角标记在 x 轴上:0°到 90°的值表示背向散射区域(此区域描述了散射回太阳的辐射),90°到 180°的值表示表征前向散射。图 3.4-2 左侧的图描绘了无气溶胶大气的结果,由于空气分子引起的散射在近红外光谱域没有明显影响,所以该图描述了地表上方的反射辐射,即此处的研究选择了植被正上方的典型反射分布;中间的图像中,假设在郊区大气下气溶胶水平能见度为 23 km 情况下进行的辐射计算。可以看出,由于气溶胶的散射特性,后向散射减少,前向散射增加。这种影响随着气溶胶含量的增加而变得更加明显,正如通过模拟水平能见度仅为 11.5 km 的大气条件(右图)所证实的那样。

第4章　机载数字相机系统构成

摘要　基于前文讨论,可以说在镜头前面存在一个由散射辐射和场景部分反射组成的辐射混合场景。即使在几何表现方面存在限制,场景可以被视为现实对象的直接"图像"。考虑到 MTF(调制传递函数)和辐射表现(噪声、天空光线),此时的场景图像可视为间接图像,其可以表示为在整个被观察区域上延拓后的傅里叶变换(反射辐射可以解释为多个二维空间频率的总和)。

4.1　简介

无论以何种方式感知被摄物体,物体、大气和机载相机及其各种光学、机械和电子组件(所有组件基本上都是线性组件,从而组成更综合的线性系统)的聚合系统可以被描述为一个聚合线性系统,所以复杂的成像关系可简化为傅里叶空间中的简单计算操作(乘法而不是卷积)。

在本节中,会将机载数字相机及其各种组件视为一个系统,而不考虑任何特定设计。将讨论各组件操作所依据的原则以及对整个系统质量有所贡献的系统参数,主要包括相机方程(例如,光谱特性)、系统 MTF 和系统噪声等部分。

图 4.1-1 显示了机载数字相机的组成框图。到达镜头的辐射需要以最小的损失分解为相应光谱分量,并以数值压缩形式进行采样和存储以便进一步处理。图像和辐射在进入光学系统之前的退化已经在第 2 章和第 3 章中采用傅里叶空间中的 PSF(点扩展函数)和 MTF 以及噪声 σ^{phot} 以定量的方式进行了参数描述。

GPS 全球定位系统
POS 位姿测量系统
CCD 电耦合器件
FPM 焦面模块
FEE 前端电器

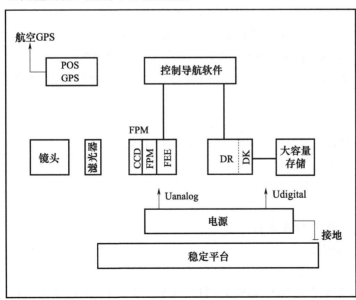

图 4.1-1　机载数字相机组成框图

参考由物体、大气和机载相机组成的整体系统中的所有组件,相机方程(2.2-8)—(2.2-15)描述了信号 S_i 在光电转换器元件 i 上的变化规律

$$S_i = I_K \int_{t_{\text{int}}} \int_{\Delta\lambda} [R_{\text{CCD}}(\lambda) \cdot T_{\text{Opt}}(\lambda) \cdot L_i(\lambda)\mathrm{d}\lambda + D_s]\mathrm{d}t \qquad (4.1\text{-}1)$$

其中 I_K 是依赖于相机的常数(焦距≤飞行高度)

$$I_K = \frac{\pi}{4} \frac{A_d \cdot \cos^x(\theta_i)}{K \cdot \left(\frac{f}{D}\right)^2} \qquad (4.1\text{-}2)$$

其中 t_{int} 为积分时间;$\Delta\lambda$ 为当前波长范围;R_{CCD} 为 CCD 的光谱响应度;T_{opt} 为镜头和滤光片的光谱透射率;L_i 为镜头前的光谱辐射流;D_s 为暗信号发生率;x 为"$\cos^4$ 定律"的透镜相关指数,$2 < x < 4$;θ_i 为像素 i 的视角;f/D 为 f-number 数;K 为 CCD 的转换系数;A_d 为探元面积;f 为焦距。

实际中,在所观察到的波长范围内会采用固定的积分时间和平均值,即,

$$R_{\text{CCD}}(\lambda) \cdot T_{\text{Opt}}(\lambda) \cdot L(\lambda) \approx R'_{\text{CCD}} \cdot T'_{\text{Opt}} \cdot L' \qquad (4.1\text{-}3)$$

(4.1-1)简化为等式

$$S_i = (I_K \cdot R'_{\text{CCD}} \cdot T'_{\text{opt}} \cdot L' + D_S)t_{\text{int}} \qquad (4.1\text{-}4)$$

探元 i 所得信号 S_i 是与暗信号 DS 相关探元及对应镜头前辐射量 L' 的函数。L' 包括从物体反射的光和对比度降低的天空光线反射的光(参见第 3 章)。温度相关暗信号 DS 由平均值和 DSNU 值(暗信号非均匀性)组成,应该减掉——其是一个依赖于结构性组件的系统误差项。因此,当相机被校准后,暗信号会被存储在校正值文件或校正存储器中(参见第 4.4、4.6 和 5.2 节)。

每个机载相机的目标是实现最佳的信噪比(SNR),以便能够在所有处理阶段处理尽可能保留有价值信息数据。信号链中有许多组件会产生一定的噪声,如果仅限于对噪声分量进行粗略分类,则 SNR 可以用

$$\sigma_{\text{camera}} = \frac{n_s}{\sqrt{\sigma_s^2 + \sigma_{\text{fp}}^2 + \sigma_{\text{rms}}^2}} \qquad (4.1\text{-}5)$$

其中 n_s 是在由信号 S_i 产生的、被 CCD 收集的电子数量,σ_s^2 是信号电子 n_s 的方差,σ_{fp}^2 为局部响应差的方差(固定模式噪声),σ_{rms}^2 是与时间相关的所有其他组件噪声的方差。

信号电子的数量与入射到相关光谱带的光子数量成正比。因此,信号电子的噪声也遵循泊松分布(见第 2.6 节),即

$$\sigma_s = \sqrt{n_s}$$

例如,CCD 及模拟数据通道的时间相关噪声(rms 噪声)包含
- 暗信号噪声(泊松分布);
- 复位和放大器电路的噪声("kTC 噪声");
- 电荷转移噪声;
- 其他噪声成分($1/f$ 噪声、热噪声);
- A-D 转换器的噪声响应。

第 4.4 和 4.6 节会进一步讨论。

产生固定模式噪声 σ_{fp} 的原因是各个探测器元件的响应度差异(光响应非均匀性,PRNU)以及朝向(广角)镜头焦平面边缘的光强下降($\cos^4$ 定律)。

图 4.1-2 显示了大约 5200 个元素的线阵 CCD(单条线阵或面阵中抽取的线阵)的输出信号典型曲线,其中心元素位于广角镜头光轴附近的焦平面上。

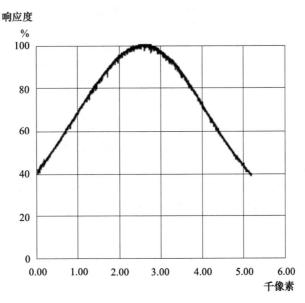

图 4.1-2　均匀照度下广角镜头焦平面内 CCD 线阵输出信号的典型曲线

图 4.1-2 中的曲线表示固定模式噪声 σ_{fp} 的两个部分——广角镜头后面焦平面上光强向边缘依 $\cos^4$ 下降和 CCD 元件的光响应不均匀性,这两个部分实际上都是系统性误差,但如果不加以判别和纠正,可以简单地视其为噪声。如果考虑选定某一具体 CCD 探元进行考察(例如靠近光轴的探元),若忽略该选定元件的 σ_{fp},将获得图 4.1-3 所示的 SNR 曲线。对于此 CCD 探元,这里假设饱和容量为 500000 个电子,σ_{rms} 为 200 个电子。

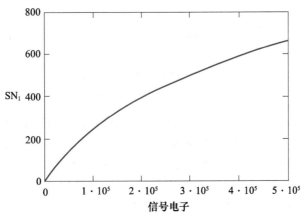

图 4.1-3　CCD 探元的调制-相关信噪比

(饱和容量 $n_s = 500000e^-$,$\sigma_{rms} = 200e^-$)

对于 $100000 \sim 500000 e^-$ 的饱和电荷,SNR 值为 267 到 680,分别对应 8 位和 9 位数值。但考虑到图 4.1-2 所示的真实情况,必须予以校正使得光强度下降到约 40% 处(这对应于 $FOV \approx 100°$),在数字测量相机的信号处理中,这通常是通过电子方式完成的(参见第 4.5 节)。

PRNU 的影响什么时候需要修正,精确度如何? 在 CCD 器件的数据表单中,PRNU 通常以特性曲线线性部分中低于饱和输出信号的百分比来指定。PRNU 产生的 CCD 元件响应度的固定模式噪声,由于电荷转移而变成与时间相关的噪声,可以表示为

$$\sigma_{\text{fp}} = \frac{\text{PRNU}}{100\%} \cdot n_s = \frac{\text{PRNU}}{100\%} \sigma_s^2 \tag{4.1-6}$$

根据 CCD 信号的实际 PRNU,可从(4.1-5)推导出

$$\text{SNR} = \frac{\sigma_s}{\sqrt{1 + \left(\frac{\text{PRIIU}}{100\%}\sigma_s\right)^2 + \left(\frac{\sigma_{\text{sms}}}{\sigma_s}\right)^2}} \tag{4.1-7}$$

假设已经对光强下降进行了修正,图 4.1-4 显示了给定完全调制的最佳 SNR,再次假设饱和电荷为 500000e⁻ 且 $\sigma_{\text{rms}} = 200e^-$。SNR 由输入辐射的光子噪声和 σ_{rms} 高达 0.02% 的 PRNU 决定。PRNU 的影响在 0.1% 的 PRNU 中占主导地位,由于当前 CCD 器件的 PRNU 值通常在百分之几的范围内,因此需要逐像素 PRNU 校正。例如,其可与在焦平面上朝边缘光强下降的光晕现象一起进行校正,以这种方式校正的信号可确保在相机的整个动态范围(D_R)上获得良好的 SNR 值

$$D_R = \frac{s_{\max} - D_S \cdot t_{\text{int}}}{\sigma_{\text{rmx}}} \tag{4.1-8}$$

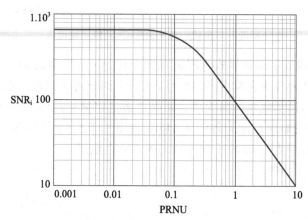

图 4.1-4　SNR 为 PRNU 的函数

(对于 $n_s = 500000e^-$、$\sigma_{\text{rms}} = 200e^-$)

图 4.1-5 给出了大约 12 位动态范围的图像,在图像的暗部或亮部无法识别噪声。

采用对比度传递函数 MTF 描述相机或传感器系统的空间分辨率质量效果最好,通过该函数使用卷积的数学运算可将各种影响因素之间的联系转换为频域中的简单乘法,此过程必须基于线阵子系统完成。关于 MTF 的基本原理、推导和相关数学工具参加章节 2.3、2.4 和 2.5。据此,相机在飞行方向上的 MTF 可表达式为

$$\text{MTF}_{\text{camera},x} = \text{MTF}_{\text{optics}} \cdot \text{MTF}_{\text{electronics}} \cdot \text{MTF}_{\text{LM}} \cdot \text{MTF}_{\text{PF}} \tag{4.1-9}$$

其中 LM 是线性运动,PF 是平台。从这里可以看出,影响飞行方向空间分辨率的各种分量已被综合成为一个简单的乘法方程式。

4.1.1　示例

为了进一步阐明成像 MTF 关系,这里以简化的相机系统为例进行参照说明,其中电子和平台影响的 MTF 项可以忽略不计,即它们假设常数值为 1。

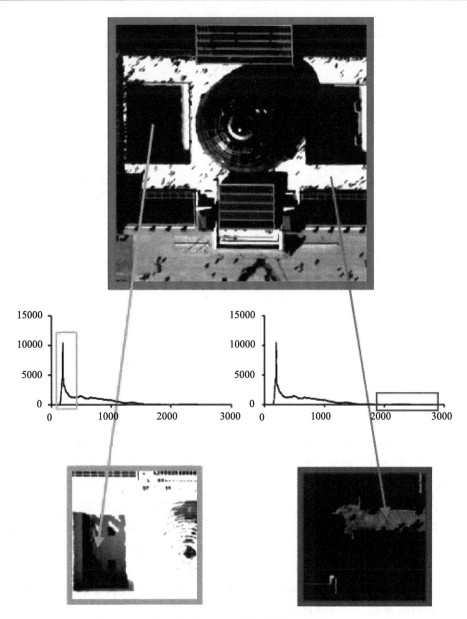

图 4.1-5　场景动态约为 12 位的柏林议会大厦(Reichstag)

MTFoptics 描述了三种组成成分：

- 出瞳处的衍射(衍射,参见第 2.4 节);
- 光学像差(像差,见第 4.2.11 节);
- 焦点偏差。

其他 MTF 分量与 MTFoptics 是相乘关系。

　　为了简化问题,可以考虑镜头已经过理想化校正和精确对焦(其 MTF 分别对应 1)。然后保留衍射项,在给定圆形入射光瞳的情况下,产生具有 $f\sharp$ 相关直径的艾里斑(参见第 2.4 和 4.2.13 节)。在图 4.1-6 中,MTFoptics 绘制的是 $f\sharp=1.2$ 情形。

　　飞行方向探测器单元的 $\mathrm{MTF_D}$ 由以下函数描述

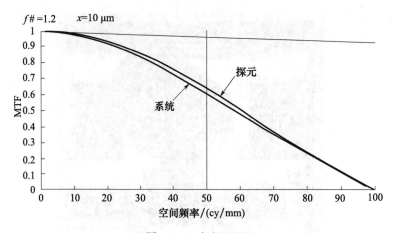

图 4.1-6　相机 MTF

(光学系统的 MTF 曲线,衍射受限为 f＃＝1.2,探元大小为 $x=10\ \mu\mathrm{m}$)

$$\mathrm{MTF}_D=\frac{\sin(\pi\sigma_x f_x)}{\pi\sigma_x f_x} \qquad (4.1\text{-}10)$$

其中 σ_x 是(矩形)探测器元件的扩展量,f_x 是空间频率(参见第 2.5 节),图 4.1-6 显示了 $\sigma_x=$ 10 $\mu\mathrm{m}$ 的相关 MTF。

在积分时间 t_{int} 期间发生的线性运动导致(4.1-10)所谓术语 $\mathrm{MTF}_{\mathrm{LM}}$,描述为

$$\mathrm{MTF}_{\mathrm{LM}}=\frac{\sin(\pi-\Delta x\cdot f_x)}{\pi\cdot\Delta x\cdot f_x} \qquad (4.1\text{-}11)$$

其中 $\Delta x=v\cdot t_{\mathrm{int}}$ 是积分时间内探测器元件在地球表面的投影所覆盖路径。如果 Δx 仍然小于 GSD 的 10％,则通常可以忽略线性运动的影响。这种情况在第 4.10 节中进行了描述,并在 图 4.10-4 中进行了说明。在另一方面,如果整个驻留时间 t_{dwell} 等于积分时间,即 $\Delta x=\mathrm{GSD}$,则 直线运动 $\mathrm{MTF}_{\mathrm{LM}}$ 变换为探测器 MTF_d,以此种方式导致的系统 MTF 降级不能再被忽略(参见第 4.10 节,图 4.10-5)。图 4.1-6 为由公式(4.1-9)给出的 $\mathrm{MTF}_{\mathrm{camera}}$——假定电子阵列、平台运动和 线性运动的影响可以忽略(由于 $\Delta x<0.2\ \mathrm{GSD}$),且采用无畸变、聚焦 $f\#=1.2$ 的透镜,同时探 测器单元大小为 $\sigma=10\ \mu\mathrm{m}$。$\mathrm{MTF}_{\mathrm{camera}}$ 为 MTFoptics 和 MTF_D 分量的相乘结果。

式(4.1-2)—(4.1-9)中涉及的理论会在下文展开论述。

在校准过程中会完成相机系统系统参数的确定,并记录相机的特定缺陷,并使用相关信息 系统性校正相机生成的几何与辐射数据(参见第 5 章)。

机载数字相机的另一个组件是电源(下文不会就此详述),其对机载数字相机输出数据的 质量也有很大影响。这里需要注意的是,电源系统的电压必须稳定且无串扰,这样模数信号处 理模块才能稳定工作;另外,电源接地系统要为相机和信号处理组件专门设计,其同样会对数 据质量产生重大影响。与所有其他硬件组件一样,电源系统也必须满足安全要求(抗冲击/碰 撞、电磁兼容性)及操作与存储条件(温度、湿度等),机载相机必须满足的操作条件(气压和温 度)要求见后面相关章节内容。

4.2　光学机理

摄影测量系统的任务是使用模拟光学技术拍摄地球上的 3D 场景,然后以模拟或数字形 式对其进行重建。为了满足航空摄影测量的高质量要求,要努力在信息损失最小的情况下进

行数据采集和重建过程。下面通过讨论光学成像中信息传输方面的相关内容来阐述如何在数据采集过程中实现这一目标,为简化起见,限制为一维对象的成像描述,再据此扩展为二维对象不会复杂很多。

考虑物体空间中大小为 D_{OBJ} 的物体,其是举例场景中的一部分,光线通过镜头在接收器(胶片或电子传感器)上成像。因此,生成的图像大小依比例因子 $V_{OBJ} = (D_{IMA}/D_{OBJ})$ 缩小为 D_{IMA}。由于物体处于空间域的三维空间中,而接收器只能在二维空间的焦平面上获取图像,因此从根本上已经存在初始的不可避免的信息丢失,为了将这种损失保持在限制的范围内,会使用传感器阵列对地面场景在不同方向上记录多次,这种构像配置导致可由航空相机拍摄得到立体影像,但此模式的成像优点会导致一定的数据处理复杂性。

如果更详细地考察光学系统,这里会进一步说明不可避免的信息丢失:一方面原因由光学的几何形状所致,另一方面是由于光的波动性所致。随着研究的深入,会发现只有通过大量的技术努力才能从光传输中得到最大量的可用信息。

4.2.1　几何影响

每个光学系统,即使是一个简单的光学镜头,根本上都是由所谓的"瞳孔"进行描述的。该术语指的是来自物体空间的所有光束都要通过的位置,类比人的眼睛——瞳孔指的是虹膜。对应光学镜头,如图 4.2-1 所示,则指代的是光圈(英文称为"stop")。

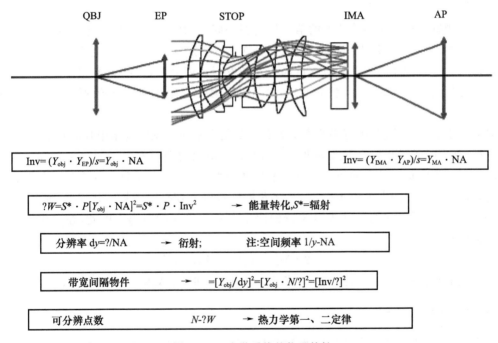

图 4.2-1　光学系统的物理特性

物方光线经由光圈通过透镜组(STOP 的左侧)成像在所谓的"入瞳"EP 处,再在对侧的像方(STOP 的右侧)通过透镜组在"出瞳"AP 处成像。因此,可以说,出瞳是入瞳的图像,其大小由"瞳孔放大率"定义,而这又取决于镜头参数。在简单镜头的情况下,EP、STOP 和 AP 位于同一位置,因此等同。

可见每个光学系统都要完成两项基本任务,特别是在传感器 IMA 处对物体 OBJ 成像,同时在 AP 处对 EP 成像。这两个图像具有不同的放大倍数,存在相互依赖关系。

如果 s 是物体 OBJ 和 EP 之间的距离,s' 是 AP 和 IMA 之间的对应距离,那么通过使用简单的光线构造,考虑瞳孔放大率下的物体缩放倍数,可得以下关系式:

$$V_{OBJ} = (Y_{IMA}/Y_{OBJ}) = (Y_{EP}/Y_{AP}) \cdot (s'/s) = 1/V_{pupil} \cdot (s'/s) \qquad (4.2\text{-}1)$$

这种关系由一定的物理规律决定,由此是否需要考虑严格要求物体与图像具备同样瞳孔?为了解决这个问题,这里先假定对一个点对象成像,假设物体在很宽的角度范围内发光,并且这部分光充满了镜头的 EP。如从图中点物体 OBJ 可知,孔径角的正弦定义为 EP 半径 $D_{EP}/2$ 与距离 s 的比值——称为物方"数值孔径"NA。在物方,有物场直径 D_{OBJ} 的乘积产生的量 $Inv = (Y_{OBJ}Y_{EP})/s$,对于像面,可以相同方式定义 $Inv' = (Y_{IMA}Y_{AP})/s'$。利用简单的几何图形结构可以证明这两个参数是相同的,因此得名"几何不变量"。

利用该不变量还可从物理方面对一个光学系统进行描述:如果将该量的平方并乘以物体辐射率 S,则可以确定从物体发射并入射在 EP 上整体引导到传感器的辐射量功率 ΔW(如果辐射量吸收可被忽略)。

因此,不变量对于确保能量守恒是必要的,光学系统从而满足热力学第一定律。但系统是否也符合第二定律——熵守恒,即需要对随机系统中的信息量进行考量?

$$\Delta W = S^* \pi/4^* [D_{OBJ}^* NA]^2 \sim Inv^2$$

4.2.2 光的波动性影响

如果希望解决从物体到传感器的信息传输相关问题,则还必须考虑光作为信息载体的波动性。每个物理波,甚至是水面上的水波,都会在某一固定物体以及诸如光学孔径之类位置处发生衍射。光入射到障碍物上的所有点都会重新发射球面光波,这些光波相互干涉并结合形成新的"衍射"波前(wave front,波阵面)。由于障碍物的干扰,衍射波前的形状与入射波的形状不同。

对应一定的光学系统,则有必要考虑瞳孔处的衍射效应。从物理学中我们知道,平面波在圆形孔径(如 EP)处的衍射会导致强度最大值和最小值出现在观察角 $\delta\omega = m \cdot 1.22 \cdot \lambda/DEP$ 处,其中 m 是衍射级,λ 是光的波长。第一个强度最小值在 $m = \pm 1$ 处。如果暂时忽略由圆形孔径的几何效应引起的无关因子 1.22,并将角展度乘以 s,那么对于物体分辨率,则有 $\delta y = s \cdot \delta\omega = \lambda \cdot NA$,这就是经典的被认为可辨析的两个对象点之间的距离。因此,在二维上光学可分辨的物点数为

$$N = [2 \cdot Y_{obj}/\delta y]^2 \sim [Inv/\lambda]^2 \qquad (4.2\text{-}2)$$

该公式的特征在于几何参数 Inv 与光波长的比值,即信息载体。

4.2.3 空间带宽乘积

出现在 N 定义中的分辨率 $1/\delta y$ 倒数的量纲对应空间频率 lp/mm,这就是为什么变量 N 也被称为"空间频率"积或更常见术语的"空间带宽"积。该值的有限性意味着一个事实,即每个光学系统只能传递有限量的信息,即达到可解析图像点上限。因此,为了传输尽可能多的光学信息,必须使用波长非常短的光和/或采用"快速"光学系统(即具有高 NA 值)。出于这个原因,用于制造具有亚微米范围结构的计算机芯片的现代光刻技术会使用极短波长的光(如"深紫外线",甚至 X 射线)以及 NA 接近最大值 1 的光学器件。这些高度复杂的系统是工程史上杰作,现在已经达到了技术可行性的极限。

有趣的是,N 依赖于 Inv 的同时也依赖于所获得能量的大小,即获得的能量和获得的信息之间存在一定关系,这显然遵从热力学第一、第二定律。不足为奇,因为光学原理源于热力学。Ernst Abbe 经常被认为是现代光学的创始人,克劳修斯和亥姆霍兹在柏林的教学研究工作确立了 19 世纪中叶光学与热力学之间的关系。"空间带宽"积在电子产品中也以类似于"时间-频率"积的形式而闻名,其是每个线性传输系统的典型特征,甚至以"不确定性原理"的形式出现在现代量子力学中。

这里会以航空摄影测量中的两个例子来对 N 值进行估计。在 ADS40 的情况下(见第 7 章),24000 个像素位于条带带宽方向,即垂直于飞机的航向。因此,该方向的光学"空间带宽"乘积必须等于或大于 24000。这个已经相当高的数字被高性能镜头所超越,例如 Leica RC30 胶卷相机,其镜头在 9 英寸见方胶片的整个像面内具有 125 lp/mm 的空间分辨率——该数字对应于 0.004 mm 的可分辨像素尺寸,导致在一个维度上对应可获得了 57000 个图像点,或者在胶片区域上获得了总共 3.2×10^9 个像素,这是底片在湿式显影过程之后的测量结果,该过程使分辨率降低了 50%。如果还进一步考虑到光学和乳剂薄膜的光谱分辨率,这个已经足够大的数字会进一步增加 100~1000 倍。

4.2.4　主光线

在更详细地描述成像过程之前,需要从某一物点在光开始传导的方向上定义光束中的主光线。术语主光线(principle or chief ray)通常指射中 EP 中心(即在光轴和 EP 平面之间的交点处)的光线。该光线表征了光束中光强度分布的重心——至少在校正良好的光学系统中是这样。因此,在任何位置上始终可通过跟踪物体和传感器之间的主光线找到相关物理强度最大值。如下文所述,如果想要从获取的 2-D 传感器数据计算回 3-D 物方,这一点就很重要。

4.2.5　物理成像模型

基于上述论述,可对成像过程进行物理描述和数学建模。在第一步中,EP 被物体发射的辐射照亮。为此目的,可考虑由物点发射的光波。如果物体距离光学器件很远,则该波作为平面波到达 EP,如果物体更近些,则作为球面波到达 EP。然而,波前可能已经被大气一定程度上扭曲。

EP 中的波前由光学系统进一步传输到 AP。同样,物理机制是波传播问题,但会被每个单透镜孔径的衍射造成一定程度破坏。因此可以得出结论,当到达 AP 时,不仅波前的直径发生了变化,如瞳孔放大倍数所示,而且由于像差,波前的形状也发生了变化。这些像差可能是由于不完整的光学设计、镜头表面的制造缺陷、玻璃的不均匀性,甚至是由镜头机械座架的偏心安置所造成。以这种方式畸变的 AP 中的波前在自由空间中向前传播到图像平面,在传感器处,来自所有同相物点的入射光振幅相干干涉,即相加在一起。人们最终观察到的航拍图像的强度是通过对幅度分布进行平方来获得的,这实际上是由人的眼睛或传感器完成的,两者都是相位不变的。

图像平面中的强度分布应该类似于空间物体的几何结构,尽管必须接受由于像差和衍射效应造成的退化。强度分布也可乘以传感器灵敏度函数以获得确定的传感器信号(胶片灰度值或电信号)。

因此,整个物理学成像过程完全由衍射现象描述。每当设计一个光学系统时,设计者都应该对成像过程进行定量建模。为了降低复杂性,衍射效应只考虑两个突出的自由空间光传播,即从物体到 EP 及从 AP 到传感器。从 EP 到 AP 的复杂光传输是通过光线跟踪计算来处理的，这是一种在大多数情况下非常适合的近似值计算。

如果光学系统引起的像差相当小，则可以使用光波前的 2-D 傅里叶或菲涅耳复数变换来很好地近似描述衍射数学。

在无像差系统的理想情况下，物点的最大图像强度发生在主光线与传感器平面相交的位置处。反过来，这将使得能够仅用"主光线"来计算整个成像过程，从而明显降低复杂性。这种情况也适用于逆过程：根据传感器上图像点位置，在已知瞳孔位置条件下，可以使用主光线计算回物体对象。由于能量以主光线为中心，这种逆向变换在物理上是合理的。

综上所述，这里不仅在图像质量方面对光学系统提出了严格要求，而且还可通过简化的数学形式对光学系统进行建模，从而可从图像数据完成物体结构重建。

4.2.6 高性能光学系统的数据传输率

既然已经概述了成像机制的物理原理，有必要对作为信息处理器的镜头性能进行估计。为此，要考虑从 AP 到传感器平面的波前的二维傅里叶变换。二维傅里叶变换等效于二维相关，这是图像处理中最常用的数学运算。对于 RC30 航摄相机上的 UAGS 等大画幅镜头（图 4.2-2），该操作大约需要 1 ns，相当于光从 AP 离开到像面 30 cm 左右的传播时间。如果对上述 3.2×10^{12} 空间像素和光谱像素同时进行此操作，则要以 3.2×10^{21} 像素/s 的数据速率执行复杂的数学运算，这说明了光学并行处理器的巨大潜力，其是一种完全超越任何电子数字系统的数据速率。光学的问题在于电子学，光学科学家需要电子学来写入和读出信息。

图 4.2-2　Leica RC30 航摄相机 UAGS 镜头
（配套 9 英寸方形胶卷安置框，尽管视角很大，但请注意镜头中间 AP 的圆形外观）

4.2.7 相机常数和"针孔"模型

如果将像素的"主光线"从 EP 反向扩展到物方以确定未知对象点，则每个光学成像模型都可以通过反转以得到合理的物理成像公式。通过这种方式,可以将整个光学系统简化为 EP 中的一个"小孔"(即常说的"针孔")。如果将传感器上图像的位置等效转移到距 EP 距离为 c 的平面,并且将光线从该平面绘制到 EP,则获得主光线的方向。距离 c 称为相机常数,大约等于聚焦在"无限远"的镜头焦距,这个常数必须使用特殊的校准测量仔细确定。由于畸变、渐晕和像差效应,可能会针对不同像素位置产生轻微差异,因此必须能够在相机验收证书中针对不同视场角有所反映。如图 4.2-3 中,给出了在超广角镜头上大视场角位置上的相机常数。

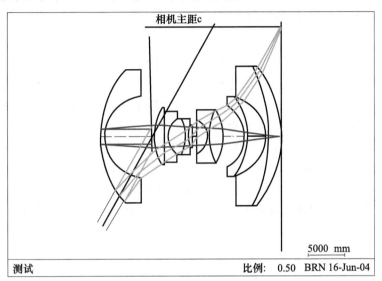

图 4.2-3　120°视场广角镜头相机常数

4.2.8　入瞳特征

下面讨论与瞳孔相关的几个关键光学特性,包括:透视、色彩保真度和视场中的辐射平衡。

4.2.8.1　透视

尽可能清晰地聚焦在传感器上的图像点与物方中的对象点一一对应,在可清晰成像的对象点前后的其他对象点理应在该图像点的前后被清晰地成像。由于这些对象点的光束来自同一个 AP,所以其会入射到传感器的不同位置点,这种给人视觉上的图像透视感本质上是主光线方向的函数。摄影透视的性质会受到瞳孔位置的显著影响,在图 4.2-3 中,两个瞳孔均在系统内部,所以可获得"自然"的中心透视。

对于某些数字测量相机,情况有所不同,会有意识使得 AP 朝向"无限远"定位,以便所有主光线都以直角入射到传感器上。这些"远心"光学元件在测量仪器中最为常见,如果物体深度略有变化,可以在一定程度上允许图像清晰度下降,但不能允许图像位置的变化。透视的形式是平行式的而非中心式的。

4.2.8.2　光谱成像

在后面第 7 章中描述的 ADS40 机载数字航空相机系统示例中,采用远心光线路径的主要原因是传感器平面前的干涉分光器和滤色器的级联所致。滤色器由大约 100 层薄薄的气相沉积涂层组成,以实现陡峭光谱带通规格要求。如果 AP 位于"有限"位置,则每个像素的光束将以不同的角度入射到滤色器上,由于滤光器涂层的响应随入射角而变化,因此这种几何形状会偏移光谱边缘的位置,由此产生的颜色偏移可以通过软件进行校正,但这种软处理方式存在很大的风险性,也是对原始成像数据的非必要操作。随着现代数字测量相机用于定量"遥感"测量的增加,与像素相关的光谱偏移意味着信息的显著损失,因此是不可接受的。对于"无限远"的 AP,所有光束都以直角入射到滤光片涂层上,因此所有像素都受到相同光谱条件的影响,从而无需进行校正。

另一方面,胶片镜头不需要远心方式成像,因为分色发生在胶片材料内。这种情况有利于经典的、高度对称的镜片设计,其更易于"依设计"进行矫正。

4.2.8.3 图像的辐射均匀性

如下所示,对于简单的光学系统,辐射量适用所谓的 $\cos^4$ 定律(此定律定义了从图像中心到边缘的光强度降低规律)。对于最大视场角为 $45°$ 的镜头,这将导致图像边缘的亮度降低至中心值的 $\cos^4(45°)=0.25$。这种亮度降低大小在实践中是不可接受的,其会导致过度限制胶片的动态范围。因此,光学设计者通常会付出了相当大的努力来设计瞳孔的位置和大小,以便在很大程度上减轻整个像场的强度下降。徕卡 UAGS 镜头的瞳孔设计保持透视无关性,效果出色(如图 4.2-2),代替 $\cos^4$ 相关性亮度,实现了大约 $\cos^{1.2}(45°)=0.66$ 的边缘衰减函数,这是一个显著的改进。在图 4.2-4(a)、(b)中,展示了两种镜头类型,左侧是用于数字测量相机的远心系统,右侧是具有有限瞳孔位置的 Leica RC10 航摄相机 UAG-F 镜头光路。

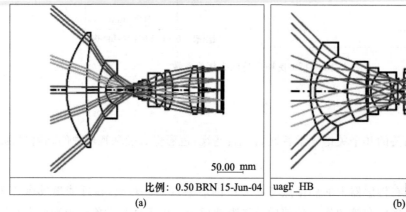
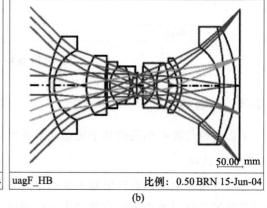

图 4.2-4 (a)远心镜头(AP 在无限远);(b)镜头在有限距离的 AP

4.2.9 设计和制造

大画幅摄影测量镜头的典型规格为

- 视场 $±30°\sim60°$
- 空间分辨率 $120\sim150$ lp/mm
- 光谱范围 $420\sim900$ nm
- F 数 $\leqslant4$
- 图像亮度均匀分布
- 热稳定和压力稳定
- 胶片相机:整个 23 cm 像场的几何畸变 $\leqslant±2$ μm(如 RC30)
- 数字测量相机:像方远心光路,即无限远的 AP(如 ADS40)

高性能光学系统一般由 12～14 个透镜片组成。为了满足上述苛刻的规格要求,需要在"光学设计办公室"进行全面的设计工作。同时,使用特殊的计算机程序来模拟所有可能的制造错误,以便可以向光学工厂指定允许的制造公差,同时也要研究温度和气压等环境波动对光学质量的影响。

一个好的设计在公差方面总是稳健的,其中使用的玻璃最为关键,肖特、大原等大型制造商在此方面的工艺十分出色,每个镜片使用的玻璃材料都要经过光学测试后才能送达光学工厂进行加工,所有关键的光学数据(例如多个光谱波长的折射率和均匀性等)均以测试报告的形式提供。一旦所有未加工的玻璃到齐后,"原始设计"将据此再次进行优化,玻璃镜片的厚度也会重新计算。有了这些更新的数据,在光学工厂随即开展镜片制造工序,所有测得的镜片厚度数据连同表面形状的测量值会一起汇总给设计办公室,并再次优化透镜或透镜组之间的空隙间距,用于安置透镜或透镜组的机械座架可用测量数据也用于优化过程。有时,如果制造公差超出可用预计限差,会在"最终透镜"的表面半径作"最后一搏"从而希望达到预期性能。

透镜厚度的典型制造公差为 0.010 mm,空气间隙距离为 0.005 mm,偏心角为几角秒。这些公差需要对生产过程进行极其严格的控制,其取决于所使用工具和仪器的质量。对于处于可行性极限的系统,心理因素同样起着重要作用,通常需要制造团队对镜头系统的性能要求达成共识。

成品镜片系统在生产后会在实验室中进行测量,期间会检查并记录 MTF、分辨率和畸变等参数。通常需要在最终满足所有验收条件之前再次调整两个空气间隙距离。

4.2.10　图像几何特性

在本节中,将讨论近轴光学的常见关系及其在航空摄影条件下的应用。

4.2.10.1　焦距和焦深

任何光学系统中的一个基本量是焦距(f)或其倒数,该值代表了系统的光学屈光力。焦距表示无限远入射光束穿过透镜的会聚焦点相对于透镜的位置距离。镜头的焦距越短,其将光带入焦点的光焦度就越大。焦距的选择取决于图像尺寸和视场角,文艺复兴时期就给出了关于此量的透镜公式(4.2-3):

$$\frac{1}{f} = \frac{1}{g} + \frac{1}{b} \tag{4.2-3}$$

其中 f 是焦距,g 是被摄体距离(航摄条件下指飞行高度 h_g),b 是像距(航摄条件下即为焦平面的位置)。

在从无限远成像的情况下,像距会等效变成焦距

$$f/h_g \rightarrow \infty = b$$

但是在有限高度的"正常"飞行高度下意味着什么? 对式(4.2-3)进行转置后,最佳像距 b 的位置(常规焦平面位置)为

$$b = \frac{f \cdot h_g}{h_g - f} \tag{4.2-4}$$

对于给定的焦距,图像距离(即最清晰成像的平面位置)取决于飞行高度。由于机载镜头、图像锐度在飞行过程中不太容易调整,因此相机的设计原则是必须使得在已定义的像距范围内确保足够的图像锐度。焦深所需的容差范围取决于飞行高度范围,焦距选定后变可对其确定,如图 4.2-5 所示。

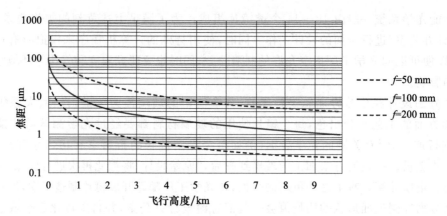

图 4.2-5　对于相机所选定焦距需要改变像距以优化镜头的焦平面位置使得对于不同飞行高度清晰成像

　　此外，像距也是温度的函数，因为体积膨胀会导致透镜特性发生变化。相机腔内气隙也随温度变化，尤其是镜头卡口和外壳组件的膨胀系数具有决定性的影响。温度的影响取决于透镜设计，可通过使用具有不同膨胀系数的材料进行组合很大程度可予以补偿。许多航拍镜头具有热适应性，见图 4.2-6。

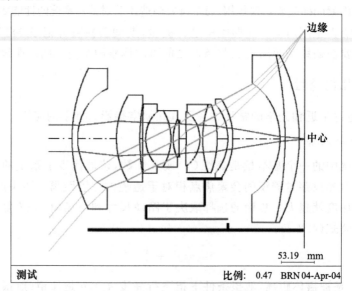

图 4.2-6　热适应性（消热性）

（此处显示的镜头分布排列相对机体可沿光轴移动，每摄氏度所需的偏移量可利用两种偏移材料
（如铝和因瓦合金）的长度比进行调整（这是钟表制造师的传统技巧））

　　进一步还必须补偿气压 P_{Air} 的影响，气压会影响空气的折射指数，其随着飞行高度的增加而减小。图 4.2-7 显示了大气压力对飞行高度的依赖关系，根据下式，气压随飞行高度呈指数递减

$$P(H)=1013\text{hPa}\cdot e^{-\frac{H}{7.991}} \tag{4.2-5}$$

折射率的相对变化取决于给定温度下的气压，如图 4.2-8 所示。

　　然而，温度和气压对整个系统焦深的影响在很大程度上取决于相机的实际结构、使用的材料和镜头设计。关于镜头的非热设计已经很大程度地说明这一点，不可能给出一个普适的通用公式来消除这些成像影响因素（例如作为飞行高度函数的被摄体距离是动态变化的）。但是

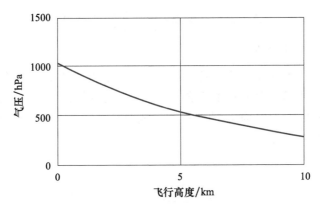

图 4.2-7　气压对飞行高度的依赖性

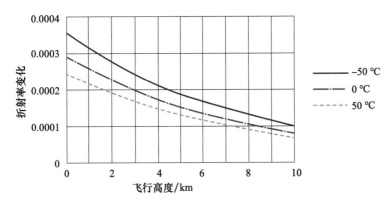

图 4.2-8　−50 ℃、0 ℃和 50 ℃温度下空气折射率随飞行高度的相对变化

（取决于高度的气压）

要清楚这样一个事实,即图像距离是飞行高度 H、温度 T 及与高度相关的气压 P 的函数:

$$b = f(H, T, P) \tag{4.2-6}$$

因此,镜头必须足够稳固以承受所有诸多影响,以便在真实或假设条件下产生足够清晰的图像。在 Leica（2003）中可以找到对热问题的现代处理方式和方法,尤其是对非平稳热条件的定量处理。

4.2.10.2　传输功率和 f 数

摄影测量镜头的命名通常有种神秘感,例如徕卡的 15/4 UAGS 或 30/4 NATS。第一个数字(此处为 15)表示焦距(以厘米为单位),第二个数字是 f 值,它是衡量镜头传输能力的指标,即物镜接收的光束的能力,如前所述,数值孔径 NA 或 NA' 是构成该参数的一部分,所述 f-number 定义为

$$f\sharp = 1/(2 \cdot NA') = s'/(2 \cdot Y_{\mathrm{AP}}) \tag{4.2-7}$$

如果图像设置为无限远,则 $f\sharp$ 变为 $f/(2 \cdot Y_{\mathrm{EP}}) = f/A$,其中 A 是 EP(入瞳)的直径。f 值越小,光学系统越“块”,即其传输功率越大。有一种说法是,f 值是根据第一镜头的焦距与直径之比计算出来的,其实只有当 EP 位于前镜头时这种算法才是正确的。这种情况通常只适用于普通摄影镜头,但对于摄影测量镜头不够严谨和准确。孔径比也常用作 f 值的倒数,例如若 $f = 100$ mm 且 $A = 25$ mm,则:

$$A : f = 1 : 4 \text{ 或者} \frac{f}{A} = \frac{100 \text{ mm}}{25 \text{ mm}} = 4$$

4.2.10.3 镜头和图像方的角度

下面讨论一些具有实际操作性的光学特征参数。参考图 4.2-9,其为单个镜片的理想情况,理想情况下两个瞳孔会在镜片中心重合。若镜头设置为"无限远",则会使得像平面和镜头中心之间的距离为焦距 f,直径为 D 的圆形物场成像在直径为 d 的图像阵列上,图中绘制的光线即是大家熟悉的主光线。

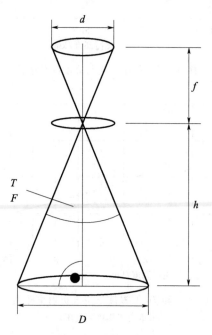

图 4.2-9　部分镜头参数示意

由截距定理有

$$\frac{f}{h_g} = \frac{d}{D} \tag{4.2-8}$$

比率 f/h_g 对应于图像比例。限制物场直径的物方光线总视场 TFOV 为

$$\text{TFOV} = 2\arctan\left(\frac{D/2}{h_g}\right) \tag{4.2-9}$$

对应于像方有

$$\text{TFOV} = 2\arctan\left(\frac{d/2}{f}\right) \tag{4.2-10}$$

但是,通常不会使用圆形乳剂薄膜胶片在焦面成像,数字相机也是如此,会采用矩形图像幅面的固态探测器(例如面阵 CCD)作为焦平面成像,图 4.2-10 示意了使用最大图像直径的方形图像幅面情形。

根据勾股定理

$$d^2 = (2a)^2 + b^2 \tag{4.2-11}$$

在正方形图像的情况下,$d^2 = 2b^2$。因此,正方形图像大小是 $b \times b$,其中 $b = \sqrt{\dfrac{d^2}{2}}$。

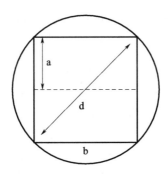

图 4.2-10　视场的图形说明

4.2.10.4　示例

像素间距为 9 μm 的 4096×4096 面阵图像阵列的图像直径必须为

$$d = \sqrt{2b^2} = \sqrt{2718 \text{ mm}^2} \approx 52 \text{ mm}$$

由面阵中的一条线阵列或长度为 1 的线阵探测器定义的视场（FOV）为

$$\text{FOV} = 2\arctan\left(\frac{l/2}{f}\right) \tag{4.2-12}$$

图 4.2-11 给出了视场 FOV 如何随焦距进行变化。假定该 CCD 线阵的长度 l=78 mm 恒定，对应 12000 个探元，探元间距 x=6.5 μm。

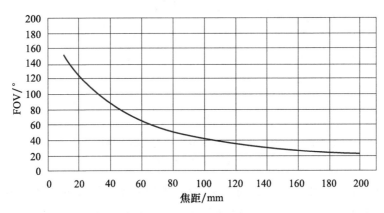

图 4.2-11　视场取决于镜头的焦距 f
（跨轨探测器尺寸为 78 mm,12000 探元,σ=6.5 μm）

CCD 线阵相机的立体角 γ 取决于立体线阵与"下视线阵"的距离 a，即图像中心视线朝向下方的线阵（图 4.2-12）。

$$\gamma_z = \arctan\left(\frac{a}{f}\right)\sqrt{a^2 + b^2} \tag{4.2-13}$$

可以更一般地将 γ_z 视为两条平行线阵的会聚成像角（图 4.2-12）。在线阵密集的情况下，这会引起一定的干扰性，在红色、绿色和蓝色 CCD 线阵滤光片并排排列的情况下，如果不使用特殊措施以普通 IFOV 照射它们，则会在陡峭边缘处形成干涉条纹（参见第 7 章）。

在面阵相机中，会聚成像角 γ_M 是重叠 o 的函数，因此有变量

$$\gamma_M = \arctan\frac{s(1-o)}{f} \tag{4.2-14}$$

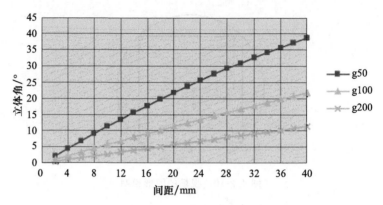

图 4.2-12　会聚成像角与下视 CCD 线阵间距的函数关系
（焦距分别为 50 mm、100 mm 和 200 mm）

公式(4.2-14)中，s 是面阵在飞行方向上的格式宽度，f 是镜头的焦距。

图 4.2-13 为具有 $4k \times 4k$ 面阵（$9\ \mu\mathrm{m}$ 像素间距），焦距为 15 mm、25 mm 和 35 mm 焦距相机的 γ_{M} 范围。

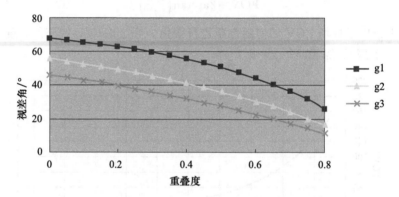

图 4.2-13　面阵相机的会聚成像角范围是重叠度 o 的函数
（焦距为 15 mm、25 mm 和 35 mm）

三线阵立体成像相机的两个立体角不必相同，即为两条立体线阵选择的距离下视线阵可以不同，镜头所需的总视场（TFOV）则取决于更大的立体角。以下等式用于根据已知 FOV 和 $\gamma_{\max}$ 来计算 TFOV

$$\mathrm{TFOV} = 2\arctan\left[\tan^2\frac{\mathrm{FOV}}{2} + \tan^2\gamma_{\max}\right]^{\frac{1}{2}} \tag{4.2-15}$$

因此，图像阵列直径为

$$d = 2 \cdot \sqrt{\left(\frac{l}{2}\right)^2 + a_{\max}^2} \tag{4.2-16}$$

或者也可以

$$d = 2 \cdot f \cdot \tan\frac{\mathrm{TFOV}}{2} \tag{4.2-17}$$

因此，下式适用于瞬时视场（IFOV）计算

$$\mathrm{IFOV} = 2 \cdot \arctan\frac{x}{2f} \tag{4.2-18}$$

式中 x 是 CCD 探元的边长。为简单起见,可将像素视为正方形,其中边长和像素中心之间的距离必须相等。鉴于当今的工艺水平,用于分离 CCD 探元的光学活性区域所需的中间空间可小到忽略不计。放置在光学活性区域中的微透镜也收集来自该区域的光,从而为 CCD 线阵或 CCD 面阵内的 CCD 探元的光学活性区域提供几乎为 1 的填充因子(图 4.2-14)。这种方法并非没有风险,因为它还会将地面对应元素之外的不需要的额外光带到其他传感器像素上。

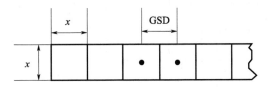

图 4.2-14　CCD 线阵的像素阵列示例

此处线阵的 FOV 和 IFOV 角度大小以度和毫弧度表示,这些单位很容易与弧度进行相互转换:1 弧度≈57.3°。

4.2.10.5　幅宽和基线长度

下式适用于视场覆盖的扫描带宽(S)计算

$$S = l \cdot \frac{h_g}{f} \tag{4.2-19}$$

图 4.2-15 说明了飞行高度 $h_g = 3000$ m 时的扫描带宽,它是焦距(f)的函数。

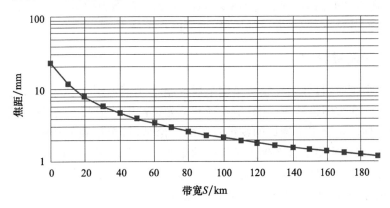

图 4.2-15　在给定的恒定飞行高度 $h_g = 3$ km 下,作为焦距函数的扫描带宽 S

(跨轨探测器尺寸为 78 mm,12000 像素,$\sigma = 6.5$ μm)

对于给定的线阵长(l)和焦距(f),由幅宽宽高比即可计算出与给定飞行高度相关的幅宽宽度

$$\frac{S}{h_g} = \frac{l}{f} \tag{4.2-20}$$

立体基线长为 B,由 CCD 线阵间的距离(a)(见图 4.2-10)投影到地面表示为

$$B = a \cdot \frac{h_g}{f} \tag{4.2-21}$$

对于给定的线阵间距(a)和焦距(f),基线与摄影高度的比反映了给定飞行高度与基线长度。

$$\frac{B}{h_g} = \frac{a}{f} \tag{4.2-22}$$

4.2.10.6　GSD(Ground Pixel Size)

CCD 探元在地面的投影大小取决于焦距和飞行高度(图 4.2-16),公式为

$$X = x \cdot \frac{h_g}{f} \tag{4.2-23}$$

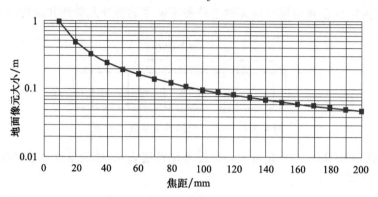

图 4.2-16　距离地面 3 km 飞行高度下的 GSD 关于焦距的函数

如果把像素中心点想象成采样点,则 GSD 就是地面上的采样距离,如果选择飞行方向上的采样点使得地面扫描线之间没有间隙,则 $\text{GSD}_x = \text{GSD}_y = X$。

在 x 方向选择的 GSD 可以与 y 方向不同,当飞行方向上的积分时间长于像素对应地面范围 $x(t_{\text{dwell}})$ 飞行所需的时间时,即获得 $\text{GSD}_x > \text{GSD}_y$ 的矩形地面像素。如第 2.5 节中表明,为了获得更高的地面分辨率,两个方向的 GSD 也可以小于像素大小。

4.2.11　像差和配准精度

在设计光学系统时,目标是在整个图像平面和整个光谱范围内确保所需的图像清晰度和正确的图像位置。在大图像阵列、大数值孔径和宽光谱范围的情况下,就需要通过多个镜头集成来实现这一目标。包含多个透镜的物镜系统的悖论是,每个单独的透镜必须产生不适当的图像,通过多透镜组合才能综合产生满足规格的图像。尽管使用了现代计算机程序,但设计师的经验仍然不可或缺。关键问题不仅是要最小化光斑直径,还要考虑光斑的精细结构,通常将其分为四种单色像差(图 4.2-17)和两种彩色色差(图 4.2-18)。

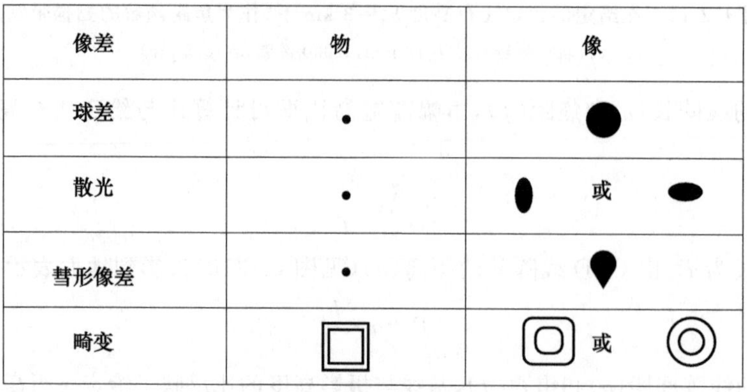

像差	物	像
球差	·	●
散光	·	● 或 ●
彗形像差	·	●
畸变	▢	▣ 或 ◉

图 4.2-17　单色像差的类型

实际中存在的更高阶像差,可能是上述两种单色或彩色像差的组合。校正此类像差很重

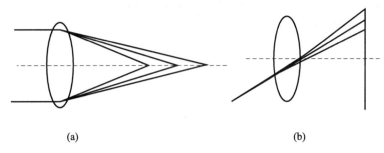

图 4.2-18　彩色色差类型
(a)纵向,(b)横向

要,因为如果物体失焦,则会不依比例地降低图像质量,而且颜色迷乱会对人的视觉系统在观测上造成很大干扰和影响。

通过以适当的方式塑造透镜并选择适当类型的玻璃,可将像差降至最低。不同类型玻璃之间色散的差异可用于校正颜色或消色差。可以使用胶合透镜通过改变胶合半径来校正色差,这是因为作为玻璃/玻璃组合,其折射能力比玻璃/空气过渡型的折射能力弱,所以不同的色散会产生更强的影响。

外围透镜(即远离瞳孔的透镜),通常用于校正畸变,畸变被定义为与理想高度 Y_r 的偏差,Y_r 是像平面中与光轴的径向距离,其中 ϕ_r 是视场角度

$$Y_r = f \cdot \tan\varphi_r + d(畸变) \tag{4.2-24}$$

在基于胶片的相机中,无法校正胶片畸变,因此在开发镜头时需要高度的畸变校正。相比之下,在数字测量相机中,如果通过几何校准知道精确的畸变值,则可以通过软件校正畸变。通过计算可以对高达 5% 的相对畸变予以补偿。畸变呈枕形还是桶形都无关紧要,这有助于机载数字相机的镜头设计。

相机校准时测量的校正数据,存储在相机计算机中,用于校正图像产品,必须适用飞行高度、气压和温度等所有外部条件,以保持校正的有效性。任何误差影响都必须经在镜头计和"镜头滤镜焦平面"系统设计范围内,从而以遵从所需影像配准精度的方式进行补偿(如与参考值的偏差≤pixel/5)。

表 4.2-1 总结了在本节中定义和讨论的参量。

表 4.2-1　焦距为 f 的机载数字相机镜头的关键几何特性列表(跨航迹方向上的探测器范围为 l_y,正方形探元大小为 x,线阵相机情况下的线阵距为 a;探元在飞行方向上的范围 s,面阵相机的情况下重叠度为 o)

FOV	$2 \cdot \arctan\left(\dfrac{l_y/2}{f}\right)$
IFOV	$2 \cdot \arctan\left(\dfrac{x/2}{f}\right)$
带宽(S)	$l_y \cdot \dfrac{h_g}{f}$
像素地面大小(X)	$x \cdot \dfrac{h_g}{f}$
立体角(γ_s)	$\arctan\left(\dfrac{a}{f}\right)$
立体角(γ_M)	$\arctan\left(\dfrac{\varepsilon(1-o)}{f}\right)$

续表

基线长(B)	$a \cdot \dfrac{h_g}{f}$
扫描带宽与高度比(S/H)	$\dfrac{l_y}{f}$
基线长高比(B/H_g)	$\dfrac{a}{f}$
基线长高比(B/H_M)	$\dfrac{s(1-o)}{f}$
总视场(TFOV)	$2 \cdot \arctan\left(\dfrac{d/2}{f}\right)$
图像阵列直径(d)	$2 \cdot f \cdot \tan\dfrac{\text{TFOV}}{2}$

4.2.12 辐射特性

透镜的辐射特性包括作为波长和视场角函数的光谱透射率、杂散光的抑制和光的去偏振等。

4.2.12.1 光谱透射率

透镜的光谱透射率取决于玻璃材料的吸收行为和玻璃表面的反射率。一般来说,除了波长低于 450 nm 的蓝色光谱范围(图 4.2-19)外,在可见光和近红外光谱范围内,波长低于 1000 nm 的玻璃的体吸收并不严重。在这个光谱范围内,现在所有主要制造商生产的无铅玻璃比先前类型的含铅玻璃吸收更多光谱能量。对于具有许多透镜元件的物镜,这可能会导致严重问题。

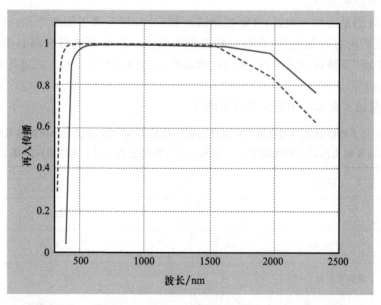

图 4.2-19　厚度为 25 mm 的肖特玻璃 SF14、K5 的光谱透射率

因此,制造商试图在玻璃元件表面使用特殊的抗反射(AR)涂层来将传输损失保持在限制范围内。为此,这里首先考虑光在未镀膜玻璃表面的法向入射,在空气中(若选择 $n=1.5$),对

应反射率 $R=[(n-1)/(n+1)]2=4\%$。对于具有 22 个玻璃-空气过渡间隙的透镜，总透射率将会从 1 降低到 $0.96^{22}=0.40$，即损失了近乎一半的入射光。因此，有必要开发在整个光谱范围和宽角度范围内反射率<1%的涂层，这种要求具有很高的严苛性，为此必须在真空中给每个透镜表面上沉积多层涂层（最多 50 层），每个涂层要求仅仅几十纳米厚，为此需要昂贵的全自动真空设备、丰富的经验及很高的工艺水平，比如若第 49 层涂层超过公差，则会前功尽弃，因而操作员要足够耐心细致！

以某多透镜组镜头上测得的透射率为例，如图 4.2-20 所示。可以看出，这个有 22 个玻璃-空气过渡的镜头平均透射率高达 0.8，并且在很宽的光谱范围内均实现了 1% 的 AR 因子，尽管由于玻璃材质自身体吸收特性，即使在蓝色范围内，测量值也取得了非常好的效果。在从 0° 到 35° 的视场角范围内传输评估的一致性很高，这也与允许使用电子传感器的完整动态范围有关。

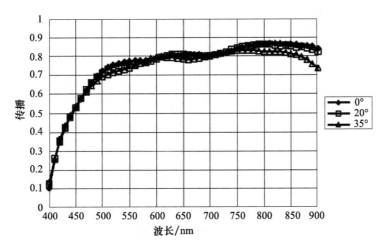

图 4.2-20　在 400 nm 到 900 nm 光谱范围内针对 0°、20°和 35°的不同视场角在具有 22 个玻璃-空气过渡间隙（ADS40）的 14 片透镜系统上测得的透射值

（高透射率，尤其是在视场角上的一致性，只能通过极其复杂的镜片镀膜工艺获得（Swissoptic AG，2005））

4.2.13　理想的光学传递函数

从光学系统的物理学考虑引出"空间带宽"乘积一词，由此可知每个光学系统都必然充当"空间滤波器"角色，即系统只能传输特定大小的物体有限空间带宽，这意味着只有降低对比度才能传输更精细的对象细节。存在一个空间频率，在该频率下传输的对比度非常小，以至于其会在胶片或电子设备的噪声中"淹没"。如果选择具有已知初始对比度的测试图像作为对象，则该截止频率也作为该初始对比度的空间"分辨率"给出。

校正良好的光学系统可以被描述为"线性"光强传递系统，因此可以用类似于电子学的传递函数来表征——被称为 OTF（光学传递函数）。若对物体（例如城市景观）的空间强度光谱乘以光学系统的 OTF，从而可得到传感器位置处的光谱。由于 OTF 具有截止频率，因此在被胶片或 CCD 记录之前，传感器处的空间图像频谱的分辨率和对比度已经被降低。因此原则上，一定会在成像过程中丢失信息。OTF 的傅里叶变换也称为"非相干"点扩散函数，其定义了物体点对象在传感器上呈现的模糊程度。

在衍射极限成像情况下，有

$$\mathrm{OTF_{dl}}(k_x, k_y) = \begin{cases} \dfrac{2}{\pi}\left[\arccos\left(\lambda\,\dfrac{f}{D}k\right) - \lambda\,\dfrac{f}{D}k\,\sqrt{1-\left(\lambda\,\dfrac{f}{D}k\right)^2}\,\right] & \lambda\,\dfrac{f}{D}k \leqslant 1 \\ 0 \quad \text{其他} \end{cases} \tag{4.2-24a}$$

透镜圆形孔径边缘的衍射导致衍射图案的强度由径向对称的艾里函数描述(另见上文第2.4节)。直径(d)第一个最小值取决于透镜的数值孔径,推导可知 $d=2.44\times f\times\lambda/D$,其中 λ 是中心波长。图4.2-21显示了中心波长 $\lambda=550$ nm 时直径(d)与光阑数 $f\#=f/D$ 的相关性。

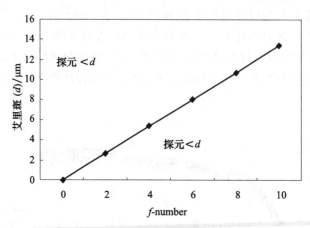

图4.2-21　衍射受限透镜的衍射圆直径(d)

$\left(d=f\left(\dfrac{f}{D}\right)\text{,中心波长 }\lambda=550\text{ nm}\right)$

在图4.2-21中绘制线之上的区域代表面积,其中探测器探元尺寸要比艾里斑直径(d)大,之所以使用术语"探测器受限"系统,是因为相机的几何分辨率由探测器探元定义。如果探测器元件小于艾里斑的直径,则透镜会限制分辨率(光学限制系统)。

空间频率(k)由下式给出

$$k = \sqrt{k_x^2 + k_y^2} \tag{4.2-25}$$

$$\Theta = \arctan\left(\frac{k_y}{k_x}\right) \tag{4.2-26}$$

平面波的方向由下式给出

$$\exp\left[i2\pi(k_x x + k_y y)\right] \tag{4.2-27}$$

图4.2-22显示了 $\mathrm{OTF_B}$ 图形,从公式(4.2-25)可以看出,在

$$\lambda\,\frac{f}{D}k = 1 \tag{4.2-28}$$

时发生精确的带截止现象。空间频率高于

$$k_{max} = \frac{D}{\lambda_{min}\cdot f} \tag{4.2-29}$$

其中 λ_{min} 是射向探测器不能通过透镜的光波最小波长。

4.2.14　真实光学传递函数

如果实际系统由它们的 OTF 描述,则函数可能在数学上变得十分复杂(包括幅度项和相位项等)。例如,若非相干点图像具有不对称的空间分布,很有可能是由于镜头对中(安置)误差造成的,这样作为图像点的傅里叶变换的 OTF 将变得复杂得多。虽然相位项 PTF(相位传

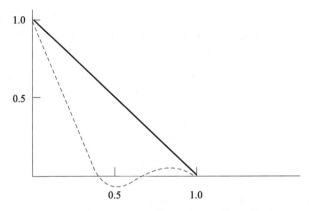

图 4.2-22　衍射极限透镜(实线)和散焦透镜(虚线)的 OTF

递函数)会对光学设计人员带来一定挑战——其是有关光学器件内部配置的信息来源,但在大多数情况下称为 MTF(调制传递函数)的幅度项已足以对镜头质量进行较全面描述,因此通常被光学制造商视为镜头是否符合规格的验收标准。

为了确定 OTF,测试图像包括可变宽度和间距以及已知对比度的黑白条,通过镜头在传感器或胶片上成像,并测量观察到的对比度。空间频率 $k=1/x$(单位为 lp/mm),对应于测试条之间的间距。如果物体被光学成像放大,频率必然相应降低。在图 4.2-23 中,使用二维条码作为测试图像,该图像具有宽广的空间光谱。图 4.2-23 中显示了对比度等于 1 的条码及其观察图像,即测量数据。可以看出,与较窄的条码相比,较宽的代码条以明显更高的对比度成像。在底部的图中显示为条码频率的对比度函数,即所需的 MTF。同时还给出了 PTF,从条码图像的对称性也可以看出其大小等于 0。例如,不等于零的 PTF 表示透镜组可能存在内部偏心,而这里显然不属于此种情况。

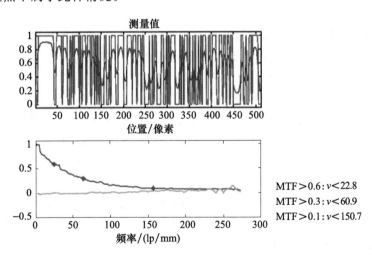

图 4.2-23　测试镜头的多色光 OTF

(顶部图为测试图案——条形码图像和相关的检测图像,据此可以看出作为条码宽度的函数的对比度损失;
在下面的图中,对应绘制了空间频率的函数——MTF 和 PTF)

真实镜头的 OTF 不能超过纯衍射极限成像的理想 OTF。OTF 小于该理想值的原因是诸如设计中的残余畸变以及制造公差等因素造成的。对于像航摄相机这样复杂的镜头而言,衍射极限成像代价太大,也不是完全必要的。

为了优化设计光学 MTF,有必要考虑整个信息传输链,但这里将仅限于探测器上像素布局受限这一因素展开。如果 x 是像素间距,且简单起见,视其为像素宽度,则 $k_{pix}=1/(2x)$ 是相关的截止频率(奈奎斯特频率),因此对于 $x=3.25\ \mu m$,有 $k_{pix}=153$ 线对/mm。因此,如果传感器是限制因素,则没有必要开发具有更高分辨率的镜头。因此,镜头必须以低于奈奎斯特频率的空间频率传输信息,并具有最大可能的对比度,但在此之后,理想情况下对比度应降至零。

应用层面上有两个要求,一是中低频范围内的高对比度是必要的。因为在机载航摄期间,由于湍流和其他折射效应因素,大气同时还充当了"低通滤波器"作用,从而在一定程度上阻止光学器件"看到"地面上的高分辨率细节。光学系统也不应降低较粗细节的对比度,好的镜头在奈奎斯特频率一半处的对比度传输方面表现良好。

第二个要求,即对于高于奈奎斯特频率的频率保持尽可能低的 OTF,这由所谓的"混叠效应"证明是合理的。如果频率高于奈奎斯特频率的地面细节以良好的对比度传输,传感器的欠采样将导致类似莫尔条纹的伪影,这会严重降低图像质量,从而需要额外付出大量努力才能消除。

上述内容导致光学系统陷入尴尬境地——不可能将 OTF 设计为在奈奎斯特频率之上等于 1,之下等于 0。因此,还需要优化奈奎斯特频率以外的 OTF,但必须使用诸如轻微散焦、双折射滤波器或其他操作等措施来降低奈奎斯特频率以上频率的对比度。

4.2.15 光传递函数与视场的相关性

成像光学器件的一个重要质量标准是视场内多色 MTF 的一致性,即其需在传感器的整个区域上测量。现在普遍认为必须为这个数字计算特殊平均值——尽管平均值的定义要针对面阵或线阵光学系统区别对待进行评估。

4.2.15.1 面积加权

在二维传感器(例如乳剂薄膜或面阵传感器阵列)情况下,传感器区域被划分为环形区域,并根据环形区域面积与总面积的比率计算权重。例如,一个镜头的焦距为 $f=62.5\ mm$,若适配高达$+/-35°$的视场角,对应于图像中的最大半径 $f\times\tan(35°)=43.7\ mm$。若传感器是一块对角线为 50 mm 的方形乳剂薄膜,如果视场被划分为 5°同心圆步长,则获得 8 个视场角,从而得到 8 个图像半径。现在围绕这些半径值划定连续的环形区域,并计算相对于方形胶片像幅的面积比。如图 4.2-24 所示,可以看出图像中心和图像边缘的区域权重相对较低,而 25°和30°的图像区域贡献较大。只有当光学系统的测量图像质量是旋转对称的,这种加权方法才有意义。

实际上,面积加权平均值用于各种质量标准,例如对于分辨率,其被称为 AWAR(像面加权平均分辨率)。对于高性能镜头,通常 AWAR 值为 120 lp/mm 左右。这些数字是通过在环形区域中对所谓的"测试代码"进行成像——即可变频率的标准化条码图案,并通过确定局部分辨率来确定整体值。代码图案沿径向和方位角方向排列,这是因为具有散光特性的光学系统会在这两个方向上产生不同的分辨率。

类似定义的质量值还有 AWAF 和 AWAM,其中 F 和 M 分别表示频率和调制度。对于 AWAF,特定的(例如 0.4)频率值确定特定的 MTF,然后会将该数值表示为 AWAF(0.4)=70 lp/mm。对于 AWAM,形成特定频率下 MTF 值的平均值,例如,AWAM(65 lp/mm)=0.42。

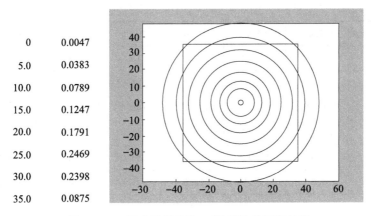

0	0.0047
5.0	0.0383
10.0	0.0789
15.0	0.1247
20.0	0.1791
25.0	0.2469
30.0	0.2398
35.0	0.0875

图 4.2-24　最大视场角为 35°的镜头的面积权重

（50 mm 半对角线方形传感器区域内的 8 个环形区域）

4.2.15.2　等权重

然而关于径向对称性,对于推扫模式下的线阵传感器(例如 ADS40)没有意义。在这种情况下,多排线阵 CCD 垂直于飞机的航向排列在镜头的焦平面上。多色 MTF 图或分辨率图是在飞机航向和垂直于飞机航向的方向上确定的,而不是在径向和方位角上确定的,从而不需要进行区域加权,这是因为每个传感器像素在两个方向上都使用单位权进行评估。代替改用术语 AWAR、AWAM 和 AWAF、EWAR、EWAM 和 EWAF,其中字母 E 代表"等权"。很明显,E 权重比 A 权重清晰得多,因为其可包括整个图像的中心和图像的边缘。

表 4.2-2 中给出了焦距 $f = 62.7$ mm 的 ADS40 测试镜头的实际测量结果。第一列包含 0°和 35°之间的视场角,右侧的 7 列是散焦程度,即传感器和机械成影框架之间的距离,在 2.100 和 1.980 mm 之间变化。对于每个视场角,将"测试代码"曝光在胶片上,并在胶片显影后进行视觉评估。两个正交方向都给出了刚好可分辨的测试图像的频率。R 表示径向,即图案代码条指向径向,而 T 表示切向图案代码行指向方位角。最后,M 代表 R 和 T 的几何平均值。

表 4.2-2　不同视场角和散焦设置的分辨率测量值以及 AWAR 平均值和 EWAR 值（ADS40,$f = 62.7$ mm）

w_deg EE*	2.100*	2.080*	2.060*	2.040*	2.020*	2.000*	1.980*
0.0R*	128.0*	144.0*	144.0*	144.0*	128.0*	128.0*	102.0*
0.0t*	128.0*	144.0*	144.0*	144.0*	144.0*	128.0*	114.0*
5.0R*	128.0*	143.0*	128.0*	128.0*	143.0*	128.0*	114.0*
5.0t*	127.0*	127.0*	127.0*	143.0*	143.0*	127.0*	113.0*
10.0R*	126.0*	141.0*	159.0*	126.0*	126.0*	112.0*	112.0*
10.0t*	111.0*	139.0*	139.0*	139.0*	124.0*	111.0*	124.0*
15.0R*	124.0*	139.0*	139.0*	139.0*	124.0*	124.0*	98.0*
15.0t*	119.0*	134.0*	134.0*	119.0*	119.0*	119.0*	106.0*
20.0R*	107.0*	120.0*	135.0*	135.0*	135.0*	135.0*	107.0*

20.0t*	101.0*	101.0*	113.0*	113.0*	113.0*	113.0*	90.0*
25.0R*	92.0*	116.0*	146.0*	146.0*	139.0*	116.0*	103.0*
25.0t*	105.0*	105.0*	118.0*	118.0*	118.0*	118.0*	94.0*
30.0R*	78.0*	111.0*	140.0*	140.0*	140.0*	124.0*	111.0*
30.0t*	108.0*	108.0*	108.0*	121.0*	121.0*	108.0*	108.0*
35.0R*	53.0*	66.0*	93.0*	132.0*	148.0*	148.0*	118.0*
35.0t*	86.0*	96.0*	108.0*	136.0*	128.0*	136.0*	121.0
AWAR							
R*	96.1*	117.1*	137.4*	138.2*	136.5*	125.3*	107.5
T*	106.5*	111.5*	118.0*	122.3*	120.4*	116.2*	103.7
M*	101.2*	114.3*	127.3*	130.0*	128.2*	120.7*	105.6
景深(>100 lp/mm)*	0.120						
EWAR							
R*	104.5*	122.5*	135.5*	136.3*	135.4*	126.9*	108.1
T*	110.6*	119.3*	123.9*	129.1*	126.3*	120.0*	108.8
M*	107.5*	120.9*	129.6*	132.6*	130.7*	123.4*	108.4
景深(>100 lp/mm)*	0.120						

4.2.15.3 小结

从上面的测量结果可以看出,在±35°的整个像场上,分辨率非常高,尤其是非常均匀。AWAR 和 EWAR 数字几乎相同,因此该镜头可以同时很好地适用于二维面阵和线阵传感器。光学工厂的最终检查核定是在的安置框架 2.040 mm 处"安置"镜头,即将传感器机械定位在 AWAR 数字最高的距离处。

如果可接受图像质量 AWAR 数字的最小值>100 lp/mm,则"可用"焦深 DoF 为 $\Delta z_{\mathrm{IMA}} = 0.120$ mm。当波长为 $\lambda = 0.5\ \mu m$ 和 $F\sharp = 4$ 时,此聚焦范围远大于等效衍射极限透镜对应值 $\Delta z_{\mathrm{DIFF}} = \pm 2\lambda(F\sharp)^2 = \pm 0.016$ mm($\Delta z_{\mathrm{DIFF}} = 0.032$ mm)。

设计包括如此大的景深有两个原因。首先,它对应于物空间中的 $\Delta z_{\mathrm{OBJ}} = f^2/\Delta z_{\mathrm{IMA}} = 33$ m,这意味着镜头可以在 33 m 到无穷远的物距范围内无需重新对焦即可操作。其次,更重要的是,其考虑了镜头在不断变化的环境条件下的稳健性。在温度变化的情况下,例如镜片在温暖的和寒冷的可变环境之间,玻璃参数的热梯度出现在径向方向上,对于大镜片尤其如此。因此,镜头的折射率随时间和温度呈放射状变化,导致图像中心(仍然温暖态)和图像边缘(已经冷却态)之间出现可变散焦。由此也可获得随时间变化的图像像差曲线,但由于可用的自由度设计得足够大,因此不会出现图像质量的严重下降。即使在恶劣的条件下,镜头也可以完成摄影操作,而不会降低图像质量,更重要的是不会降低图像放大率。总之,可以通过研究镜头 EWAR 和 DoF 值之间的关系来有效评估镜头性能。

4.3　滤光器

考虑到相机的特定属性(镜头、CCD 线阵),机载相机系统需要滤光器来使适应摄影任务和摄影条件。滤光器可以通过其作用(渐变滤光器、边缘滤光器)和工作原理(吸收式滤光器、干涉式滤光器)来加以区分。此处不讨论偏振滤光片,其工作原理完全不同。

通常,渐变滤光片是吸收型光谱中性灰度滤光片,用于航摄胶片相机的抗渐晕,与角度相关的边缘强度下降通过从中心到边缘增加的透射率来补偿。为了节省成本,在机载数字相机中可以省去该组件,因为可以通过电子方式对数据进行校正而不会丢失信号并且不会对信噪比产生负面影响。

这里专注于滤色器(带通滤光器)的特性,其是记录图像立体条带光谱信息以完成真彩色影像重建以及反射强度测量中必需采用的组件,也是遥感中对记录区域数据进行专题解释所需要的。带通滤波器可以采用吸收滤波器或干涉滤波器两种形式,图 4.3-1 及下表提供了用于描述滤光器的一些术语的定义。

传输率,T	光谱透射比:透射辐射流与总入射光谱辐射流的比率,以%表示
有效折射率,$n*$	干涉滤光片的表观折射率,它是基材、饰面和环氧树脂的折射率组合的乘积
半全宽最大值(FWHM)	最大传输比一半时的传动范围部分
传输宽度	阻挡边缘和传输边缘之间的波长范围;必须定义边缘的位置;HWB 为 50% 的传输宽度
边缘坡度	以百分比为单位的传输曲线斜率 $= 100 \frac{(\lambda_{80} - \lambda_5)}{\lambda_0}$%
阻挡范围	辐射被抑制的带通外的范围
阻挡率	带通外最大传输与最大传输值 T_{max} 之比
传输边缘	描述了从短波阻断范围到传输范围的过渡,通常被定义为透射率达到 T_{max} 的 5% 时的波长
阻挡边缘	描述了从短波传输范围到信号遮挡范围的过渡,通常定义为透射率下降到 T_{max} 的 5% 的波长
峰值波长 λ_{max}	传输时带通中最大的波长
中心波长,λ_m	HWB 中心的波长,并不总是与 λ_m 相同
短通滤波器	允许短波长通过的滤光片,阻挡长波并在过渡范围内具有陡峭的曲线
长通滤波器	滤光片可阻挡短波长,允许长波通过并在过渡范围内具有陡峭的曲线

4.3.1　吸收式滤光器

吸收滤光片可以用有色玻璃或直接沉积在 CCD 上的有机物质制成,CCD 直接沉积的有机物显然适合直接真彩重建。在具有挑战性的储存和使用条件下(与温度和湿度相关的)滤光器特性的长期稳定性应独立检查。通常使用的有色玻璃滤光片,带通滤光器可以由许多不同

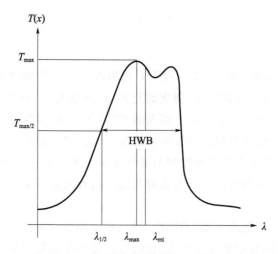

图 4.3-1　一些滤波器特性的图示(Oriel,1987)

的彩色滤光片组成,它们决定了关于信号阻挡边缘、传输边缘、中心波长、边缘陡度、HWB 和传输率 T 的上升沿和下降沿,这种曲线的例子示于图 4.3-2 和图 4.3-3,玻璃滤光片的特点是难以实现陡峭的下降沿。对于遥感应用,上升侧翼的渐变也非常粗糙。然而,玻璃滤光片组合在真彩色影像重建中产生了非常好的效果,还应该指出的是,光谱传输由两个分量组成

$$T(\lambda)=P(\lambda) \cdot T_g(\lambda) \tag{4.3-1}$$

其中 $T_g(\lambda)$ 是玻璃本身的光谱透射率,$P(\lambda)$ 几乎是一个恒定的比例因子,其描述了两个空气-玻璃转变处的辐射损耗,并且可通过适当的表面涂层,将其设置为接近于 1。

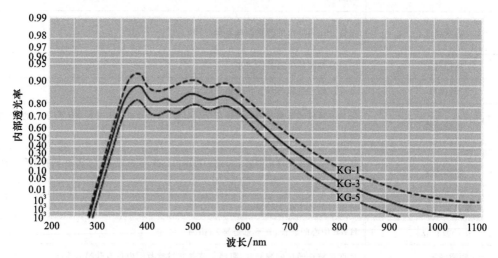

图 4.3-2　具有带通特性的彩色玻璃的透射曲线 (Oriel, 2004)

倾斜度不会影响光谱特性,但会延长光路并因此降低透射率。温度影响不大,温度的升高使边缘向更长的波长移动,这种转变是可逆的,并且取决于玻璃滤光片在温度范围 10～90 ℃上的范围值＞$\lambda/\Delta T \cong 0.02～0.25$ nm/K。

4.3.2　干涉式滤光器

此类滤光片是通过将多层具有不同折射率的介电材料薄层组合而成,采用气相沉积法制

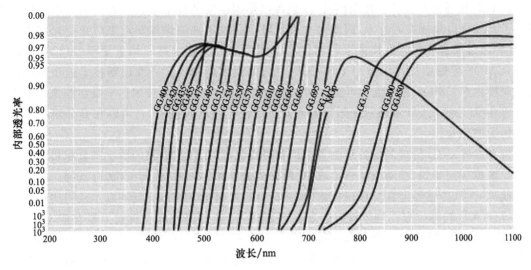

图 4.3-3　有色玻璃的透射曲线(阻挡边缘会发生渐变,Oriel,2004)

成的。此方式特点是在透射光中可产生特定的光谱干涉,以获得特定的带通滤波器。还可进一步定义传输曲线——陡峭的上升沿和下降沿可以放置在选定的波长上。如果要对公差参数进行严格限制,则其为首选滤光器。

随着温度的升高,中心波长会向更长的波长线性移动。位移因子取决于原始中心波长,并在 -50 至 $+70$ ℃的温度范围内在 0.016 至 0.03 nm/K 之间变化(Oriel,2004 年)。

由于干涉滤光片的结构,随着入射角的增加,波长会向更短的波长移动。在小角度的情况下,此效应可用于将滤光片调整到选定的中心波长,如公式(4.3-2)所示。在小入射角的情况下,带通不发生畸变或最大透射率降低现象。

$$\lambda_a = \lambda_0 \sqrt{1 - \left(\frac{n_e}{n^*}\right)^2 \sin^2 \alpha} \tag{4.3-2}$$

当 $\alpha < 10°$ 时,可以确定中心波长的偏移。在这个方程中,λ_a 是入射角 α 处的中心波长;λ_0 为中心波长,法向入射;n_e 为周围介质的折射率(空气的 $n_e = 1.0$);n^* 是滤光片的有效折射率;α 是光的入射角。

由于干涉滤光片具有吸湿性,因此必须采取有效防潮湿措施。如果遥感应用需要具有定义陡峭边缘的窄带滤波器,则应选择干涉式滤光器。

4.4　光电转换器

电子图像是通过照明和通过将辐射强度转换为电信号而形成的。半导体图像传感器,即由晶体硅制成的面阵或线阵列的 CCD 和 CMOS 组件,通常用作光电转换器。总的来说,晶体硅图像传感器的优势包括材料的优异电气特性和对所涉及技术的良好控制,这两种技术都基于(内部)光电效应实现,光照射到材料上会激发电子。

CCD 具有光敏性、速度快且动态范围大等特性,然而其相对昂贵,制造复杂,并且需要额外的组件来驱动以消除如拖尾和泛光("起霜")等不利影响。由于 CCD 传感器需要更多空间并消耗更多功率,因此更适合强调高图像质量而非紧凑性和便携性的环境。其特别适合用于天文摄影、技术研究和工业领域。基于 CCD 的线阵传感器主要用于扫描仪成像设备。

CMOS 传感器在效能方面很经济，并且可以使用已有的标准工艺高效制造。由于图像处理电子元件可以集成在芯片上，因此尺寸很紧凑。通过单独的像素驱动来防止泛光和拖尾效应，这种通过像素匹配的直接像素驱动使单个图像部分能够以高图像重复率（窗口化）读出。此外，CMOS 传感器设计可适用于比 CCD 更大的温度范围。此方面最新技术进步使得以低价大规模生产 CMOS 芯片成为可能。从目前的发展来看，CMOS 技术迟早会在图像质量上赶上 CCD。但目前，CCD 传感器在图像传感方面是经过验证的技术，它可以在高分辨率下提供更好的图像质量。

带有面阵 CCD 传感器的数字测量相机和带有线阵 CCD 传感器的数字测量相机之间存在区别。根据应用场景（移动或非移动成像、所需的分辨率等因素）进行线/面阵选择。

线阵 CCD 传感器已在扫描仪技术中得到证明，并且通常可以更低的成本获得明显更高的分辨率。CCD 线阵排列在物体对应的成像平面中，特别是用于从飞机或卫星获取 CCD 图像时，获取的图像线阵上所有像素与飞行方向成直角关系。通过传感器载体自身的运动，完成对地扫描并以适当的频率逐行成像，因此称为推扫式成像扫描仪。专为 ADS40 机载相机开发的线阵 CCD 是由两条交错的 2×12000 像素 CCD 线阵（偏移 $1/2$ 像素）组成，从而等效形成 24000 像素线阵 CCD。

4.4.1 工作原理

由于半导体 CCD 的工作原理及物理方面的详细描述已经在大量文献中发表，这里只给出简要总结。

图像是不同颜色光强度的二维样本。光照射到光电池或（CCD）传感器的像素上会产生自由电子形式的电荷（内部光效应），并且由于晶体中暂时没有电子，因此会产生带正电的空穴。电子数量与光强度成比例增加，即与光子数量（光量子）成正比。当空穴移出硅衬底时，自由电子随后被收集在硅衬底电位槽中。潜在的电槽所能捕获的最大电荷数量有限，这最终决定了 CCD 传感器的动态范围。光的颜色（光子的能量）只起间接作用，电极材料的光学特性（光谱传输）决定了不同波长下的量子产率（光响应率）。

最简单形式下，CCD 是紧密封装的 MOS 二极管的线性阵列，其偏置电压设置为可使得表面上的多数电荷载流子明显耗尽即可。每个 MOS 二极管的过程基本相同——原理如图 4.4-1 所示。入射的紫外光、可见光或红外光穿透非常薄的透明电极（1）和半透明氧化层（2），然后照射到半导体材料（3）上。当向电极施加电压时，会在特殊掺杂的硅中潜在电槽里形成电势（4）。光量子的能量在这个电槽（无电荷载流子区）中形成了更多的电荷载流子。

在 MOS 二极管（像素）中收集的图像相关电荷，需要在进一步处理之前读出。其发生在两个不同的阶段，但具有相似的工作原理。在第一阶段，一行像素中的所有像素会以平行排列的方式移动到相同长度的读出寄存器中；在第二阶段，它们在这个移位寄存器中以串联排列的方式移位到输出。

读出寄存器的工作原理如图 4.4-2 所示。通过改变相邻电池的电压电平，电荷从一个电池转移到下一个电池。原则上，该操作分为三个潜在阶段：电池在最高电位（0 V）下被隔离；在第二高（2 V）时，电荷载流子可以移动到下一个电池；在中等电位（1 V）下，电荷载流子被收集在一个与相邻电池隔离的槽中。

通过光电手段获得的电荷仍然需要转换成可以评估的电压大小。电压转换器中产生的信号必须尽可能接近原始电荷样本。出于这个原因，源极跟随器电路被用作电荷电压变压器以

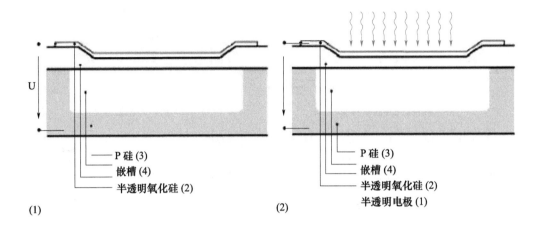

(1)　　　　　　　　　　　　　　　　　　(2)

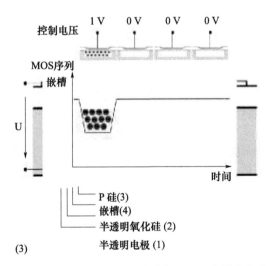

(3)

图 4.4-1　入射光在硅中产生电荷载流子

确保这种线性度。较长的读出寄存器（＞500 像素）经常会被拆分，以便从中心沿相反方向读出，并在这种拆分读出寄存器的任一端布置输出放大器。

图 4.4-3 显示了一个典型的输出级。它是典型的 Kodac CCD 线阵列的一部分，如图 4.4-7 所示。输出级的原理简述如下，复位时钟 ϕ_R 为"ON"以通过晶体管 Q_1 将浮动扩散二极管的 N 掺杂侧复位为正电位。一旦复位切换为"OFF"，二极管的这一侧就会浮动并且输出信号电荷可以通过使用推动时钟 ϕ_1 和 ϕ_2 将电荷推入浮动扩散点而变得有效。这会生成一个可以评估的电压，因此输出信号已达到其新值。在下一阶段，浮动扩散点再次重置，过程重新开始。复位时产生的电平称为复位电平（通常为 6～9 V，另请参见图 4.4-4 中的时钟图），并与特征复位噪声叠加，该噪声是 CCD 噪声的一部分，在第 4.4.3 节中已解释。

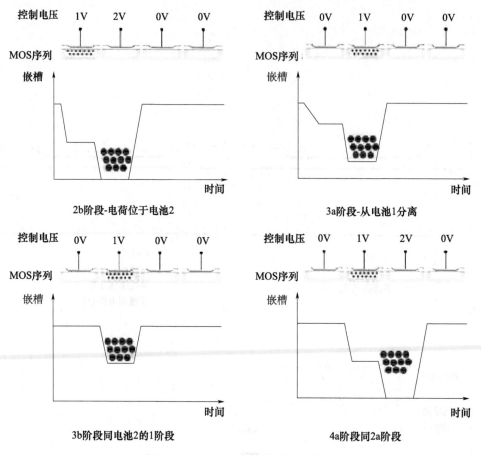

图 4.4-2　CCD 电荷转移原理示意图

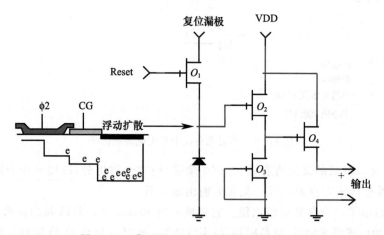

图 4.4-3　典型的 CCD 输出级(Kodak,1994)

4.4.2　CCD 架构

　　为了更好地概括理解,这里首先回顾一下各种类型的 CCD 传感器及其在成像中的实际意义。

　　线阵传感器由一排相邻的 CCD 单元(像素)组成。当载荷(例如传送带或 CCD 扫描仪)处

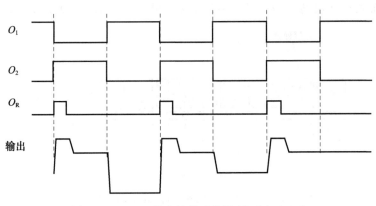

图 4.4-4　CCD 输出级的时钟图（Kodak，1994）

于运动状态时，它们会逐行对图像进行采样。对于彩色图像，必须在三个不同的曝光阶段获取红色、绿色和蓝色部分。使用线阵传感器可获得非常高的分辨率。

三线阵传感器由三个平行的传感器线组成，每条传感器线阵上面带有红色、绿色和蓝色滤色器，这使得能够在单次扫描操作中摄取彩色图像。滤光片被 CCD 制造商要么直接安置在芯片上，或随后根据客户的具体要求安装在玻璃盖面上。三线阵传感器可提供最高的分辨率和色彩质量。

TDI 线阵传感器可以看作是线阵传感器和面阵传感器的交叉融合。与线阵传感器不同的是，其并排排列的光敏线阵不是一条而是若干条。图像数据从一行到下一行的移动与被扫描对象（或扫描仪——如卫星）的运动同步，并且数据被类似地累加。这使得 TDI 传感器具有优于传统线阵传感器的优势，尤其是低噪声及更高的响应度。相对普通线阵传感器来说，对于需要极短曝光时间的快速移动物体摄影应用非常重要，基于线阵叠加特点，TDI 传感器的曝光时间实际上比常规线阵传感器的曝光时间要长。

面阵传感器（面阵）同时摄取所有图像像素，从而能够以（几乎）任何快门速度拍摄移动物体。其可选配彩色面阵滤光片（拜耳马赛克模式），从而可一步完成彩色图像摄取，但此时分辨率会降低。

行间和帧传输 CCD 使用两个独立的表面来记录图像和传输电荷。这样，下一行/幅图像的读出操作和曝光可以同时进行，数字摄影机主要采用这两种模式，可以更好地记录移动物体影像和完整视频。

全帧（全画幅）传输传感器几乎使用其整个表面进行光转换，从而提供比行间或帧传输 CCD 更好的光学分辨率。

X_3 图像传感器（于 2002 年首次推出）代表了一种全新的 CCD 技术，它可以充分利用全部像素进行整体彩色图像补偿。X_3 基于这样一个事实，即光穿透硅的深度取决于其波长大小，X_3 具有三个叠加层，颜色接收器嵌入在硅基中，因此可以在每个像素上记录整套颜色数据。这样，颜色分辨率实际上是传统面阵传感器的 3 倍。

在众多特殊应用的推动下，各种各样的线阵和面阵传感器架构应运而生。线阵传感器的最大像素数介于 10 k 和 20 k（不交错）之间，面阵传感器的最大像素数为 10 k×10 k。由于技术复杂性随之以巨大幅度增加，因此将更大的传感器进行单片制造是极其困难的。

4.4.2.1　线阵

如前所述，线阵传感器通常由单条光敏线列组成（TDI 除外）。水平移位寄存器位于线阵下方。电荷屏障可防止电荷在积分过程中过早流入移位寄存器,原理如图4.4-5所示。

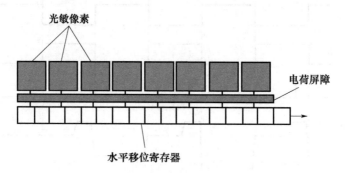

图4.4-5　线阵传感器原理(Engelmann et al.,2004)

对于更大的CCD传感器来说,极高的数据速率是一个关键问题。例如,12000像素长的线阵传感器将以每秒2000线的速度读出。如果仅使用一个输出(图4.4-7),则对应于24 MHz的频率,这已接近物理极限。解决这个问题的方法有很多种:最简单的情况下,可以在线阵上放置一个水平读出寄存器,同时在线阵下也放置一个(图4.4-6)。如果像素从1到x连续编号,则奇数像素(1,3,5,7,…)可向下读取,偶数像素(2,4,6,8,…)可向上读取。这样,读出频率将减半——被称为交错模式。这一可使得两个数据流单独处理,只有经过模数转换后才进行重新排序。

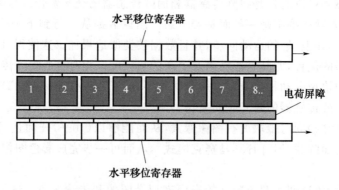

图4.4-6　具有交错像素的线阵传感器(Engelmann et al.,2004)

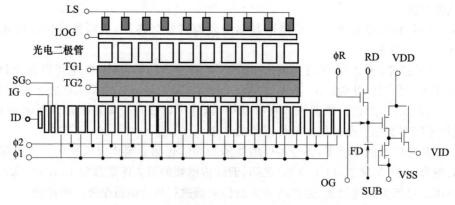

图4.4-7　柯达线阵传感器框图(IAI FZK,2004)

通过将两个读出寄存器分成两半,可以在相反的方向读出(这样频率再次减半)或将线阵细分为几个更小的段,然后同时单独读出(此方法称为多点录制)。

4.4.2.2 面阵

下面简要描述了前面提到的各种面阵架构的基本工作原理(Engelmann et al.,2004)。

(1)行间转移面阵

这种传感器类型是 CCD 面阵的原型,无疑是世界上最常见的传感器类型。其几乎用于所有商用相机,即使在专业图像处理中也能提供非常好的效果。在行间传输传感器中,光敏像素之间附带有垂直移位寄存器的列,它们实际上构成了每个像素的并行读出存储器(图 4.4-8),这些寄存器由金属掩模保护从而免受入射光线的影响。

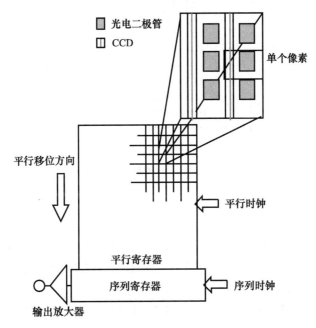

图 4.4-8 行间转移 CCD 原理(IAI FZK,2004)

当曝光时间结束时,图像被高速写入作为中间存储器提供的垂直寄存器中。然后,当这些垂直寄存器被读出时,像素已经在收集下一张图像的光子,因此既不需要快门也不需要同步器。

现在,通过将所有垂直移位寄存器的电荷按照桶链原理,逐行向下传输到水平读出寄存器,将整个传感器逐行读出。现在根据第 4.4.2.1 节中描述的线路架构读出电荷,并根据应用将其处理成模拟或数字信号。这样,整个传感器就被一行一行地读出了。

(2)帧转移面阵

帧传输 CCD 的架构类似于全画幅 CCD。帧传输面阵有一个巨大的并行移位寄存器,它被分成两个大小相等的区域。这些区域被称为图像阵列和存储阵列。图像阵列由一个光敏光电二极管寄存器组成,该寄存器用作图像平面并收集 CCD 表面上的入射光子。在图像数据被收集并转换成电荷后,电荷立即转移到通常是非光敏的存储阵列,由那里的串行移位寄存器(线架构)读出。从图像阵列到存储阵列的传输时间取决于存储阵列的大小。这种类型的面阵以全画幅或帧传输模式运行。通过使用机械快门,帧传输 CCD 可用于快速连续记录两个图像,荧光显微镜中偶尔会使用此功能。

如图 4.4-9 所示,必须掩盖存储阵列以防止与入射光子相互作用。当存储阵列被读出时,图像阵列为下一景图像收集新的光子。无需快门或同步功能也是这种架构的一个优势,它可以提高读取速度和图像速率。

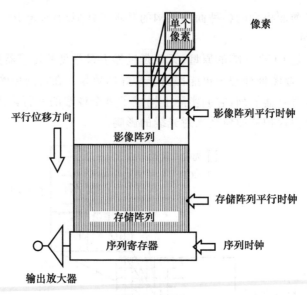

图 4.4-9　帧传输 CCD 原理(IAI FZK,2004)

在某些情况下,帧传输 CCD 会存在图像拖尾效应,这是由同时成像和存储引起的。拖尾效应仅限于面阵将记录的图像转移到存储阵列所需的时间内。通常,这种类型的面阵比隔行面阵更昂贵,因为制造它们需要两倍的硅基。帧传输和行间传输传感器之间的本质区别在于后者没有单独的垂直读出寄存器。相反,光敏像素本身用作垂直读出寄存器,因此像素场中没有"盲点"。

(3)全帧传输 CCD 面阵

全画幅 CCD 具有非常大的像素场,可以提供目前最高分辨率的图像。由于结构简单、可靠性高、生产工艺简单,这种 CCD 结构得到了广泛的应用。像素场中没有盲点这一事实很重要(图 4.4-11),像素覆盖了曝光阶段光线照射到的整个区域(图 4.4-10)。数据首先逐行并行读出,然后以串行方式读出。

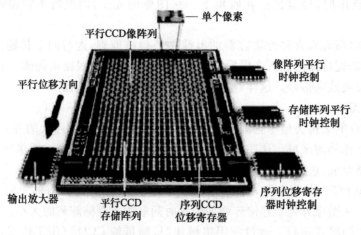

图 4.4-10　帧传输 CCD 架构(Engelmann et al.,2004)

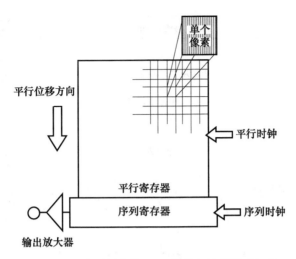

图 4.4-11　全画幅传输 CCD 原理(IAI FZK,2004)

该面阵的主要优点是其相对于表面的 100％光效率。为了简化存储和图像处理操作,许多全画幅 CCD 的分辨率是 2 的幂(512×512 或 1024×1024)。为防止图像畸变,它们具有方形尺寸,高达 20 兆像素,像素大小为 7～24 μm。

由于像素场用于曝光和读出,因此必须有机械快门或其他某种形式的同步以防止拍摄时出现拖尾现象。这些拖尾效应总是在光电二极管连续曝光时产生,即它们在读出期间也曝光或过度曝光。

最大读出速度受输出放大器的带宽和外围处理电子阵列的速度限制(见第 4.5 节)。但是,如果将图像分成相同大小的较小子图像,然后同时读出这些子图像,则可以显著增加数据读出效率。在随后的操作中,视频处理器以数字方式重新组合图像。正面和背面曝光均采用全画幅 CCD。

在背面曝光的情况下,入射光子比正面曝光更有效地转换为电荷,因为来自背面的光不必穿过被光敏光电二极管覆盖的栅极。

全画幅式相机的缺点是它们只能提供单独的延时图像,而不能提供连续的视频流,因为在读出过程中必须反复关闭快门。这注定了这种类型的 CCD 主要用于科学和医学应用,在这些应用中,可用光很少,需要更高分辨率(如天文学等学科应用)。

(4)TDI/CCD 线阵

时间延迟积分(TDI)是一种高新技术,其中平行 CCD 线阵的电荷与要扫描的物体的运动同步地以直角推向该线阵(类似于面阵传感器的垂直移位寄存器)。通过这种方式,在同一像素上的多条线阵(TDI 阶段)上拍摄对象的同一部分(尽管其运动),从而使积分时间乘以 TDI 阶段数,原理如图 4.4-12 所示。

或者换句话说:与线性传感器不同,TDI 传感器有几条并排排列的光敏线(这是一个明显不等宽对称的面阵),图像数据与物体的运动同步地从一行推送到下一行根据定义的 TDI 阶段数量进行扫描和读出,在许多情况下甚至是可选择的。读出寄存器被细分(多次抽头,参见第 4.4.2.1 节)以确保非常快速的读出。

TDI 传感器相对于传统线阵传感器的优势不仅包括 $\sqrt{N}$ 倍降噪(N＝TDI 级数/阶段数),而且更重要的是,其增加了响应度(与 N 成正比)。例如,当积分时间对于普通线性阵列传感

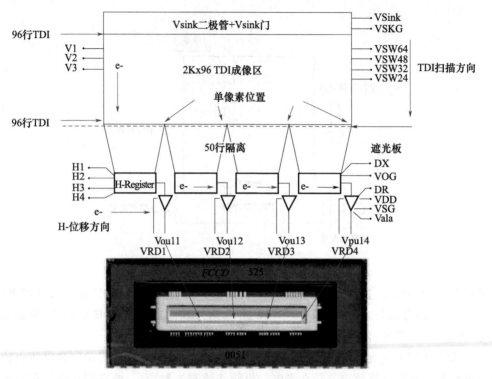

图 4.4-12　基于 Fairchild CCD525 的 TDI-CCD 原理图解（Fairchild，2004）

器来说太短时,这样尤其适用于涉及快速移动物体的应用。

（5）隔行或逐行扫描的面阵读出模式

为了完整起见,简要回顾了隔行扫描或帧传输 CCD 录像技术中常用的读出方法,以展示这些传感器的灵活性以及图像合成,从而能够适应各种(录像)要求。

一方面,有些传感器仅使用隔行扫描技术(场法)运行。这种每个视频图像由两个场组成的方法,最初用于电视技术,相应的发生速度由视频标准决定。在欧洲,通常采用所谓的 CCIR 标准,此标准下,每秒应从 50 个场中产生 25 个完整图像。在美国,通常使用 RS170 和 EIA 标准,根据这些标准,每秒应从 60 个场中生成 30 个完整图像。这些标准几乎专门用于目前普遍使用的电视和视频设备。

在传感器中产生场的方法有多种。在场集成模式下,CCIR 或 RS170 视频标准规定的两个场在完全不同的时间点记录在传感器上。在每个场中,电荷从两个叠加像素转移到垂直移位寄存器的一个单元中,即它们实际上是相加的。结果,亮度几乎翻了一番。两个像素的位置从一个场到另一个场随着垂直方向上的像素偏移而变化,从而导致的问题是如果一个物体在运动,则会在两个不同的时间点被拍摄。如果将场合并成一个完整的图像,就会产生所谓的梳状效应。

在帧积分模式下,两个场也可在不同的时间点拍摄,但与场积分模式相反,积分时间会重叠。对于每一场,只有一个像素的电荷被转移到垂直移位寄存器的一个单元中。像素的位置在场与场之间变化,在垂直方向上有一个像素偏移,这意味着积分部分在一定时间内相互交叉。因此,可以通过使用在重叠处精确触发的闪光灯来生成"恒定"图像。使用逐行扫描技术的传感器产生的图像为完整的全幅面图像,而不是由两个场组成。典型的图像幅面是 VGA

分辨率(640×480 像素)或超 VGA 分辨率(1280×1024 像素),其中录像信号通常以非隔行格式输出。普通的电视和视频设备无法处理这种格式,但它为图像处理(与 PC 技术兼容)提供了巨大的优势。不再需要在正确的瞬间触发闪光灯,因为传感器的所有像素都同时曝光。

两通道逐行扫描是一种增强功能,其中 CCD 传感器与两个水平移位寄存器一起工作。这样,传感器内容可以通过两个视频通道同时读出。为此,通过视频通道 1 读出所有奇数行,通过视频通道 2 读出完整图像的所有偶数行。在下一个完整图像中,所有偶数行通过视频通道 1 传输,所有奇数行通过视频传输通道 2。因此,传感器现在可以双倍速度运行(例如,每秒 50 或 60 个完整图像),此外,在每个视频通道上还应用了与普通视频标准兼容的普通隔行信号。

4.4.3　属性和参数

定义和评估 CCD 传感器和相机需要大量物理量,主要参量描述如下。

4.4.3.1　信噪比

CCD 传感器或 CCD 相机中的信噪比(SNR)可以简化为信号电子与噪声电子的比率:

$$\mathrm{SNR}=n_{\mathrm{signal}}/n_{\mathrm{ncise}} \tag{4.4-1}$$

其中 SNR 是信噪比,n_{signal} 是信号电子数量,n_{noise} 是噪声电子数量。信号电子的数量取决于亮度或入射光子,可以表示如下:

$$n_{\mathrm{signal}}=(\Phi/h \cdot v) \cdot t \cdot \mathrm{AP} \cdot \eta \tag{4.4-2}$$

其中 Φ 是以[W/m^2]为单位的强度;$h \cdot \nu$ 是光子能量,单位[Ws];t 是曝光时间,单位[s];AP 是像素面积,单位[m^2],η 是量子效率。

4.4.3.2　噪声源

噪声被定义为功率有限的信号,其随机(统计)特性是已知的。噪声源在时间和空间上是有区别的,时间上的噪声可以被最小化,但不能被消除。CCD 的典型时间噪声包括散粒噪声、复位噪声、输出放大器噪声和暗电流噪声。相比之下,空间上确定的噪声可以通过合适的校正算法在很大程度上消除,特征是 PRNU 和 DSNU。

从根本上讲,CCD 图像中的噪声电子是由三个过程产生的,这三个过程与电子的释放(光生和热生)和读出过程有关。

光子噪声等于信号电子数的平方根(根据光生中的泊松分布定律)。CCD 噪声这一术语是用于在 CCD 通道(转移、暗电流、固定模式噪声等)中产生的噪声电子(n_{CCD}),在统计上分布在平均值(rms)附近。放大器噪声是指输出放大器中产生的电子(n_{AMP})。

由于三个来源都没有相互关联,因此下式成立:

$$n_{\mathrm{noise}}=\sqrt{\left\{\sqrt{\left[(\Phi/h \cdot v) \cdot t \cdot A \cdot \eta\right]}+n_{\mathrm{CCD}}^2+n_{\mathrm{AMP}}^2\right\}} \tag{4.4-3}$$

其中 n_{CCD} 是 CCD 中的噪声电子,n_{AMP} 是输出放大器中的噪声电子。

如果将式(4.4-2)和式(4.4-3)代入到式(4.4-1)中,则有

$$\mathrm{SNR}=(\Phi/h \cdot v) \cdot t \cdot A \cdot \eta/\sqrt{\left\{\sqrt{\left[(\Phi/h \cdot v) \cdot t \cdot A \cdot \eta\right]}+n_{\mathrm{CCD}}^2+n_{\mathrm{AMP}}^2\right\}} \tag{4.4-4}$$

如果 CCD 中发生高光调制,则光子噪声占主导地位。这可以用简化为

$$\mathrm{SNR}\approx\sqrt{(\Phi/h \cdot v) \cdot t \cdot A \cdot \eta}\approx\sqrt{n_{\mathrm{signal}}}$$

或直接表示 S/N 与量子效率的平方根成正比

$$\mathrm{SNR}\sim\sqrt{\eta} \tag{4.4-5}$$

对于低光调制,CCD 噪声和读出放大器的噪声占主导地位

$$SNR \sim \eta / \sqrt{(n_{CCD}^2 + n_{AMP}^2)} \tag{4.4-6}$$

因此,对于 CCD 中的高光调制,信噪比与量子效率的平方根成正比。对于低光调制信号,该比率与量子效率成正比,主要由 CCD 和输出放大器中的噪声决定。

例如,如果 CCD 噪声 n_{CCD} 为 $8e^-$(rms),而放大器噪声 n_{AMP} 为 $6e^-$(rms),则 $n_{GES} = \sqrt{(n_{CCD}^2 + n_{AMP}^2)} = \sqrt{(64 + 36)} e^- = 10 e^-$(rms)。

CCD 特定噪声的各个分量的大小值得进一步讨论。散粒噪声由热产生且不可校正,具有泊松分布

$$\sigma_{shot} = \sqrt{Q} \tag{4.4-7}$$

其中 Q 是产生的电荷量 $[e^-]$。

CCD 输出放大器的复位 FET 的通道电阻中会产生复位噪声,由于(4.4-9),通常也称为 kTC 噪声。由于复位噪声在像素的时钟周期内是恒定的,因此可以对其进行校正。用于此目的的方法称为相关双采样(CDS)(参见第 4.5 节)。

$$\sigma_{reset} = \sqrt{4kTBR} \quad [V] \tag{4.4-8}$$

或者

$$\sigma_{resst} = \sqrt{4kTC/e} \quad [e^-] \tag{4.4-9}$$

其中 k 是玻尔兹曼常数 $[J/K]$;T 是温度 $[K]$;B 为噪声功率带宽 $[Hz]$;R 是有效通道电阻 $[\Omega]$;C 是节点容量 $[F]$;e 是电子电荷 $[1.6 \times 10^{-19} C]$。

输出放大器噪声细分为白噪声(也称为约翰逊噪声)和闪烁噪声(也称为 1/f 噪声)。白噪声是通过输出 FET(源极跟随器)的通道电阻热产生的

$$\sigma_{white} = \sqrt{4kTBR_{out}} \quad [V] \tag{4.4-10}$$

或者

$$\sigma_{white} = \sqrt{4kTBR_{out}}/CVF \cdot V \quad [e^-] \tag{4.4-11}$$

其中 CVF 是转换增益因子 $[\mu V/e^-]$,V 是输出放大器的放大倍数。

闪烁噪声与频率成反比。放大器仅由白噪声决定的频率称为 1/f 拐角频率。一般来说,随着放大器(芯片)面积的增加,白噪声增加,闪烁噪声减小;因此,在设计放大器时,目标是在几何形状和典型工作频率之间达到最佳状态。图 4.4-13 和图 4.4-14 说明了 CCD 输出放大器的典型噪声曲线。

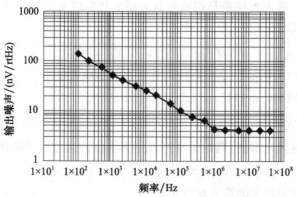

图 4.4-13 柯达线阵 CCD 输出级的 1/f 噪声(柯达,2001b)

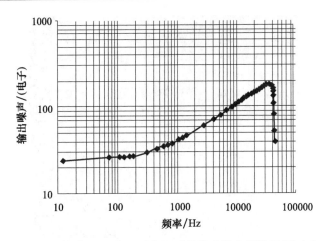

图 4.4-14　Kodak 线阵 CCD 在 28 MHz 时的输出放大器噪声(Kodak, 2001b)

从 CCD 读出信号需要各种时钟,其中一些时钟频率非常高(水平时钟和复位时钟)。它们的生成和由 CCD 寄存器相对较高的容性负载(…pF 到…nF,取决于尺寸)产生的电流脉冲可能会对输出信号产生相当大的干扰。这种噪声称为时钟噪声,只有通过电源的精确设计和良好的过滤才能降低其影响。

暗电流噪声是硅低电荷芯片部分或过渡到二氧化硅时的缺陷或故障的结果。额外的电子加起来形成信号,在导带和价带之间的中带中随机产生。这是一个热过程,只能通过冷却 CCD 传感器来防止。

表面暗电流是由半导体缺陷和二氧化硅表面的制造过程产生的,占暗电流的最大部分,而体暗电流是在硅内部产生的,由二氧化硫的缺陷造成。

暗电流受两种典型噪声幅度的影响,即暗电流非均匀性和暗电流散粒噪声。DSNU 作为空间噪声是可以校正的,而散粒噪声则不可。与光子散粒噪声的情况一样,暗电流噪声具有泊松分布

$$\sigma_{dark} = \sqrt{D} \tag{4.4-12}$$

其中 D 是产生的暗电流$[e^-]$。

4.4.3.3　暗信号(或暗电流)

平均噪声水平(或本底噪声)相对恒定,因此可以在很大程度上进行校正。根据要求,DSNU(见下一节)可在单独的暗电流校正和像素之间的暗信号偏差的附加校正之间进行区分。原则上,每条 CCD 线阵或面阵在其读出寄存器的开始处都有几个具有代表性的暗电流像素,这些像素作校正的参考点使用。因此,暗电流像素的信号电平代表可用动态范围的底部阈值。图 4.4-15 显示了未冷却 CCD 面阵的典型暗电流图像:"亮"侧表征温度升高,例如由输出放大器引起。

暗电流基本上取决于曝光时间或积分时间以及芯片温度,其可以通过冷却显著减少。一般规则是,每次传感器冷却约 7 K 时,暗电流减半(见图 4.4-16)。根据制造商的不同,物理规格以[pA/Pixel]、[pA/cm²]或[e⁻/pixel·ms]给出,但最常见的是[μV/ms]量纲。

4.4.3.4　暗信号非均匀性(DSNU)

DSNU 表示 CCD 传感器在绝对黑暗中像素的不均匀性,是暗电流的一种规格体现。所有像素的绝对均匀性是理想的,但由制造、缺陷以及最重要的是芯片温度引起的晶圆之间的微小

图 4.4-15　CCD 面阵暗电流图像

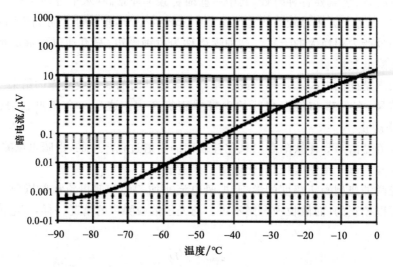

图 4.4-16　暗电流与(冷却的)CCD 面阵温度的关系

差异会影响均匀性。通过回火(冷却)可以最大限度地减少暗电流和 DSNU。暗电流和 DSNU 也随着读出频率的增加或积分时间 t_{INT} 的缩短而减小。对于某个积分时间,该值通常以[$\mu V/ms$]为单位给出。

校正的使用取决于特定的应用,通常只有在非常高的信号分辨率或非常长的积分时间或传感器没有冷却时才需要。由于在 CCD 的动态范围方面 DSNU 的信号电平摆动非常小,因此通常通过从获取的图像的像素值中减去存储的暗电流图像的像素值以数字方式进行校正。

4.4.3.5　光响应非均匀性(PRNU)

PRNU 通常也称为渐晕或固定模式噪声,表示在均匀曝光条件(平场)下 CCD 传感器像素的光响应性的非均匀性或偏差。在这里,所有像素绝对相等是理想的,但不幸的是,并非 CCD 芯片上的所有像素都具有统一的响应度。在极端情况下,即在非常低的像素响应度下,则称其为"死"像素。由制造过程、缺陷和放大差异引起的晶圆上的最小差异是造成这种不均匀性的原因。区分高光照(PRNU)和黑暗条件(DSNU)的非均匀性很重要。PRNU 以相对于饱和电压 U_{SAT} 的[%]表示。

在信号分辨率＞6 位的信号处理中,无论如何都需要进行像素相关的校正;根据要求,其必须以乘积(因为涉及放大故障)形式下的模拟方式(MDAC)或数字方式进行。校正图像或校正因子是通过在绝对均匀照度(平场)下对所有光敏像素的几个图像进行平均而产生的,这些图像大约为 50% U_{SAT},并存储为校正面阵模板。应该记住,通过这种方式,PRNU 在很大程度上可被消除,但散粒噪声增加了 $\sqrt{2}$ 倍(DSNU 校正也是如此)。

4.4.3.6　动态范围(DR)

最大输出信号(像素的饱和极限)与其光响应度的比率称为动态范围。CCD 的光响应率受到暗电流噪声的限制。如前所述,可以通过冷却来改善 CCD 传感器的动态特性。DR 以[dB]表示,是评估传感器应用范围的基本参数之一。

$$DR = 20\log(USAT/UDARK_{rms}) \tag{4.4-13}$$

或者

$$DR = 20\log(QSAT/QDARK) \tag{4.4-14}$$

其中,U_{SAT} 是饱和电压[V],$UDARK_{rms}$ 是暗电流电压(rms)[V],QSAT($=$FW)是全阱电荷量[e^-],QDARK($=$D)是产生的暗电流[e^-]。

4.4.3.7　噪声测量(光子传递曲线,PTC)

光子传输曲线是表征 CCD 传感器或 CCD 相机的一种便捷方法。除了基本的噪声测量,光子传输曲线还提供全阱和每个 AD 转换器状态的电子传输[e^-/LSB]。这样,可以计算出动态范围。PTC 上的每个点代表一组像素,由平面场照亮,曝光时间不同,因为虽然积分时间是恒定的,但光入射到传感器上的时间是不同的。以这种方式,可以将暗电流作为恒定误差减去。可参考平均信号值为每组像素进行噪声绘制(标准偏差)。结果是一条包含三个基本部分的曲线:第一部分(平坦)显示本底噪声水平,即最小系统噪声;第二(上升)部分显示了传感器系统的典型工作范围;第三部分显示了噪声的模式限制(可纠正)。

例如,图 4.4-17 显示(类似于(4.4-14)中的计算)相机系统提供了以下动态范围

$$DR = 20\log(FW/D) = 40000/25 = 64 \text{ dB} \tag{4.4-15}$$

其中 FW 为全阱[e^-]和 D 噪声本底或暗电流[e^-]。

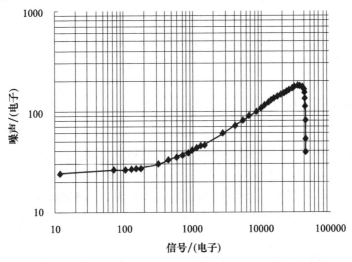

图 4.4-17　柯达全画幅面阵的 PTC,包括 28 MHz 的电路板

4.4.3.8 高光溢出和高光溢出保护、"涂抹"现象与转移效率

应完整读出所有存储的数据,以便在读出 CCD 后不会滞留下属于最后获取的图像的数据。但即使是 CCD 也不可能是理想组件,晕染、转移效率低下和拖尾效应会损害电荷转移和图像质量。

像素的容量由其大小决定,产生的电子数与入射光之间存在线性关系。当像素接近其饱和极限(充满电子)时,这种线性关系就会崩溃。像素对额外光线的反应因此下降,最后几乎消失。对入射光的反应不再是线性的点也称为线性全阱,它在 CCD 的动态范围中起着重要作用。当一个像素饱和时,电荷会跳到相邻的像素,这些像素也因此变得饱和并发出高亮度信号。当整个图像阵列饱和时,经常在长时间强烈照射的情况下,输出节点也可能饱和。在大多数情况下,这会导致整个系统崩溃。应采取各种预防措施来防止这种高光溢出现象发生。

一个像素旁边会安置一个水平防晕门。在适当的驱动下,电子会移动到由栅极创建的防晕染漏极而不是相邻的像素。这种解决方案的优点是结构简单,效率高。缺点是占用空间,牺牲了 CCD 的感光元件占用面积。

时钟高光抗晕技术是利用了溢出的电子在到达相邻像素之前可以与正"空穴"结合这一事实。这种空穴的供应通过时钟不断补充(例如,在水平回扫中进行,HSYNC)。这种布置的优点是不浪费光敏空间。它的缺点是具有三个时钟级别的复杂驱动器和降低的全阱容量。使用这种方法,最多可以防止 50 到 100 倍的过度曝光。

就像在水平防晕染的情况下一样,借助附加设备在光电二极管下方构建垂直防晕染结构。可以为所有 CCD 类型构建垂直抗晕结构,但它们相对复杂且难以优化。

防高光溢出预防措施有几个缺点:结构复杂、CCD 优化难度大。通过将电子与"空穴"重新结合而引起的电子俘获会导致 PRNU 变得严重、依赖于水平的恶化程度。并且减少了负责产生电子的硅基的有效深度,这将导致红色和红外响应度降低。

然而,存在的平衡优势可防止过度扩散(MTF 扩散),即提高了 MTF,从而暗电流的产生被最小化。在高达 104 倍的过度曝光时可实现高效率摄影,并且防晕染结构紧凑地位于光电二极管下方,不占用任何光敏空间。

电荷转移效率是衡量在移位寄存器的完整移位操作中成功移位的电荷量(2 到 4 相模式,取决于 CCD)。在电荷转移过程中丢失电子所产生的效应称为无效率电荷转移,CTI。CTE 和 CTI 是实际电荷的分数形式,例如 10^{-4},两者数学关系很简单,如下

$$CTE = 1 - CTI \tag{4.4-16}$$

当电荷从像素转移到移位寄存器时,CTI 表示灭失。

4.4.3.9 "涂抹"现象

拖尾是一种错误信号,它在图像的明亮部分从上到下(垂直)运行(见图 4.4-18)。其在常见类型 CCD 中的存在原因各不相同。

在帧传输 CCD 中,入射光会产生拖尾,而生成的图像则从曝光区推送到存储区(帧移)。

在行间传输 CCD 中,拖尾是由进入覆盖移位寄存器而不是被光电二极管收集的散射光子引起的。

在图 4.4-18 中选择一个高度为完整图像 10% 的白色矩形(100% 调制)与黑色背景(0% 调制)相对,以显示拖尾的原理。

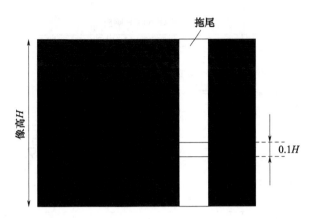

图 4.4-18 CCD　面阵中拖尾效应原理示意图

4.4.3.10　量子效率、灵敏度和响应度

传感器的灵敏度定义为在引入一定量的光能时在传感器中产生的信号强度。根据所使用的方法，在物理术语中，它表示为[A/W]、[Lux]、[V/μJ/cm²]或[e⁻/μJ/cm²]。如前所述，光或光子根据控制内部光电效应的自然规律进行转换。简而言之，如果光子的能量 E_{ph} 等于或大于带隙（价和导带）的能量 E_g 和材料（硅），则光子能量为

$$E_{ph} \geqslant E_g \quad \text{或者} \quad E_{ph} = h\nu = hc/\lambda \tag{4.4-17}$$

其中 h·ν 为光子能量[Ws]，ν 为频率[s⁻¹]，h 为普朗克常数[6.63×10^{-34} Ws²]，c 为光速[$3 \cdot 10^8$ m/s]，λ 为波长[m]。

灵敏度(S)、响应率(R)或量子效率(η)必须相对于波长表示，以便对成像传感器进行精确评估。示例如图 4.4-19 所示，像素的量子效率 η 和 CCD 输出放大器的电荷电压转换因子是计算响应度的基础

$$R(\lambda) = e \cdot \eta \cdot \lambda/hc \quad [A/W] \tag{4.4-18}$$

或者

$$R(\lambda) = AP \cdot e \cdot \eta \cdot \lambda/hc \quad [e^-/\mu J/cm^2] \tag{4.4-19}$$

或者

$$R(\lambda) = CVF \cdot e \cdot \eta \cdot \lambda/hc \quad [V/\mu J/cm^2] \tag{4.4-20}$$

其中 AP 为像素面积[m²]，e 为电子电荷[$1.6 \cdot 10^{-19}$ C]，CVF 为转换增益因子[μV/e⁻]。

饱和电子数 FW（全阱）、转换因子 CVF 与饱和电压的关系表示为

$$FW = USAT/CVF \tag{4.4-21}$$

其中 FW 为全阱[e⁻]，U_{SAT} 为饱和电压[V]，CVF 为转换增益因子[μV/e⁻]

量子效率由灵敏度（响应度）计算

$$\eta = S \cdot h/e \cdot c/\lambda \tag{4.4-22}$$

其中 S 为灵敏度[A/W]，η 为量子效率，h 为普朗克常数[$6.63 \cdot 10^{-34}$ Ws²]，c 为光速[$3 \cdot 10^8$ m/s]，e 为电子电荷[$1.6 \cdot 10^{-19}$ C]，λ 为波长[m]。

由于波长以[μm]表示，因此从式(4.4-22)得出

$$\eta = 1.24 \cdot S \cdot \lambda \tag{4.4-23}$$

量子效率与波长的关系曲线的典型例子如图 4.4-20 所示。量子效率会受到许多物理量级的影响，例如：

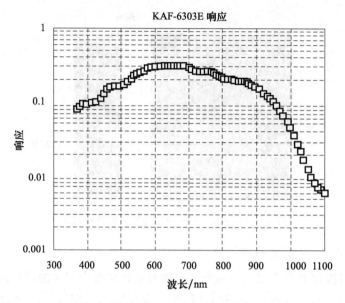

图 4.4-19　Kodak 全画幅面阵 KAF-6303E 的响应度(Kodak，2001a)

- 吸收系数,表示光子必须穿透多深才能产生电子;
- 复合寿命,即光子在复合之前产生的电子的"寿命";
- 扩散长度,表示电子重组后的平均波长;
- 覆盖在光响应硅基上的覆盖材料(如二氧化硅)。

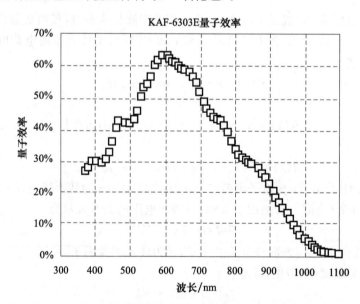

图 4.4-20　Kodak 全画幅面阵 KAF-6303E 的量子效率(Kodak，2001a)

　　在许多相机或 CCD 中,灵敏度以勒克斯表示。但在大多数情况下,这个单元不适合科学研究。一个有意义的勒克斯值很大程度上取决于各种条件,例如:

- 照明的光谱分布;
- 成像传感器的光谱响应度;
- 像和物(对象);

- 可实现的调制；
- 使用的测量阵列。

可以使用眼睛的光谱亮度灵敏度将以勒克斯表示的亮度 E 转换为光子通量。如果在生理上评估一定量的辐射，则这决定性地取决于光谱曲线。如果将波长为 555 nm（最大眼睛敏感度）的绿光投射到 1 m² 的区域上，则感知到的亮度为 680 lux。但在红色（750 nm）中，这种强度仅被感知为 0.1 lux。

这种关系用辐射当量 K 表示为：

$$K = 680 \text{Lux} \cdot \text{m}^2/\text{W}(555 \text{ nm}) \tag{4.4-24}$$

$$E = K \cdot V(\lambda) \cdot \Phi \tag{4.4-25}$$

其中 E 为发光量 $[\text{Lux}]$，Φ 为强度 $[\text{W/m}^2]$，$V(\lambda)$ 为眼部亮度，灵敏度 K 为等效辐射 $[\text{Lux} \cdot \text{m}^2/\text{W}]$。

光的强度 Φ 由在时间间隔 t_{int} 内以能量 $E_{ph} = \text{h} \cdot \nu$ 发射到区域 A 的光子数 n 决定

$$\Phi = n \cdot \text{h} \cdot \nu/A \cdot t_{int} = n \cdot \text{h} \cdot \text{c}/AP \cdot \lambda \cdot t_{int} \quad [\text{W/m}^2] \tag{4.4-26}$$

其中 λ 为长 $[\text{m}]$，AP 为像素面积 $[\text{m}^2]$，t_{int} 为时间间隔 $[\text{s}]$，h 为普朗克常数 $[\text{W} \cdot \text{s}^2]$，$\text{h} \cdot \nu =$ 子能量 $[\text{Ws}]$ 为 E_{ph}，c 为光速 $[\text{m/s}]$。

通过在（4.4-26）中插入（4.4-24）和（4.4-25）再次获得光子数

$$n = [A \cdot \lambda \cdot t_{int}/\text{h} \cdot \text{c} \cdot K \cdot V(\lambda)] \cdot E \tag{4.4-27}$$

其中 $n =$ 光子数。

4.4.3.11　快门

在成像系统中提供快门的终极目标是以能够随意开始或停止进行摄影曝光。电子快门当然比机械快门更具优势，它是所有面阵 CCD 的一个鲜明特征，行间传输系统尤是如此。

4.4.3.12　调制传递函数（MTF）

图像的质量取决于整个传输系统的分辨率（清晰度）和对比。在调制传递函数（MTF）中考虑了这两个量，该函数描述了系统"捕获"探测组件（即在 CCD 相机的情况下是镜头和 CCD 传感器）对图像空间频率的衰减。

对于更精细的结构，调制再现的质量会越来越低，而对于每毫米特定（高）数量的线对，调制再现的质量会下降到零。最高空间频率对于感知清晰度不是必需的，而是在整个空间频率范围内最高可能的对比度再现，直到适用于特定应用的最高空间频率。

每单位长度的垂直和水平线对（通常为 1p/mm，但也有 lp/像素之说）及其再现对比度之间的关系通常用于评估目的。高对比度意味着亮线和暗线的良好分离，而差的对比度意味着结构不明确或难以界定。目标必须满足的要求因传感器尺寸和像素大小而异。

例如，为了产生高清图像，使用像素大小为 6 微米的 CCD（在 1/3″相机的情况下），物镜边缘的分辨率为 80 lp/mm，并且尽可能高的对比度是需要的，这样可以满足充分利用传感器分辨率的需要。在 4.5 μm（1/3″相机）的情况下，所需的分辨率为 104 lp/mm。

由纯黑色和白色结构组成的西门子之星通常用于评估此类相机系统的 MTF 的光学质量。在这里，结构的精细度从星的外边缘到中心增加。这使得在确定星的确切中心后精确分析单个圆半径成为可能。与理想矩形函数的偏差越大，系统的传递越差。图 4.4-21 显示了用简单、廉价的 CCD 相机拍摄的西门子之星照片。分辨率的降低清晰可见，尤其是在星的中心（右下角显示放大后效果）。

图 4.4-21　西门子之星,用廉价相机拍摄(IAI FZK,2004)

同样的测试图案是用高质量的 CCD 相机进行拍摄(图 4.4-22)。整张照片的对比度更好,中心非常精细的结构的分辨率也明显更高。

图 4.4-22　西门子之星,用高质量 CCD 相机拍摄(IAI FZK,2004)

所拍摄的两个图像的分辨率以及两个成像系统的质量可以借助合适的软件来计算。计算出的 MTF 曲线如图 4.4-23 所示。系统 1(图 4.4-21)相比系统 2(图 4.4-22),对比度随频率的增加减小得更快,因此,系统 2 具有更好的整体传输行为。

4.5　焦平面模块

在用于航空摄影的光电相机中,胶片焦平面被替代。焦平面的基本结构可以由完全组装或封装的 CCD 组件构成。另一种选择是使用制造商预先测试过的裸芯片,然后使用混合技术将其安装在载体上,这两种方法都已在实践中使用。对于较小像面的相机系列,最好使用预组装的 CCD 组件,因为这样可以允许对焦平面阵列进行相对简单的修改。

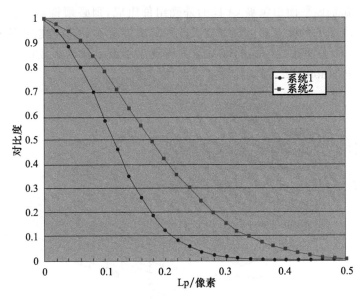

图 4.4-23　MTF 显示了系统 1 和系统 2 之间的差异(IAI FZK,2004)

　　CCD 焦平面的一些要求与胶片平面的要求不同,但以下要求是相同的。

　　机械方面:CCD 组件安装在具有长期机械稳定性设计的载体上,即焦平面底座。焦平面上由 CCD 探元的像素形成的平面与镜头的光轴垂直对齐,距离由焦距确定。镜头和焦平面之间的连接必须具有机械强度、可重复集成或加工性和无强应力。

　　一个行之有效的选择是使用相对棱镜和硬化钢球的组合作为连接元件。例如,棱镜可以附在镜筒上进行对齐,每个棱镜相对于镜头的光轴以一定的半径偏移120°,并且钢球在相对点位连接到焦平面基座板上。为了创建聚焦图像,焦平面与镜头的距离(取决于其属性)可能只有很小的容差,所以最终的安置焦距是各种单独公差的总和,如使用胶片时就有必须遵守的公差规范。

　　焦平面的以下要求与胶片平面的要求不同。

　　CCD 行的热稳定性:如第 4.4.3 节所述,必须稳定焦平面的温度以获得良好的辐射分辨率。对于大多数应用,20 ℃就足够了。焦平面的 CCD 元件在工作状态下会产生热功率损耗,导致其发热,因此必须进行散热。由于用于航空摄影的数字测量相机很多时候在 20 ℃以上的环境温度下工作,因此需要进行主动热稳定,通常基于珀耳帖(Peltier)效应实施控温。

　　根据焦平面上 CCD 探元的数量、布局和特性,发生的热功率损失可能会有很大差异。典型值是 10～20 瓦。CCD 组件将热功率损耗放射到底座的陶瓷中,然后通过高效的热导体(例如热管)将其传送到散热器。

　　为了防止模块在不同工作温度下焦平面上的偏移,底座必须与 CCD 元件具有相同的膨胀系数,并且出于电气原因,必须以隔离器方式安置。无论 CCD 组件是作为硅芯片还是作为封装组件组合以形成焦平面,该原则都适用。因此,只有满足这些要求的材料才能用于底板制作,这一点上陶瓷尤其适用。高质量的底座可以由亚硝酸铝陶瓷制成,氧化铍陶瓷会更好:这种材料具有特别高的导热性,但毒性极强,这意味着很少有制造商可以对其进行加工。

平面度偏差:如果焦平面由包裹 CCD 的外壳组件组成,则必须特别注意公差。首先是外壳公差(外壳在高度和平行度方面可能存在误差);其次是由于 CCD 制造商的黏附错误导致的 CCD 行阵的歪斜。不关注这些可能的误差源会导致焦平面上像素形成的表面与平面有很大差异,如图 4.5-1(Perthometer,透光计测量结果)样例所示。

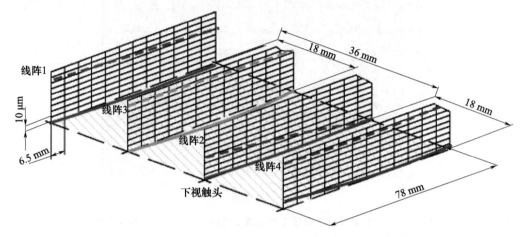

图 4.5-1 CCD 组件在共同焦平面上组装前后的偏差

图中的虚线显示了相对于外壳下侧测量的行像素的高度情况,最大高度差为 80 μm。然而,焦平面所需的定位精度的总公差仅为 ±20 μm。必要的高度调整是通过研磨此处使用的行相应的 AlN 陶瓷安装座来实现的。图 4.5-1 中的实线表示磨削修正后的测量结果。

防尘和防潮:与在图像平面上移动的胶片相比,焦平面始终保持在镜头的图像平面内。除非采取特殊措施,否则在使用一段时间后,污垢会聚集并导致图像质量出现无法接受的恶化。由于不同高度的气压差异很大,焦平面的密封以及焦平面与镜头之间的空间会因相关的机械变形而出现问题。技术上可行的解决方案是对空气进行过滤和除湿,从而过滤掉大于 1 μm 的气溶胶,并通过吸收剂限制湿度,从而不会从水蒸气中形成冷凝。

图 4.5-2 是航拍数字测量相机实际使用的含 4 排成像阵列的焦面结构分解图。底座 1 由机械坚固性优良的氧化铝陶瓷组成,具有低导热性。4 个陶瓷长方体②由 AlN 陶瓷制成,用于固定 CCD 行阵③。4 个陶瓷长方体②使用光学技术方法研磨成一定尺寸,使得 CCD 行阵③中的像素形成一个具有严格公差的平面(另请参见图 4.5-1)。陶瓷长方体②中的孔④将热管⑤用于将 CCD 行阵的热功率损耗消散到热交换器(此处未显示)。带有集成散射光罩⑦的陶瓷框架⑥提供了对外部的封闭体。电磁阀⑧在工作时打开,从而通过滤尘器和吸水器将内焦平面室与外部连通起来。

4.6　前置电子元件

与 CCD 传感器直接相连的电子元件有时被称为前置电子系统,包括如时钟驱动器和电源的外部接线元件,它们对传感器的运行至关重要,也包括传感器信号处理组件。概览如图 4.6-1 所示。

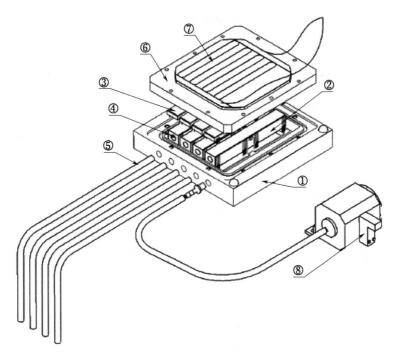

图 4.5-2　焦平面结构示例

4.6.1　CCD 控制

根据 CCD 组件的复杂性和类型,需要生成多个时钟信号以将电荷从像素传输到输出级。根据传感器的工作原理和技术,数据传输量会有很大差异。图 4.6-2 显示了来自柯达的 3k×2k 面阵传感器 KAF-6303 LE 的时钟方案示例。

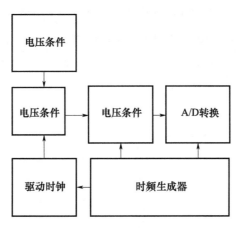

图 4.6-1　前端电子元器件原理

每个 CCD 时钟信号都需要特定的低电平或高电平,具体取决于制造技术,如表 4.6-1 所示。时钟生成通常发生在可编程 FPGA 电路(Xilinx、Actel 等)中,而要将 TTL/CMOS 电平转换为 CCD 的相应电平,则需要时钟驱动器或电平转换器。CCD 制造商的专用 IC 可输出特定 CCD 的所有信号,通用标准 IC 一般可用于此目的。在某些情况下,甚至可以使用分立解决方案(晶体管)。

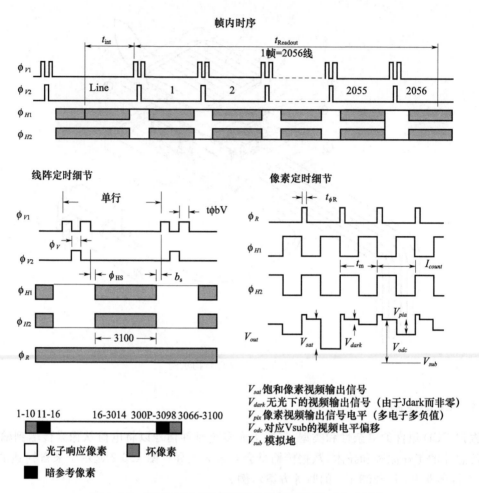

图 4.6-2   KAF-6303 LE 传感器的时序细节(Kodak,1999)

表 4.6-1   KAF-6303 LE 传感器时钟信号电平之间的关系(Kodak,1999)

描述	符号	电位水平	最小值/V	标称值/V	最大值/V	有效电容
垂直 CCD 时钟—阶段 1	ϕ_{V1}	低	−10.5	−10.0	−9.5	820 nF(所有 ϕ_{V1} 引脚)
		高	0.5	1.0	1.5	
垂直 CCD 时钟—第 2 阶段	ϕ_{V2}	低	−10.5	−10.0	−9.5	820 nF(所有 ϕ_{V2} 引脚)
		高	0.5	1.0	1.5	
水平 CCD 时钟—阶段 1	ϕ_{H1}	低	−6.0	−4.0	−3.5	200 pF
		高	4.0	6.0	6.5	
水平 CCD 时钟—第 2 阶段	ϕ_{H2}	低	−6.0	−4.0	−3.5	
		高	4.0	6.0	6.5	
重置时钟	ϕ_R	低	−4.0	−3.0	−2	10 pF
		高	3.5	4.0	5.0	

　　某些 CCD 传感器也可以用 5V CMOS 电平驱动,但这仅适用于平板扫描仪或标准工业应用的有限线阵传感器选用,东芝和索尼专注于这一领域。为了简化应用,电平转换器/时钟驱动器被集成到这些传感器中,但一般来说,它们在信号质量(噪声、片上发热增加)方面不符合

更高的标准。

与时钟生成一样,提供单个电压是一个相对复杂的过程。例如,KAF-6303 LE 面阵传感器需要 5 种不同的工作电压(表 4.6-2)。

表 4.6-2　KAF-6303 LE 传感器的工作电压(Kodak,1999)

描述	符号	最低值/V	标称值/V	最大值/V	最大直流电流/mA
重置势阱	V_{rd}	10.5	11	11.5	0.01
输出放大器返回	V_{ss}	1.5	2.0	2.5	0.45
输出放大器电源	V_{dd}	14.5	15	15.5	Iout
基质	V_{sub}	0	0	0	0.01
输出门	V_{og}	3.75	4.0	5.0	0.01
保护环	V_{gurad}	8.0	10.0	12.0	0.01

4.6.2　信号预处理

信号预处理包括对 CCD 输出的适配、信号的过滤和预放大以及将计时 CCD 信号转换为一个简短的直流电压值,该值可由 AD 转换器采样,原理如图 4.6-3 所示。

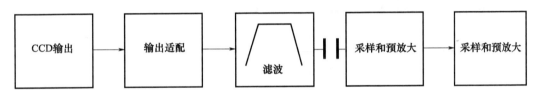

图 4.6-3　CCD 信号处理链原理

如前所述,CCD 相对低阻抗的输出级(另见第 4.4.1 节)由饱和电平为 1~3 V 的录像信号提供,该信号与直流电平(通常为 5~10 V)。该信号不能直接耦合到 AD 转换器,除非首先分几个步骤对其进行“处理”。

制造商通常推荐使用 CCD 输出接线,一般采用射极跟随器的形式(图 4.6-4)。接线系统可能会偏离制造商的设计(例如,带有运算放大器),但必须确保不超过 DC 工作点和/或 CCD 输出级的最大负载。

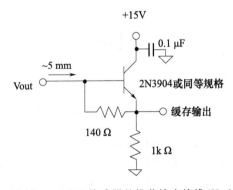

图 4.6-4　KAF-6303 LE 传感器的推荐输出接线(Kodak,1999)

在任何情况下,建议在进一步的信号处理阶段之前对信号进行带限滤波,以便尽早消除不必要的噪声成分。

如果证明需要前置放大器,则其上游应有直流隔离,否则较大的直流部分会与交流一起放大或使用纯交流放大。是否在交流耦合的下游提供钳位(例如,在暗信号像素级),取决于对信号进行的后续处理。

信号处理的整体质量受到录像信号采样的决定性影响。这里有几种可能性,但相关双采样(CDS)已成为普遍采用的基本原理,这种采样方法是基于浮动二极管的电平与CCD输出的录像电平之间的差异,采样原理的时序如图4.6-5所示。这种方法有许多优点:首先,可获得没有偏移的信号电平的实际绝对值;其次,残余噪声——即从一个像素到下一个像素的残余电平的振荡,可被抑制——因为始终只使用属于录像电平的当前残余电平。重置或浮动二极管电平与录像电平相关,因此需要进行相关双采样;最后,通过使用窄采样脉冲进行采样来实现进一步过滤,从而抑制了$1/f$噪声的大部分低频部分。采样的脉冲ϕ_c和ϕ_s越窄,它们靠得越近,噪声抑制效果越好。

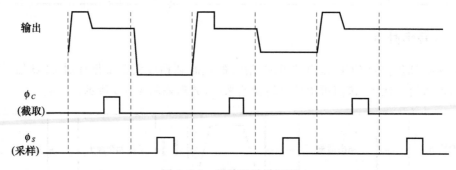

图 4.6-5　相关双采样原理

两种最常用的CDS方法在以下方面有所不同:在AC耦合之后,CCD信号的钳位在每个残余电平中受到影响,然后对录像电平进行采样;两者都浮动二极管和录像电平分别使得采样保持电路采样,然后形成差分信号。在大多数情况下,该差值信号依次由采样保持电路采样,以便能够为后续的AD转换器提供以这种方式处理的整个像素周期的录像信号。

许多制造商都提供执行整个CCD信号处理操作的专用电路,这大大方便了应用程序。一个例子是Atmel(法国)制造的TH7982A,其中不仅集成了CDS,还集成了前置放大器、像素校正器和AD转换器的缓冲器,所述TH7982A的操作原理示于图4.6-6。

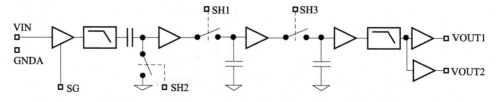

图 4.6-6　TH7892A CDS电路工作原理(ATMEL,2001)

为了更好地理解,请参考图4.6-7所示的时序图。实际的SH2(浮动二极管)和SH1(信号)CDS脉冲是可识别的。对于一种流水线处理,向它们添加进一步的采样脉冲,该采样脉冲对由SH2和SH1形成的像素n的信号差进行采样,而像素$n+1$的浮动二极管信号已经被SH2再次捕获。作为一种选择,可以通过定义的SH1脉冲淡出来抑制不需要的像素(例如,缺陷像素),然后SH3再次对先前存储的值进行采样。两个不同配置的输出缓冲器可以适应不同的AD转换器类型,其信号电平为Vout=±1V对地对称,或标准录像电平Vout=1 V/50 Ω相对于地(0V)。

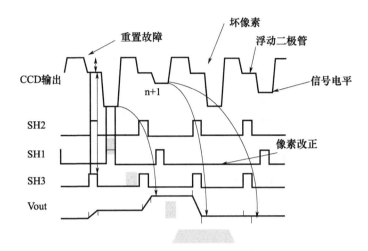

图 4.6-7　TH7892A 时序图(ATMEL,2001)

4.6.3　模数转换

CCD 收集的电荷最终在 AD 转换操作中从模拟信号范围转换为数字信号。可从广泛的市售转换器中选择适合相关应用的 AD 转换器。选择参数包括采样率、分辨率、线性度、输入存储比、设计和功耗。

AD 转换器的性能主要受量化误差和技术的限制,这里简要讨论了一些评估 AD 转换器质量的方法。AD 转换器是一个量化器,它将模拟信号转换为离散(数字)步长,每个步长都由一个二进制值表示。由于 AD 转换器是一个量化器,所以也表现出量化误差。即使是理想的AD 转换器也很难没有量化误差,因为数字值代表某个模拟值,一旦模拟信号被转换,该模拟值就会与输入信号略有不同。

量化误差由线性响应函数与作为 AD 转换器特征的"阶梯函数"之间的差异决定。量化误差的函数具有锯齿信号的形状,在每个 LSB(LSB:最低有效位)之间会存在一次 ± 0.5 LSB 的振荡,这是因为数据转换器无法识别小于 1 LSB 的模拟差异(见图 4.6-8)。有效量化噪声 $Q(\mathrm{rms}) = q/\sqrt{12}$($q$=LSB measure)可以基于该锯齿波进行计算。

AD 转换器的信噪比是在转换过程中添加到模拟输入信号(来自 CCD 或信号处理)的宽带噪声的测量结果。理想 AD 转换器的理论 SNR 计算如下

$$
\begin{aligned}
\mathrm{SNR} &= U_{\mathrm{signal}}(\mathrm{rms})/Q(\mathrm{rms}) \\
&= (2^n/2 \cdot \sqrt{2})(1/\sqrt{12}) \\
&= 2^n \cdot \sqrt{3} \cdot \sqrt{2} \\
&= 1.225 \cdot 2^n
\end{aligned}
\tag{4.6-1}
$$

因此

$$
\begin{aligned}
\mathrm{SNR}_{\mathrm{dB}} &= 20 \cdot \log(1.225) + n \cdot \log(2) \\
&= 1.76 + 6.02 \cdot n
\end{aligned}
\tag{4.6-2}
$$

公式(4.6-2)描述了理想 AD 转换器(量化噪声是 n 位 AD 转换器的唯一噪声源)的理论上可达到的信噪比(SNR)。理想情况下,U_{signal} 与满量程正弦信号相关:通过将峰-峰值除以 $2\sqrt{2}$

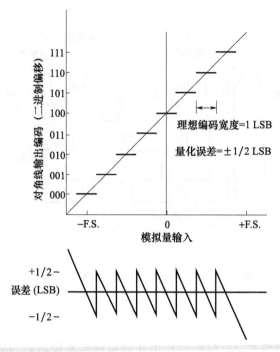

图 4.6-8　AD 转换器中的量化误差(Coffey et al.,1999)

获得正弦信号的有效值(平方根)。

因此,基于(4.6-2),86 dB 的 SNR 几乎是 14 位 AD 转换器的理想选择

$$\text{SNR}_{dB} = 1.76 + 6.02 \cdot 14$$

或者

$$\text{SNR} = 86 \text{ dB}$$

AD 转换器的实际参数及其接线最好借助快速傅里叶变换(FFT)来确定。使用这种方法,所有涉及的系统组件都被覆盖。代替采样的 CCD 信号,耦合具有极低噪声和畸变的正弦信号,转换器被完全调制,FFT 是根据记录的数字值确定的。结果为 FFT 图,如图 4.6-9 所示。

除了信噪比之外,FFT 分析还提供了额外的技术参数,例如总畸变因子(线性度)和杂散频率间隔,此处不再详细介绍。确定 AD 转换器实际分辨率的最终位数的可能性也很有趣。

系统的 SNR 值计算为有效激活值与所有噪声分量的有效值之比。因此,通过类比(4.6-1),有

$$\text{SNR} = U_{\text{Signal}}(\text{rms}) / U_{\text{Noise}}(\text{rms}) \tag{4.6-3}$$

或者,以[dB]为单位

$$\text{SNR}_{dB} = 20 \cdot \log\{U_{\text{Signal}}(\text{rms}) / U_{\text{Ircisa}}(\text{rms})\} \tag{4.6-4}$$

测量数据采集时间(采集的开始和结束),也称为窗口化是有限的。这个矩形窗函数在 FFT 的情况下有影响。FFT 点的数量 N 产生了 y 读数的校正因子。在对数术语中,这会在加窗的情况下产生 $10 \cdot \log(N/2)$ 的偏移。如果基于 FFT 计算的测量数据是异步获取的,即没有固定的相位和频率相关性,则应使用另一个窗口函数(如 Hanning、Hamming、Blackmann-Harris 等人的研究成果)评估测量结果。以此方式,由相对于窗口的周期性正弦形状激活的相位位置引起的误差被最小化。

假设使用矩形窗口函数进行相干采样,可获得以下噪声成分

$$U_{\text{loiss}}[\text{dB}] = \text{有效噪声水平} + 10\log(N/2) \tag{4.6-5}$$

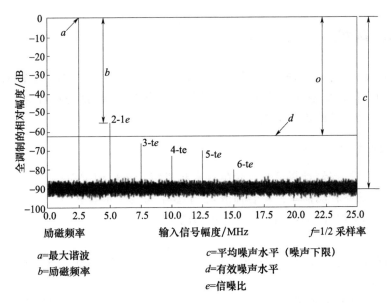

图 4.6-9　FFT 可作为确定 AD 转换器参数的一种方式(Datel,2003)

其中 N=FFT 点数,$N/2$=频率位置数。

　　评估或选择 AD 转换器的另一个重要方面是采样率。根据采样定理,只有当转换器的采样率 f_s 至少是信号中出现的最高频率 f_c 的两倍,即 $f_s > 2f_c$ 时,才能明确恢复原始信号。

　　然而,这仅适用于假设输入信号为正弦形状的情况。当 AD 转换器用于数字化 CCD 信号时,这种说法会不完全适用,因为输入不是正弦波,而是准离散信号,其值以相等的间隔改变。如果转换器的采样率(例如 10 M samples/s)与 CCD 的录像频率相同,则(理论上)就足够了,在这种情况下,即为 10 M 像素每秒。当然,这里的基本条件是 AD 转换器有足够的时间对录像信号的准平稳值(由 CDS 处理)进行采样。这种时序的一个例子如图 4.6-10 所示。除了 CDS 信号 SHP 和 SHD,该时序还显示了 DATACLK 信号。这是 AD 转换器的控制脉冲,其在时间上是同步交错的,但频率与 CCD 录像信号相同。从像素 N 的位置可以看出,该像素在作为数字值在 AD 转换器的输出端可用之前用了 9 个步骤完成流水线过程处理。

　　与 TH7982A 相比,CCD 信号处理器 AD9824 是 CCD 模拟数字处理功能的进一步增强,这是目前可用的最高级别。输入 MUX 暗信号钳位、CDS、前置放大器和 AD 转换器均集成在了单个芯片上。

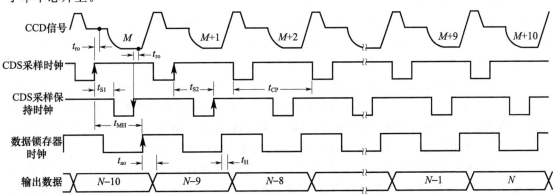

图 4.6-10　AD9824 CCD 信号处理器的时序(Analog Devices,2002)

4.7　数字计算机

前一节中描述了数值数据的生成及其通过前端电子设备中的校准值进行的初步处理,本节涉及相机中的数值数据处理以及整个系统的控制和状态监视,这为审查关键系统组件及其功能提供一般性描述,某些细节会重点阐述。

4.7.1　控制计算机

从技术角度来看,控制计算机是一台配备有相机特定组件的 PC(图 4.7-1)。它是由软件控制、监视和协调的各种功能单元组合而成,三个基本功能单元如下:

- 带有相关标准组件(例如图形卡和 LAN)的 PC;
- 图像数据通道;
- 附加组件,例如与外部单元的特定相机接口、相机悬架、GPS/IMU 系统以及用于监测和控制环境条件的模块。

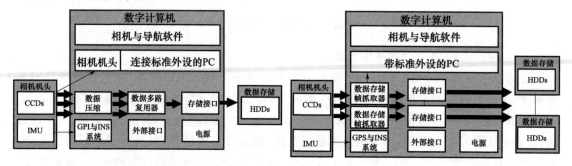

图 4.7-1　系统概览

4.7.1.1　控制和监控 PC 及软件

PC 硬件包含与任何办公室 PC 中的类似组件,包括:CPU 和内存、带有标准接口的主板和系统驱动器。这些组件构成了计算机的基本框架及控制和监控软件的平台。触摸屏支持等特殊硬件组件也是这种基本设备的一部分补充。

帧采集卡经常用作 PC 和图像数据通道之间的接口。帧采集器在飞行期间生成或渐灭由 CCD 传感器及辅助相机记录的图像数据。这些图像被实时处理并被操作员用作方向和导航辅助工具,用于质量控制并在操作过程中监控相机。

图像数据在图像通道中实时处理和存储。该通道专门为此目的而设计,其操作基本上是自主的,PC 仅对其进行初始化、监视和控制。因此,为了在运行过程中不影响性能,PC 不直接参与数据的处理和存储,而只是控制某些系统进程。

有多种实现数据通道的方法。如从带有磁盘控制器的帧采集器,到并行连接的多台 PC(例如,一台带有对应每个 CCD 的存储系统的计算机),再到具有内存管理和数据压缩的数据通道。数据速率、数据处理灵活性、冗余、内存要求、功耗和服务条件等性能特征应根据具体情况进行估计,并相应地加权评估优缺点(尤其是在现场应急应用方面)。

在讨论数值数据处理的关键技术点之前,这里首先解释补充阐述一下相机特定的组件和接口,它们取决于相机系统的集成深度,执行重要功能并为应用开辟有趣的可能性(图 4.7-2)。

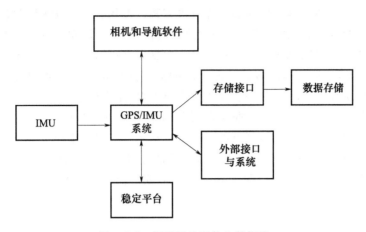

图 4.7-2　摄影辅助组件和数据流

数字测量相机最重要的辅助部件是 GPS/IMU 系统(见第 4.7.1.3 节),其为精确的离线位置和姿态计算提供原始数据,并可实时提供相同参数(精度要低很多)。如果该数据在相机系统中实时处理,即没有显著延迟,则可用于稳定相机座架。此外,位置和姿态数据可用于确定控制系统漂移参数。通过这种方式,安装在其底座上的相机可以始终相对于飞行方向对齐,而与飞机的航向无关,传感器控制和飞行管理软件也会用到这些数据。如果此位置和姿态信息不可用,则至少必须集成 GPS 接收器以进行飞行管理。

从操作的角度来看,飞行管理和导航系统是必不可少的,其可使飞行员能够执行高效的航摄飞行,同时还管理飞行状态并配置和监控摄像系统。

在当今可用的大多数相机系统中,飞行管理和导航系统都算是外部摄影辅助组件,而不是系统的一个组成部分。这对于成像功能而言并不重要,但从操作员的角度来看却很重要。在集成设计中,摄像头监控、飞行管理和控制等子系统的会被集成到用户界面中完成操作执行,这样可以满足在通常很狭窄的飞机空间上安装多个屏幕和输入单元的需要。

另一个重要的摄影辅助组件是相机稳定座架,其为飞机中的摄像头提供缓冲,并主动补偿飞机的不规则性运动(参见第 4.10 节),从而减少图像拖尾影响。安装稳定座架还可保持与相邻条带的旁向重叠以提高飞行摄影效率,并且由于自动漂移控制,可始终记录下完整的图像宽度。

根据安装方式,可能还需要将附加传感器连接到主系统上。例如,当多个传感器由一个GPS/IMU 系统提供数据时,或者当多个传感器由一个飞行管理和导航系统控制时,再或者当数据记录过程必须同步时,就会产生这种需求。用于此类目的的接口通常采用的是串行接口,例如 RS232、LAN 或玻璃纤维连接,所以可同时传输多个数据流。

4.7.1.2　图像数据通道

图像数据通道是控制计算机的相机专用部分,用于处理由摄像头生成的数字图像数据。数据经过以下处理步骤:缓冲、压缩、生成和插入附加数据以进行后续处理和分析,以及格式化以进行高效存储。所有这些步骤都必须实时执行,这意味着数据不能被缓冲以供后续处理,而必须在它发生的那一刻进行处理。这是一个外围条件,在开发数字测量相机系统时非常具有挑战性,需要使用快速处理器,例如 DSP(数字信号处理器)甚至硬件解决方案。

各个处理阶段的实现取决于数据速率和所需的功能。单个相机系统支持数据压缩。由于高数据速率和复杂性,该处理阶段需要硬件解决方案。专用硬件由 DSP 支持,DSP 执行数据预处理操作,例如排序、归一化或使用查找表进行转换,并控制压缩。以这种方式,可以选择各种压缩模式(无损、有损)或满足各种质量标准。数据压缩在第 4.7.2 节中处理。

根据压缩模式和图像内容,数据压缩输出的数据速率可能会有所波动。为了以最佳方式准备要存储的数据并支持 CCD 线/面阵到存储介质的可变分配,系统中的一种交叉功能很有帮助。这使得将给定数量的数据输入(例如,来自 CCD 线/面阵的数据流)分配到任意数量的内存驱动器成为可能,从而可以以最佳方式利用总数据速率和存储容量。此外,这种智能内存管理可以实时识别传输错误并在存储数据之前纠正处理。有些相机不具备此功能,而是使用多个存储系统,每个系统仅包含部分飞行数据。使用这些相机,飞行数据必须随后被复制。

(1)系统配置数据

上述评论表明数字测量相机系统非常复杂。它包括许多硬件和软件组件,以非常高的速度处理数据并实时执行算法。出于监控目的和诊断错误,重要的系统参数在运行期间作为内务数据被引入到数据流中,持续评估和存储以备将来分析。其中包括温度数据、配置数据、硬件设置和控制器参数。

(2)数据存储器接口

数据存储器的接口主要由当今市场上可用的商业存储介质决定。由于硬盘最常用于数字测量相机(参见第 4.7.3 节关于数据存储器),这里的评论将仅限于这种存储介质。HDD 可以分为两类。SCSI 硬盘用于服务器。它们非常可靠,运行速度快,并具有 SCSI 或光纤通道接口。但它们比办公 PC 的 HDD 贵,后者主要使用带有 ATA 接口(串联或并联)的 IDE 硬盘。后者的内存容量比 SCSI 硬盘稍大一些,而且更便宜,但不那么可靠。

选择接口时,必须在这两类 HDD 之间进行选择。如果考虑最大数据速率和独立数据流数量等系统参数,可用的选择范围就会很窄。应该记住,SCSI 接口是一种总线系统,最多可以连接 15 个驱动器。一个 ATA 接口在一条总线上最多支持两个驱动器。根据相机系统的不同,必须实施多个数据存储器和总线系统,以确保在操作期间可以存储图像。因此,密封的费用增加,并且在多个独立数据存储器的情况下,飞机中需要更多空间。从操作的角度来看,紧凑的解决方案是可取的。航摄飞行后必须可以轻松地从飞机上移除数据存储器。为了满足这一要求,总线系统必须是可分离的,并且足够坚固以在空中使用。采用 SCSI 磁盘的解决方案允许更简单的拓扑结构,飞行系统的可靠性更高。IDE 磁盘是一种用于在办公室存储数据的廉价解决方案。

标准磁盘控制器用于驱动上述所有总线/磁盘类型。多种控制器卡可从各种供应商处购得。这些卡的主要区别在于它们的数据速率和功能。首先也是最重要的是,可编程控制器或提供 RAID 支持并因此根据 RAID 级别支持冗余数据记录的控制器在相机系统中很受欢迎。

4.7.1.3　GPS/IMU 系统

飞行过程中记录的图像数据会作为后续处理的输入数据等待处理。生成测绘产品需要各种处理步骤,具体取决于相机中使用的 CCD(线阵/面阵)类型。线阵 CCD 和面阵 CCD 之间的主要区别在于,线阵传感器中的每条图像扫描线都有自己的外部定向参数,而面阵传感器中的外部定向参数适用于整幅单次摄影图像。摄像头的摄影方向和位置需要以一定的精度进行测量,并在飞行过程中记录测量值,以便稍后在后处理操作中将来自线阵传感器的图像组合形成图像立体条带。为此,使用了 INS(惯性导航系统),它由 IMU(惯性测量单元)、GPS 接收器和用于处理 GPS 和 IMU 数据的计算机单元组成。

　　INS 运作原理是：IMU 由三个陀螺仪和三个加速度传感器组成，它以一定频率（如 200 Hz）测量绕三个轴的旋转速率和三个方向上的加速度，INS 的计算机软件对增量值/增量进行积分，并通过卡尔曼滤波估计传感器误差、姿态和位置。GPS 数据也会整合到计算中，主要提供用于平差计算的固定点点位信息，这样可以避免由传感器误差导致的随时间漂移量。这些计算可在飞行期间（实时）以及后续的后处理过程中进行，在后处理情况下，将使用更精确但计算机密集度更高的误差模型，并在时间上进行来回数据处理，从而获得更精确的解。视具体应用而定，方向计算所需的精度可能是几秒的旋转角度（如用于直接地理参考的精度要求就很高），此精度主要由 IMU 的性能参数决定。

　　为了达到上述测量精度，IMU 必须以非常稳定、固联方式与相机本体集成，这样在摄影过程中不会发生移动。

　　相机和 GPS/INS 的组合可以实现不同级别的集成。在大多数情况下，会采取预防措施以确保来自 GPS/INS 的测量数据可以与相机的图像数据同步。为此，会在相机和 GPS/INS 的时间基准系统中测量同步脉冲（例如来自 GPS 的 PPS），并存储确定的时间标记，在这些时间标记之间发生的事件可以足够准确地进行插值，除同步脉冲外，系统完全独立运行，摄影数据存储在单独的介质上；更高级别的集成会使得 GPS/INS 数据与图像数据一起存储，因此作业人员不必对其单独分开处理。INS 的操作系统也可采用多种方式集成，一些集成方案可能需要多个监测器，甚至还要辅以完全集成化的用户界面，在这些界面中可以操作各种系统组件。

4.7.1.4　电源和环境监测

　　由于在数据速率和处理性能方面具有挑战性的要求，相机系统需要具有高端 PC/服务器性能的组件。这些组件具有成本效益，但由于它们是为办公环境设计的，因此它们在飞机上的服务用途有限。对机械结构有特殊要求，尤其是环境规范（如温度范围）。小型测量飞机的供电系统提供的电量有限：这对相机系统的功耗施加了限制。通常，飞机电池是用于复制数据或进行系统测试等操作的机载电源的唯一来源。在这种情况下，低功耗很重要。在飞行过程中操作相机也会出现电源问题，例如欠压、过压或电压中断，从而破坏可靠的操作并使错误分析变得困难。可以接受这些问题并制定相关的限制。或者可以实施一个监控系统来捕获所有相关的环境影响。这样的系统始终处于活动状态，通过受控地加热、冷却或其他动作来维持相机系统的运行状态。还有一些系统可用于监控飞机电源系统，这些系统执行必要的保护功能，并在操作条件需要纠正时提醒操作员。

4.7.1.5　布线和集成

　　就像在环境条件的情况下一样，对于机电一体化和在飞机上安装摄像系统也有特殊要求。经验表明，插头插座连接器和布线对于可靠性尤为重要。因此，最好具有高度集成且内部和外部连接很少：坚固的插头和插座连接器和电缆对于平稳运行至关重要。PC 技术中使用的标准连接器不适用。

4.7.2　数据压缩

　　近年来，图像数据的数字摄取越来越受欢迎，并且目前在各个应用领域都在蓬勃发展。商业领域的突破有助于以数字形式摄取图像数据并随后在计算机上对其进行处理或通过互联网传输。数据量巨大。为了有效的存储、传输和处理，以尽可能紧凑的方式存储数据是有利的。通过数据压缩提供解决方案。

本节的目的是概述主要压缩方法的操作模式，并建立与它们在数字测量相机系统中的应用的联系。对于有兴趣在此处提供信息范围之外加深在该领域知识的读者，可以获得关于该主题的大量文献。

数据压缩的目标是通过消除数据的冗余或不太相关的部分来减少数据量。用于此目的的算法可以分为两大类：无损和有损。无损方法将数据集转换为具有较少冗余、较高紧凑度和较低存储要求的形式。通过适当的解压，可以完全恢复原始数据集。通常，此类压缩方法用于文本文档、程序代码等。在处理此类数据时，至关重要的是可以随时恢复原始信息。当原始数据集的一部分可以被消除而这在恢复的数据集中不明显或对恢复的数据集产生不利影响时，使用有损方法。有损方法用于压缩语音、音乐、照片和胶片。数据在减压后通过人类的听觉或视觉感知进行评估。由于这些感觉的特性，较小的损失是不可察觉的或被补偿的。因此，在有损数据压缩的情况下，解压后的数据不再与原始数据完全相同，但仍然足够相似，观察者不会注意到任何有害变化。解压数据与原始数据的差异程度在很大程度上取决于相关应用程序；这必须逐案决定。在机载数字相机无损方法的情况下，压缩因子大约为 2。在有损方法的情况下，它可以高达 5，而不会产生明显的伪影或图像畸变。

4.7.2.1　无损数据压缩

无损数据压缩从数据中去除冗余并将其编码为更紧凑的形式而不会丢失信息。该系列中的以下两种方法是常用的。

（1）行程编码

在游程编码的情况下，对字节等相同的、连续的符号进行计数，并用单个符号和相应的数值代替，表示该符号需要使用的次数来恢复原始符号系列。数据流中的特殊字符标记了使用此类符号/数字对的位置。此方法对于具有均匀区域的黑白绘图特别有用。它不太适合压缩照片，因为它们包含不同的颜色值和噪声。

（2）霍夫曼编码

使用符号的统计分布（例如字节）对数据集进行最佳编码的无损方法更适合于照片。数据集中频繁出现的符号由较短的代码字代替，而很少出现的符号由较长的代码字代替。因此，在这种情况下编码意味着用另一个优化的位序列替换一个符号。因此，频率较低的符号可以用比原始符号更长的位序列来表示。但是整个数据集以更紧凑的方式表示，因为频繁出现的符号以缩写形式表示。由于解压需要编码密钥，因此它与编码数据一起存储。为此所需的额外存储空间远小于编码节省的空间。可以轻松高效地实现的代码树用于解压。

必须始终通过无损解压缩方法恢复原始数据。因此减压必须是明确的。

4.7.2.2　有损数据压缩

有损方法基于这样一个假设，即数据集包含的信息可以被消除，而不会被观察者注意到或产生扭曲效果。凭借其标准化优势，JPEG 是压缩图像数据的最常用方法。JPEG 处理 8×8 像素的图像块，在离散余弦变换（DCT）的帮助下，这些块被单独变换到一个频率范围内，然后通过将 8×8 块中的每一个像素除以特定值来量化计算 8×8 频率成分，该值存储于 8×8 量化表中。使得精度降低的除法操作结果，高频部分会被平滑掉，然后将量化的频率部分分别处理为 AC 和 DC 值，通过霍夫曼编码以无损方式压缩、格式化和存储。

量化表可以使用自己的值或 JPEG 标准中建议的值进行初始化。应该记住,在量化过程中会有数据被删除,因为存储的商的精度会降低。量化系数的值决定了丢失的数据量,以这种方式压缩图像会一定程度地损失图像质量。

因此,除了图像数据之外,必须存储某些数据以用于解压缩,类似于无损方法,在解压过程中,数据集经过相同的压缩阶段,但顺序相反。然而由于量化,解压后的数据集与解压后的原始数据不再相同。

由于块大小为 8×8 像素,有时可见的伪影可能会出现在块边界处,甚至在高压缩率的 JPEG 情况下也可能出现在块内。在实践中,使用 5 到最多 10 的压缩率,可见的伪影很少见。图 4.7-3 显示了根据压缩因子在重构图像中可能出现的影响,其中使用参考图像来说明 JPEG Q 因子的影响,它与图像动态结合,产生有效的压缩系数。具有光滑和精细结构的参考图像(如眼睫毛)包含最复杂纹理,这些复杂性通过不同的压缩方法会产生各种不同效果。可以发现,这种复杂的图像结构仅在压缩因子为 12.5 的差异图像中以及在压缩因子为 18 的重建图像中才被人眼可见(Sandau,1998)。摄影测量应用中使用的最大压缩率为 5,从而确保在使用 JPEG 方法时不会出现几何畸变。

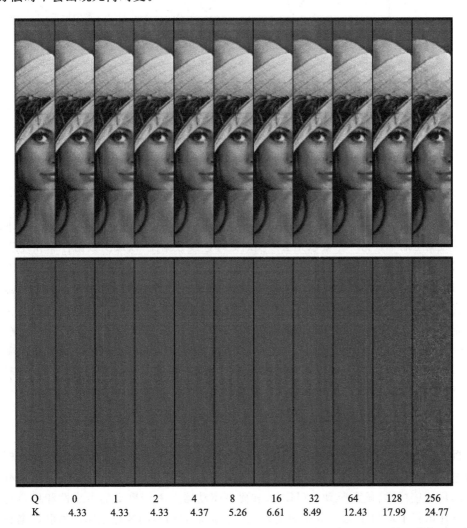

Q	0	1	2	4	8	16	32	64	128	256
K	4.33	4.33	4.33	4.37	5.26	6.61	8.49	12.43	17.99	24.77

图 4.7-3　压缩序列(上)和具有偏移量 128 和相关质量因子 Q 或压缩因子 K 、的差分序列(下)

4.7.2.3　数据规范化

许多压缩方法(例如 JPEG)会针对 8 位数据进行了优化或标准化。然而,数字测量相机产生的数据分辨率至少为 12 位,在压缩此类数据之前,许多压缩方法都要求将其缩减为 8 位(图 4.7-4)。为了确保几乎无损的归一化,最小值和最大值由数据集确定。从数据集中减去最小值作为偏移量并单独存储,结果数据集会给出动态范围。实践中,如果使用阈值去除最大异常值(例如由镜面反射引起的热点),则会在大多数情况下保留小于 10 位的动态范围。因此,在定义好的查找表的帮助下,数据可以很容易地减少到 8 位。如果可以修改查找表,则可以在转换过程中为各个范围赋予更高或更低的权重,从而最大限度地减少特定于应用程序的归一化损失。归一化后,使用选定的压缩方法对数据进一步处理。

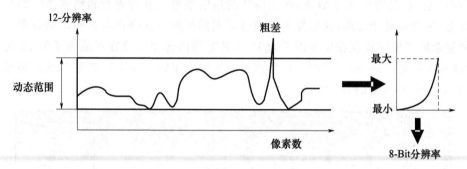

图 4.7-4　归一化

执行逆变换时的操作顺序是相反的,即先解压,然后借助查找表进行逆变换,然后再加上偏移量。

为了保持归一化时信息损失率最低或完全没有损失,应选择合理的最小值和最大值并使用合适的查找表。如果使用正确的参数,这种方法几乎不会损失信息。

4.7.2.4　硬件压缩

数字测量相机可以 200 MB/s 或更高的速率生成数据,这决定了在存储之前为了降低数据速率所需的数据压缩率。另一个要求是必须实时处理连续数据流,以减少数据存储和处理负载。

如果多个压缩单元同时处理数据流,则每个压缩单元的数据吞吐量会降低到 100 MB/s 以下,但这仍然需要使用软件以合理的效率进行处理。为此需要一种基于压缩芯片或 FPGA 并经过优化可以高速执行所需操作的硬件解决方案。JPEG 在很久以前就被标准化了,因此,不同的制造商在硬件中对其予以实现,并将其作为集成组件提供。第一个较新的压缩方法(如 JPEG 2000)解决方案已经商用,但目前还不能完全满足所有要求,毫无疑问数据速率会越来越高。与 JPEG 不同的是,新方法可处理更大的数据块(所谓的子影像)并提供更多配置选项,但代价是复杂性有所增加。

4.7.3　数据存储器/数据存储

几百 GB 到几 TB 的存储容量和几百 MB/s 的数据速率是选择数据载体的基本标准。在大多数情况下,出于成本原因,需使用商业数据载体。目前市场上用于标准组件的两种内存技术可以满足这些标准:硬盘驱动器(HDD)和磁带驱动器。由于更高的可靠性和更容易的集成性,HDD 在市场上取得了无可争议的主导地位。磁带驱动器的缺点是驱动器和数据载体是开放性访问的,这使其面临因污垢、灰尘、湿气和气压变化等环境影响而损坏的高风险。此外,很难实时在磁带上存储数据,因为磁带驱动器是为流式数据而设计的,并且需要恒定的输入数据速率,这样就需要具有必要内存管理系统以大型中间缓冲区进行辅助存储,在数据以高数据速率逐块传输到磁带之前进行数据积累。HDD 在此方面的劣势是有限的,由于数据块较小,其在数据总线上的传输效率稍低,但却具有足够的内部存储器来桥接磁盘访问以节省时间,这样就使得数据能够以可变数据速率传输到磁盘上,而无需采取特殊的外部措施。再则,HDD 的数据存储容量和数据速率仍在不断提高,而成本却在一代接一代地下降。

以上两种技术都难以满足环境要求,相比而言闪存盘的环境适应性就很好,但由于其存储容量小,成本高,所以不太适合存储来自机载数字相机的大量影像数据。由于目前商业产品不能提供理想的解决方案,因此需要做出一定妥协。为此可将 HDD 安装在密封外壳中,即使在外界环境条件的恶化情况下,也能保持为 HDD 运行提供指定的内部条件,这种方式目前是最常见的解决方案。然而,密封式 HDD 很难冷却,因为产生的热量无法通过风扇排出。出于这个原因,HDD 需要与加压外壳热耦合,以便可以控制热耗散。然后通过对流(例如通过风扇)从外壳外部去除不必要热量。当外界环境温度在冰点温度以下时会出现类似的问题,此时HDD 需用加热元件加热,以便尽快达到所需的工作温度。

另外,还需要针对振动和冲击采取预防措施。尽管 HDD 非常坚固,但需要通过适当的缓冲来保护数据存储器免受连续负载和峰值负载的影响,以确保在飞机上提供可靠的存储服务。

前面描述的所有措施对于保护存储介质免受环境影响造成的损坏都是必要的,同时还必须确保数据在发生故障时不会丢失并且可以轻松重建恢复。为此,存在两种可能的基本配置,数据可以在带有两个 HDD 的存储系统上重复写入;或者可以在存储期间将数据进行冗余备份(数据分布在多个硬盘上),这样可以从多个 HDD 的数据中恢复完整的数据集(所谓的RAID 解决方案)。但是应该记住,RAID 解决方案存在不同安全级别,并不是每个级别都能自动保证更高的数据完整性。

这里以相机操作角度结束论述,飞行器在操作过程中可能会发生电源故障(如安全开关松动或松开),如果发生此类情况,必须确保已记录数据仍然可用,或者可以通过关闭打开文件技术和类似措施轻松恢复摄影数据。可通过使用备用电池供电以保护相机免受电源故障影响,进而确保即使在短暂的电源故障期间系统也能继续运行。但是这种类型的保护措施需要相对较大的额外设备体积和重量容积,这对于空间狭小的小型飞机具有很大挑战性。

4.8　航摄管理系统

航摄测量的摄影计划与执行对飞行员和相机操作员都要求很高,因为飞行时间很昂贵,而且涉及大量的组织工作。此外,由于植被变化、天气及季节等限制因素,可用于指定摄影区域的时间窗口很小。易于操作的自动化摄像系统简化了航摄任务的复杂性并可提高摄影效率,其涵盖了从航摄规划和航摄实施到数据评估与处理的整个处理链,一定的自动化和优化的处理步骤有助于防止由手动交互引起的错误。

在早期,航摄规划是在地图的帮助下制定的,十分耗时。摄影期间进行视觉飞行导航,很难以精确的方式执行飞行路线从而正确覆盖所需区域。在完成飞行任务后起草飞行质量报告时,也必须在地图上繁琐地绘制飞行路线。得益于 GPS 高性能接收器和相关的计算机硬件和软件,这些操作今天变得相当容易。用于支持导航和确定位置的航摄管理系统(FMS)是成功且具有高性价比航摄飞行的关键,现代 FMS 往往都是基于 GPS 测量的飞行管理系统,具有可高度自动化组合传感器控制系统的优点,该系统支持从规划到数据处理的连续数据流(图 4.8-1)。

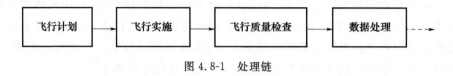

图 4.8-1　处理链

本节主要介绍传感器和 FMS 软件。为了清晰地描述功能和接口,这里首先介绍航摄规划和航摄评估,随后将更详细地描述传感器控制和航摄实施,数据处理在第 6 章展开论述。

4.8.1　航摄规划

航摄规划是处理链的第一步,通常在办公室完成。但是,如果飞机已经在空中时发现计划错误,则可能必须在飞行过程中更正计划。计划根据规范规定了覆盖项目区域所需的飞行路线,同时也优化了航向,为飞行员提供飞行引导支持。

在实践中,比如要为"10 cm 地面分辨率、60％的航向重叠进行彩色影像城区地图测绘"航测任务制定摄影计划,在计划航摄飞行时,会在现有地图上对指定区域的轮廓进行多边形勾绘。纸质地图情况下,会将地图扫描数字化,而在数字地图情况下,则直接在计算机屏幕上完成。考虑到传感器几何测量特性和指定的测区边界条件(例如坐标系、重叠和首选飞行方向),会优化飞行路线,并根据传感器类型绘制相机触发点及摄影起点和终点。如果需要(比如为了提高数据处理的几何精度、稳定性或冗余性),可以增添额外的加固航线、单个补飞摄站等额外信息,最终完成的摄影计划会被导出为用于执行飞行的摄影文件。现代规划软件具有交互式图形用户界面,可在更改设计参数时立即显示出设计效果。此外,高性能航摄规划软件支持在各种坐标系和多个地图区域中进行计划设计,并辅以数字地形模型(DTM)进行航摄规划优化。更进一步,当航摄规划航迹绘制完成时,具备连续处理链的高集成性系统也会一并建立好地图测制所需的配置文件。

4.8.2　航摄评估

对于处理链中每个流程环节,对项目状态进行质量控制和明确是很重要的。例如,在一次航摄飞行之后,用户往往会对计划数据和实际飞行数据进行比对。只有在操作员检查所有数据是否已按规定摄取后,摄影数据才会传递到下一个处理步骤,即软件必须能够根据实际飞行数据评估航摄规划数据的质量。但是为了能够在飞行后进行详细分析,所有必要的信息,例如 GPS 位置、相机触发点及开始/停止点、操作员生成的附加数据(例如图像中的云量、相机状态和错误消息等),都需要在飞行过程中由 FMS 记录下来。飞行结束后,这些数据从飞行系统传输到办公室用于摄影质量评估分析。

4.8.3　航摄实施

在航摄规划之后,处理链的下一个阶段是航摄实施,此时会将航摄规划数据从办公室复制到飞行系统中。如上所述,许多因素会对飞行任务施加额外限制。一般而言,飞行的执行涉及大量工作并且成本非常高,因此飞行任务必须尽可能高效地执行。这在很大程度上需要相机系统具有相当高的自动化程度,基于航摄规划数据,相机系统几乎无需用户交互即可自动摄影,期间也会自动识别错误并将系统状态通知给操作员。飞行任务要取得成功,就必须有一个优化的、正确的航摄规划。

在飞行过程中,航摄管理系统(FMS)解释选定的航摄规划数据并执行以下主要任务:

(1)	依据航摄规划进行飞行导引,包括质量控制和项目状态的自动跟踪
(2)	根据航摄规划数据控制和监测传感器及辅助系统

在飞行开始时,操作员选择指定的航摄规划任务及要飞行的下一条航线。根据当前位置及定义的飞行参数,FMS 计算到这条航线起点的最佳飞行路径,所需的当前位置信息由 GPS 提供。线路起点的坐标由航摄规划数据提供,并为操作员和飞行员显示最佳飞行路径。大多数系统都会将优化过的飞行路径在显示屏上显示,供操作员和飞行员参考。通常,飞行员沿着建议的飞行路径飞行。然而,建议的飞行路径没有强制约束力,飞行员可能会选择偏离建议的飞行路径,原因有很多。如果发生这种情况并且超出了所定义的容差,系统将根据当前位置计算新的最接近路径。飞行器到达线路起点后,FMS 引导飞行器沿线路飞行,然后操作员或FMS 会选择下一条要飞行的航线,FMS 再次计算最佳航线进入路径。

除了提供飞行引导外,FMS 还控制沿飞行路线的传感器系统。推扫式传感器在摄影航线开始时开启,并在结束时再次关闭。面阵传感器沿飞行路线以定义的周期触发摄影快门。FMS 从航摄规划中获取位置,并在飞机通过摄站时立即释放面阵传感器的快门。为了确保以所需的精度记录图像扫描条带或单个图像,FMS 会根据事先定义的推扫相机开关位置或面阵相机摄影位置,并计算与计划数据的偏差。如果偏差超过了一定的容差,则不进行相机成像操作并且相应地通知操作员当前状态。如果没有重复导入的航线规划数据并且既有航线已成功飞行,则 FMS 会将这样的航线记录为最末飞行航线。FMS 记录飞行过程中的各种数据,以借助飞行分析软件进行后续的飞行分析。记录的数据包括打开和关闭推扫相机的 GPS 点位信息或单个摄站点的 GPS 点位信息、来自稳定座架的角度数据、各种传感器设置、操作员生成的附加数据,例如“沿飞行路线的云量”等。最后航线飞行完成后,记录的数据可以导出并使用飞行分析软件进行分析。通过这种方式,可以确定项目状态,进行质量控制,如果需要,还可以修改制定项目下一阶段的(补飞)航摄规划。

FMS 的第二项任务是控制和监测传感器和外部系统。根据集成的深度,各个组件有不同的解决方案和任务。两种典型的传感器系统配置如下所示(图 4.8-2 和 4.8-3)。

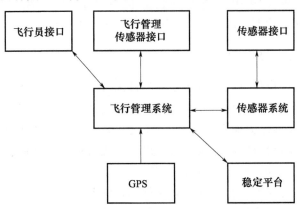

图 4.8-2　带有外围 FMS 的传感器系统

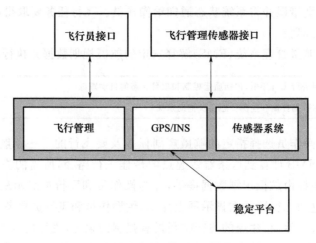

图 4.8-3　传感器系统深度集成下的 FMS

在图 4.8-2 所示的配置中,传感器系统和 FMS 几乎彼此独立运行。传感器仅由 FMS 启动,最多提供操作所需的数据。由于传感器是通过单独的操作界面进行配置、操作和监控的,因此 FMS 和传感器系统具有单独的显示屏、输入单元等。在这种布置中,稳定座架等外部组件由 FMS 控制。针对传感器 FMS 只有一个普通的接口,某种意义上讲算是一个优势。当传感器和 FMS 来自不同的制造商时,通常会选择这种解决方案。主要缺点是使用不同的用户界面来操作 FMS 和传感器,导致飞机上需要更多空间并降低操作系统的便利性。

如果 FMS 和传感器控制系统集成在一个用户界面中(图 4.8-3),则可以更方便地监督和操作系统。如果集成了 GPS/IMU 等附加组件,该系统几乎可以完全自动化,并且可以通过单个用户界面进行操作。在这种布置中,FMS、传感器控制和外部组件的操作被集成到一个对用户透明的单元中。

通过在航摄规划阶段建立传感器配置,可以进一步优化处理链。这些数据与航摄规划一起可以读入飞行控制计算机,这样传感器在飞行过程中自动配置,无需用户交互。该解决方案在具有众多参数选项的复杂传感器系统的情况下特别有用,并且在集成解决方案的情况下运行良好。

考虑到风对飞行路径的影响,传感器集成、时间控制等附加功能为飞行员和操作员提供了额外的自动化操作,这些功能提高了效率并减少了操作员失误。

4.8.4　操作员和飞行员界面

使用操作员界面,操作员可以控制和监控项目区域上空的航摄飞行,如果系统集成度高,则还可以控制和监控传感器和附加组件的功能。根据选择的解决方案,可能会提供键盘、单独的控制按钮或触敏显示屏作为输入单元,有时还会提供一个单独的小型显示屏来为飞行员提供图形和数字导航数据,使得能够遵循计划中规定的飞行模式。期间会显示出实际航线与目标航线的偏差并给出建议的最佳飞行路径。在高集成化系统情况下,甚至可以通过飞行员界面控制整个系统,这使得仅需飞行员就能够执行飞行任务。为了满足相机操作员和飞行员的不同数据需求,各自独立的操作员和飞行员界面屏幕显示内容会有所区别。然而,支持这种模式的系统是少数,大多数系统为操作员和飞行员提供的是相同的信息内容,这使得操作员和飞行员在飞行过程中必须沟通协调,以顺利完成航摄工作。

下面显示了 Leica FCMS 的两个界面视图(图 4.8-4 和 4.8-5),显示了高度集成化系统的用户界面和可用选项。

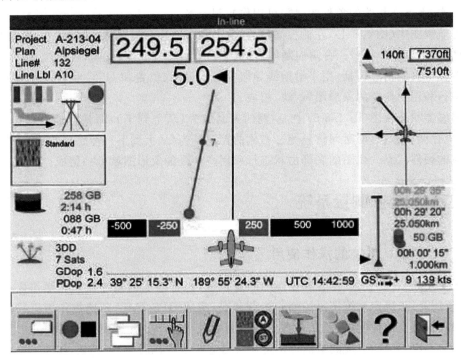

图 4.8-4　Leica FCMS 中"在线"的导航视图

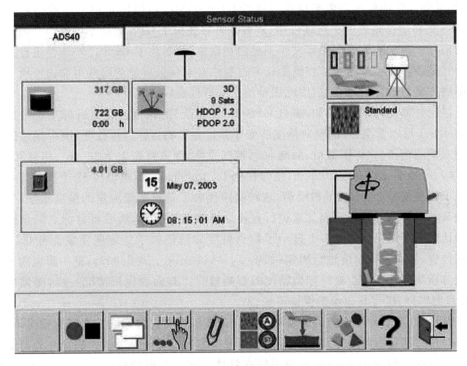

图 4.8-5　在 Leica FCMS 上看到的传感器状态

4.8.5 操控元素

FCMS 通过触摸屏进行操作,不需要键盘。只要有可能,就会使用图形元素,仅在必要时才使用文本,上下文相关的象形图(域)可用作控制元素。

在导航视图中(图 4.8-4),左侧控制域为(从上到下):项目概况;传感器状态;影像状况;大容量存储状态及 GPS 状态。右侧控制域为(从上到下):飞行高度;航向;航线状态及对地飞行速度。界面中央的信息包括:用于沿航线导航的图形显示、位置和 UTC 时间。界面视图的底部由状态行和用户命令的象形图域(块)组成。

在传感器状态视图(图 4.8-5)中,左侧的控制域为(从上到下):海量存储器状态;GPS 状态;计算机存储状态;日期时间信息等。右侧的控制域为(从上到下):传感器状态;影像状况及相机主体的硬件状态。视图的底部由状态行和用户命令的象形图域(块)组成。

4.9 位置和姿态测量系统

4.9.1 GPS/IMU 系统的操作使用

对于实用的 GPS/IMU 位置和姿态的测量系统,有着基本的系统性能和操作要求。正如第 2.10 节所介绍,决定系统选择的第一个因素是:集成 GPS/IMU 系统是作为机载传感器直接地理参考的独立组件使用,还是在空中三角测量过程中作为辅助测量设备——由空中三角测量技术对 GPS/IMU 直接测量的外部定向参数进一步精化后使用(例如,作为一个极端的例子,GPS/IMU 外部定向结果可仅用作空中三角测量的初始近似值)? 再则,其他因素也需一并考虑,如最终要求的位置和姿态精度是多少? GPS/IMU 传感器是用于高动态还是低动态环境? GPS 更新信息是否近乎连续可用,或者是否存在由于 GPS 数据不可用而必须进行桥接的长序列信号? 由于陆地应用中常发生卫星阻挡现象,此时除了 GPS 之外是否还有其他更新信息可用? 是否需要实时导航? 在整个任务过程中必须保证导航的哪些可靠性? 所有这些因素导致解决方案与具体应用相关,因此很难给出一般性建议。

以下讨论外部定向参数(例如,来自 GPS/IMU 系统)的精度变化对目标点定位精度的影响。从图 4.9-1 可以看出,外部定向精度的变化肯定会影响目标定位性能,图中描绘的结果基于以下输入值的模拟:立体图像对、标准 60% 航向重叠、图像幅面 23×23 cm^2、相机焦距 15 cm(广角光学)、距地面飞行高度 2000 m,图像比例 1:13000。立体模型内 12 个同名像点的图像坐标加上了标准偏差 2 μm 的随机噪声,这种噪声代表了一般图像测量的精度水平,生成的对象坐标是从基于模拟的外部定向元素进行直接地理参考生成的,然后将目标点的坐标与其参考值进行比较所得结果。图 4.9-1 显示了物点精度如何依赖于外定向质量而变化,图 4.9-2 对外定向位置、姿态参数精度进行固定(如 $\sigma_{X,Y,Z}=0,1$ m,$\sigma_{\omega,\phi,\kappa}=0.005$),进一步说明了飞行高度和图像分辨率变化对物点最终定位精度的影响效果。与前者模拟情况一样,图像坐标添加了 2 μm 量测噪声,所有其他参数保持不变。

正如预计的一样,外部定向的质量对点确定的准确性有直接影响。在所有情况下,物点定位性能都与位置和姿态精度以及飞行高度和图像摄影比例呈线性关系。假设在外部定向上的所有位置分量误差约为 $\sigma_{X,Y,Z}=5$ m,则最终在物体空间中获得的精度约为 5 m(平均值)。由于图像光线交会的特定几何形状(基高比),高度分量的性能更差。姿态误差的效果类似,假设

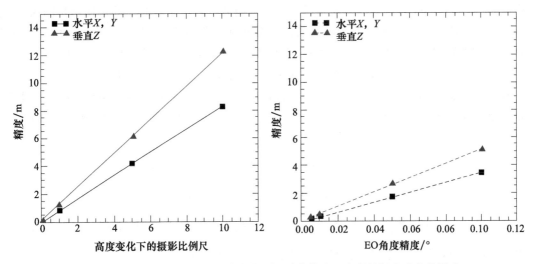

图 4.9-1　定位精度(左)和姿态变化(右)对直接地理参考目标点确定的影响

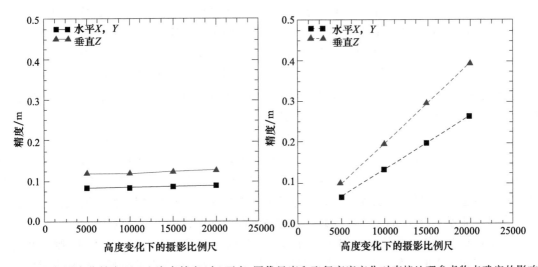

图 4.9-2　假设定位精度(左)和姿态精度(右)不变,图像尺度和飞行高度变化对直接地理参考物点确定的影响

姿态误差为 $\sigma_{\omega,\phi,\kappa}=0.05°$,对于水平和垂直分量,目标空间中产生的误差分量分别约为 1.7 m 和 2.6 m。这个预估误差也可以通过使用众所周知的方程 $h_g \cdot \tan(\sigma_{\omega,\phi,\kappa})$ 来估计,其中 h_g 描述了地面以上的飞行高度。位置和姿态误差引起的整体影响是通过误差传播规则从两个单独的误差中推导出来的。

　　如果姿态值的精度保持不变($\sigma_{\omega,\phi,\kappa}=0.05°$),并假设相机焦距不变,物体空间的精度随着飞行高度的增加而线性下降(对应于图像摄影比例尺的减小)。另一方面,若摄影比例尺在一定的范围内保持不变,外部定向参数导致的定位误差几乎不受飞行高度和摄影比例尺的影响。对于较小的图像比例,准确度下降的很小,这是由图像坐标测量中的噪声叠加造成的,在从较高飞行高度获取较小图像比例的情况下,其影响略大,如果考虑小比例尺图像,图像空间误差对物方空间的定位精度影响更大。如果直接比较定位误差和测姿误差对物体空间整体误差预估的影响(图 4.9-2),姿态误差的影响在飞行高度约 1000 m 以上(对应图像比例为 1：6500)时占主导地位。请注意,此阈值仅适用于此处的模拟参数。对于低飞行高度进行的超大比例尺摄影,定位误差的影响是直接地理参考的主导性因素。对于来自高空的小比例尺图像,姿态性能是直接地理参考质量的主要影响因素。根据实际应用所需,需要侧重关注定位性能和姿态观测性能孰轻孰重,这最终定义了对 GPS/IMU 外部定向设备的质量要求(见图 4.9-1)以及 GPS/IMU 的处理方式[即实时、后处理、GPS 处理(表 2.10-1)所采用的方法]。

对于数字测量相机系统,物体空间的最大容许误差受传感器地面采样距离(GSD)的限制。假设要求图像中可被判定的最小物体必须至少是一个像素大小,那么所需的物点确定精度也必须在一个像素或更小。由此可以得出以下等式

$$h_g = c \cdot m_b = c \cdot \frac{\text{GSD}}{p} = \frac{c}{p} \cdot \text{GSD} = k \cdot \text{GSD} \tag{4.9-1}$$

相对地面飞行高度 h_g 是相机焦距 c 和传感器像素大小 p 的函数。k 因子从由焦距和像素大小的商获得,它的倒数 $\frac{1}{k} = \frac{p}{c}$ 称为传感器的瞬时视场(IFOV)。等式(4.9-1)还表明,在数字成像的情况下,GSD 与以前模拟图像的摄影比例尺作用相似。

用于机载传感器直接定向的 GPS/IMU 集成系统通常要求:GPS 的更新信息在整个任务飞行过程中都可用,不存在任何卫星信号遮挡和信号失锁(主要出现在飞行转弯期间)问题,没有任何相对较短 GPS 更新序列信息产生;在航摄轨迹的其余部分,两个信号丢失锁定事件之间要有足够的 GPS 数据可用,从而能够可靠地解决整数相位模糊度,在需要采用差分载波相位处理的情况下,这是强制性的;在松散耦合 GPS/IMU 数据滤波处理情况下,类似考虑也很重要,此时原始 GPS 测量(伪距离、多普勒和相位观测)不用于更新,但已处理的 GPS 位置和速度数据(所谓的伪观测)需输入到滤波器,这至少需要四颗卫星来提供更新信息;或者,如果GPS/IMU 处理在紧密耦合式过滤方法中执行,原始 GPS 观测将用作更新信息。因此,即使在可用卫星少于四颗的时期内,更新也是可能的。然而,在机载应用中用于直接传感器定向的GPS/IMU 系统大多基于松散耦合式滤波器进行数据处理,这是因为如果集成了附加组件,即来自其他传感器的更新,松散耦合式滤波器的灵活性更高。这与紧密耦合式滤波器不同,在紧密耦合式滤波器中,算法的主要部分必须针对系统配置的变化进行重新设计。

如果在动态环境中使用这种用于位置和姿态测量的集成式 GPS/IMU 系统,则必须达到一定的带宽和采样率才能充分描述传感器运动的动态。由于动力学的高频部分是由惯性传感器测量的,因此对 IMU 进行一定的规范就显得尤为必要。在图 4.9-3 示例中,对于在静态和机载运动学环境中选择了相同的 IMU,据此给出了惯性姿态测定下的两个不同频谱。惯性数据是用 200 Hz 频率测量的,因此可以检测到高达 100 Hz 频率的传感器动态情况,不同系统动力学的影响是有明显差别的,请注意幅度轴的不同缩放比例。

对于静态环境,在几乎不存在外部振动的情况下,第一个频谱中的频率主要反映了传感器的特定测量噪声。如果在运动学模式下分析,对于相同的传感器,情况完全不同,上面的频率图是从实际航摄飞行轨迹数据截取的一小部分,与静态频谱相比,存在更高的振幅和额外的低于 15 Hz 的更低频率动态性,这更真实地描述了这种特定机载环境的动态情况。如果惯性传感器被刚性地固定在飞机的机身上,这个频谱就代表了飞机的运动状态。然而,IMU 通常固定安置于稳定平台上的成像传感器本体上,这种情况下,频谱代表传感器的自身动态情况。图 4.9-3 中的频谱主峰出现在 18 Hz 附近,其反映的是飞机发动机引起的振动。在频谱的较高部分也存在额外的较小频率峰值,但幅度要低得多。只要这些频率的幅度小于待定向传感器的像素分辨率,就可以忽略不计。如果假设采用的是图像空间中像素尺寸为 $10 \times 10 \ \mu\text{m}^2$ 且

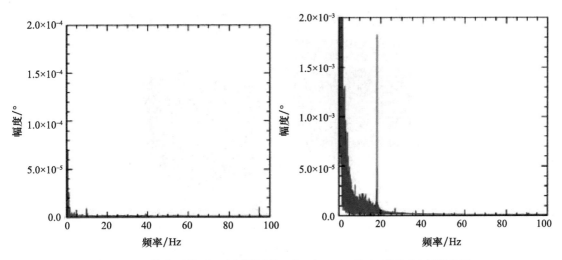

图 4.9-3　静态环境(左)和摄影测量飞行(右)IMU 姿态(俯仰角)频谱分析

焦距为 10 cm 的数字测量相机,则产生的 IFOV 约为 0.1 mrad(对应于 0.006°),若将此相机与 IMU 结合使用,则惯性传感器必须能够解析这些频率。在图 4.9-3 中的频率图示例中,只有低于 5 Hz 的极低频率的振幅高于假定的 IFOV,所有其他频率对传感器的方向确定的影响此时可以忽略不计。在这种特定情况下,使用 50 Hz 的 IMU 即可完全覆盖传感器的相关运动频谱。请注意,这仅适用于这个特定的机载动态环境,据此选择对应设备可生成满足需要的频率图[另见 Sujew 等人(2002)]。对于不同动态环境中的飞行配置,IMU 必须以更高的采样率才能覆盖解析出所有相关频率分量。在所有情况下,频谱分析都必须依据众所周知的奈奎斯特采样定理。当然,随着待定向传感器 IFOV 的降低,对应的 IMU 规范要求会变得更加严苛。

　　两个市场商业系列产品在机载直接地理参考 GPS/IMU 集成系统应用处于领先地位。第一个产品系列是由 Applanix 提供 POS/AV 系统,Applanix 现在是 Trimble 公司的一部分。第二个是来自德国 Kreuztal IGI(Ingenieurgesellschaft für Interfaces)的 AEROcontrol 系列产品。两个系统都使用松散耦合滤波方法进行数据后处理。即使对于机载直接地理参考中要求很高的应用,这些系列系统的高级产品所提供精度也已足够。POS/AV-510 和 AEROcontrol-IId 系统如图 4.9-4 和图 4.9-5 所示。各系统的性能见表 4.9-1,表中所给出的精度是由差分 GPS 载波相位后处理获得的。

图 4.9-4　POS/POS AV-510 系统(© Applanix Corporation)

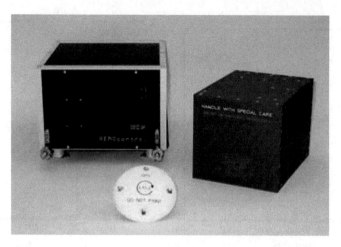

图 4.9-5　AEROcontrol-IId 系统（© IGI mbh）

表 4.9-1　Applanix POS/AV 和 IGI AEROcontrol 的系统相关精度（精度由制造商提供）

	Applanix			IGI
	POS/POS AV-310	POS/POS AV-410	POS/POS AV-510	AEROcontrol-IId
位置/m	0.05～0.3	0.05～0.3	0.05～0.3	<0.1 (XY)；<0.2 (Z)
速度/(m/s)	0.075	0.005	0.005	0.005
滚转/俯仰角/°	0.015	0.008	0.005	0.004
航向角/°	0.035	0.015	0.008	0.01
漂移/(°/h)	0.5	0.5	0.1	0.1
噪声/(°/h)	0.15	0.07	0.02	0.02

噪声值（随机游走系数）反映了短期 IMU 性能。两家制造商都使用光纤陀螺仪（FOG）作为集成式 GPS/IMU 系统中的主要组件。如果比较 POS/AV 系列产品的不同精度，则所有情况下的定位性能都相近。另一方面，姿态性能完全依赖于 IMU 陀螺仪的性能。这再次验证了第 2.10.3 节中的假设，即 GPS/IMU 集成数据中的定位性能主要取决于 GPS 的绝对精度。

表 4.9-1 中由制造商给出的 POS/AV-510 DG 和 AEROcontrol-IId 绝对定位和姿态精度，是通过多次独立测试和评估验证后所得。这类性能测试，往往是在摄影测量测试场利用集成 GPS/IMU 系统与机载摄影测量相机相组合实摄后，经数据处理后得出的结论。过程中会首先基于摄影测量定向技术对外部定向参数进行独立求解——基于连接点测量值和已知目标控制点坐标，利用空中三角测量光束法平差来间接估计外部定向参数。然后将所得的每个摄站摄影测量定向结果与 GPS/IMU 直接测量值在相机曝光时刻插值进行比较——这种方法是独立评估机载运动环境中 GPS/IMU 直接定向参数测量质量评估的唯一有效方法。然而必须记住，从空中三角测量间接估计的定向参数估计在数学意义上是最佳的，但不一定代表图像成像时传感器的真实物理定向参数。因此，最终可通过物空间中的检查点来补充分析评估 GPS/IMU 外部定向的整体性能是有必要的，这样可将来自直接地理参考的物点坐标与其预先测定的参考值进行比较。这种综合性的比较方法不仅涵盖了 GPS/IMU 定向性能，还评估了所用相机的质量和整个系统标定参数的正确性，已有此类性能测试研究文献发表，例如 Cramer(1999,2003) 和 Heipke 等(2001) 所发表文章。原则上讲，使用集成性 GPS/IMU 系统

(如 POS/AV-510 或 AEROcontrol-IId)进行直接地理参考已经可以提供很好的物点定位精度了,其精度因子仅比传统空中三角测量的性能低 1.5～2 倍。虽然这种物点定位精度稍低,但其对于大量应用来说已经足够了。有趣的是,不仅直接地理参考的性能受到 GPS/IMU 位置和姿态的精度限制,同时包括相机在内的整个传感器系统校准也会影响到物点定位精度,值得关注研究。不良的校准效果将显著降低相关应用精度,因此在随后章节会就此内容展开讨论。

4.9.2 GPS/IMU 系统与成像传感器的集成

4.9.2.1 整体系统性校准

直接确定外部定向参数的一个关键先决条件是假设所有传感器组件之间的安置关系固定,即三维平移和旋转。对于 IMU 和相机坐标系之间的旋转参数,这一要求尤其严格。例如,若 IMU 和相机相隔 1 m 的空间偏移,则两个组件之间未确定的 1 mm 倾斜量将导致 0.05°的方向性误差。为实现最高性能,将所有传感器组件刚性安装在同一平台上是十分必要的。在大多数情况下,IMU 固定在尽可能靠近成像传感器的位置。对于新设计的机载数字相机系统,IMU 甚至安装在相机壳体内,且非常靠近焦平面本身。再则,将 IMU 安装在相机机身内部,而相机若安置于主动式相机座架上,这样由于减震器可将飞机高频振动几乎完全吸收,所以这种高频信息不再是 IMU 感测数据的一部分,这对成像质量和后续惯性数据处理十分有利(Skaloud,1999)。

GPS/IMU 位置和姿态与传感器指定的坐标系有关,例如 IMU 相关的本体坐标框架由传感器惯性轴的物理方向所定义。此外,各种传感器的不同坐标原点相互间存在一定的偏心,因此,结果必须归算到一个特定的参考点(一般主要根据相机进行定义)。确定 IMU、GPS 和相机之间的正确关系(包括偏移和旋转)是视轴系统校准的主要任务。正如已经指出的那样,由于直接地理参考的外推特性,校准参数中的任何剩余误差都会对物空间的目标定位精度产生相当大的影响。

不同传感器(所谓的安置臂杆)之间的平移分量通常经由地面常规测量手段测定,具体会独立对每个已安装组件实施观测,期间 GPS 天线的相位中心、IMU 传感器惯性轴的中心和相机透视中心(物镜投影中心)都是测量参考点——相机透视中心到相机焦平面的距离取决于相机的光学系统设计,注意此距离与常用的相机焦距参数不同,该参数应由摄影测量相机的制造商提供标定后的结果。如果安置臂杆的先验信息可用,则需将它们引入 GPS/IMU 数据处理中。因此,最终获得的 GPS/IMU 位置会归算到相机的物理透视中心,安置臂杆的正确归算还必须将稳定平台的运动补偿考虑在内——相对于飞机机身的旋转也会导致GPS 安置臂杆参数分量的变化。如果物理偏移量在传感器安装时已尽可能地小,则这种变化量将被最小化。通常,GPS 天线会直接固定在相机上方飞机机身的顶部,同时也要求稳定座架相对于飞机机身的转角角度变化被记录下来,以便将其用于后续对曝光时刻安置臂杆参数分量的有效校正。

确定 IMU 机身坐标系和相机坐标系之间的物理轴向偏差更为复杂,因为在地面测量中无法直接观察到传感器的坐标轴。GPS/IMU 姿态信息与 IMU 传感器惯性轴相关,由 IMU 传感器(即陀螺仪)惯性轴的物理方向定义,相机的图像坐标系由其内部定向参数定义。由于机械安装的实际可操作性,IMU 和相机坐标框架并未在物理上轴向对齐。所以必须确定并纠正这种偏差。尽管如此,只要 IMU 和相机坐标系之间在航摄期间没有发生相对旋转变化,轴向偏差就会保持不变。这种轴向偏差角度必须通过校准程序来确定：这个过程称为视轴角校准（或轴向偏差角检校）。

视轴角校准可以不同的方式进行。对于一定数量的图像，将 GPS/IMU 观测角度与摄影测量计算的定向参数进行比对即可得到安置偏差参数，这种校准可以基于特定的校准测试场实施，往往数字测量相机制造商会为其系统提供先验视轴偏差角度值。另一种校准方式是对未知视轴角建模，可将其视为空中三角测量中的一组未知参数一并平差解算。如果将直接测量的 GPS/IMU 数据作为直接观测引入平差，则可计算出三个未对准角，这种方法称为集成传感器定向，过程中会将视轴角连同其他平差参数一并平差校准，甚至在没有地面控制的情况下，也可以通过摄影数据本身处理完成校准，这种方法不仅效率较高，而且，相机自身的剩余系统误差也可以通过适当的自校准参数一并补偿解算。所以这也是为什么在进行直接地理参考时，摄影测量传感器自校准显得越来越重要原因所在。相机自身或整个传感器系统（包括 GPS/IMU 组件）中任何未校正的系统误差（即实际航摄图像数据的真实物理及几何性状与数据处理中所采用的理想化假设数学成像模型之间的差异所造成的任何系统性误差），都会导致物空间中对象的定位误差，所以说不能仅对某一个传感器要实施校准操作，所有传感器集成后所形成的整系统级校准是高精度测量应用中必须要予以考虑的技术要点。

在集成传感器定位应用中，可在每次单独的区域作业中进行系统级校准和定向参数优化，从而尽可能满足特定的高精度、高可靠度摄影测量应用需求。一旦在定向过程中检测到剩余的系统性误差，就可通过尝试适当的附加参数（必要时也可加入少量地面控制点）来进行系统误差补偿。Heipke 等人（2001）对集成传感器定向的应用潜力进行了全面研究，Cramer（2003）在研究文献中也就系统级校准的长时间稳定性进行了论述。

这里再补充一点，需要注意的是在惯性测量设备、GPS 接收机及相机系统集成实现中，所有传感器之间的时间同步准确性对检校质量也至关重要。

4.9.2.2 大地测量方面

在生产应用中若要使用集成 GPS/IMU 定位测姿系统，合适的坐标系选择同样很是重要。由于定位或测图应用中通常要生成地理空间数据，所以测量成果通常与基于国家某一参考框架投影坐标系统有关。大多数国家参考系都基于保形（共形）投影，例如横向墨卡托投影（UTM 或 Gauss-Krüger），国家地图（成图）坐标系是为了使地球表面"展平"后表示出来，曲面的这种投影展平会影响几何关系并导致水平坐标和高度的扭曲（比例变化）。此外，变化大小往往还会与距离中央子午线的远近相关，中央子午线会作为单个投影条带的一个坐标轴。在 Gauss-Krüger 投影中，中央子午线以其真实长度绘制。对于高度确定，大地水准面用作国家高度参考面。大地水准面不同于国家椭球参考面，两者差异被称为大地水准面起伏异常。

中心透视摄影测量模型基于笛卡尔坐标系（即本地站心地平坐标系，local topocentric coordinate frame），其完全不同于投影坐标系。因此，必须校正地球曲率和尺度变化的影响。对于地球曲率，可在图像空间或物空间实施校正，但通常不考虑高度和水平分量的尺度差异。在间接地理参考情况下，这些畸变会对外部定向参数估计的准确性产生影响，这时平差计算所得透视中心会偏离了它们的实际物理位置，但最终获得的物方坐标几乎不受影响。然而，在直接地理参考中，必须考虑这些影响。与未完全系统校准类似，残留的坐标误差会显著降低物点计算的准确性。为了解决这个问题，每个单独摄站的相机焦距可以根据本地坐标畸变状况进行调整,但这种方法只提供了一个近似的解决方案,更严格的做法是在笛卡尔坐标系中进行数据处理,期间中心透视数学条件始终成立,最后将结果转换为投影坐标系(Greening et al.,2000),Ressl(2001)对这个问题进行了更彻底的分析,Jacobsen(2003)基于作业试验也发表相关研究成果。

上面提到的大地水准面也用作垂直参考面。土地测量员通常使用与大地水准面直接相关的正高。然而,来自 GPS/IMU 集成系统的垂直信息最初对应于椭球参考系(WGS84),因此椭球体高度必须转换为大地水准面高度。根据所需的精度级别,可以使用不同分辨率和精度的大地水准面模型,如有必要,可以进一步额外局部调整以获得正确的高度参考。此外,大地水准面的形状根据实际位置和地形变化定义了重力矢量的方向,同时这条铅垂线还定义了导航坐标系的垂直坐标轴,所以与 GPS/IMU 定向角的计算密切相关。然而,由于重力异常,大地水准面偏离椭球面,铅垂线与椭球法线不会严格重合。在某些地区,两个参考基准的差异几乎是线性一致的,而在其他地区(主要是山区)则甚至出现非线性变化。垂直方向的偏差会影响到导航角度,必须在转换为投影坐标时加以考虑。垂直方向的未补偿偏差角度可能会导致高达 $20''$ 的误差(Greening et al.,2000),尽管这些影响的恒定常差部分已经在视轴角校准中得到了补偿,但在特定兴趣区域这种变化尤其重要,需要考虑。

4.9.2.3　旋转角度的变换

上面讨论清楚地表明需要对获得的定位和姿态数据进行多次转换才能正确应用,即最初获得的导航角必须转换为摄影测量角后才能参与摄影测量数据处理,过程中必须考虑参数化的正确性。通常,摄影测量中的方向角为 ω、ϕ、κ,而导航角 r、p、y(滚转、俯仰和偏航)如公式(2.10-22)中已经描述的那样是从转换矩阵中获得的,该矩阵将惯性体坐标系统与本地导航坐标系 n 相关联。如果传感器在移动(对于运动学应用来说总是如此),本地导航坐标系也会随之移动,其原点始终由传感器的实际位置定义,为此必须对其进行校正和补偿以获得与后续摄影测量处理兼容的方向参数。

如果摄影测量过程在本地站心地平坐标系中进行,以下等式描述了一种可能的导航角 r、p、y 和摄影测量角 ω、ϕ、κ 转换式

$$R_p^l(\omega,\phi,\kappa)=R_n^l\left(\pi,0,-\frac{\pi}{2}\right) \cdot R_e^n(\Lambda_{t_i},\Phi_{t_i}) \cdot R_b^n(r,p,y) \cdot R_p^b(\pi,0,0) \qquad (4.9\text{-}3)$$

从式(4.9-1)可以看出,该关系是从旋转矩阵序列交替相乘而得,其中由导航角形成的旋转矩阵 R_b^n 是从集成 GPS/IMU 数据中处理而得的;R_p^b 矩阵粗略地将特定相机照片坐标系 p 和惯性本体坐标系 b 的坐标轴对齐,此旋转矩阵中,当然可以将视轴未对准角包含在内。通常,相机坐标系 x 坐标轴指向前方(飞行方向为 x 轴)且垂直向上为 z 轴,y 轴通过指向飞机的左翼实现右手系。然而,惯性本体坐标系通常定义如下:x 轴指向前方(飞行方向),z 轴指向下方,y 轴依右手坐标系(指向飞机的右翼);R_n^e 矩阵将移动导航坐标系 n 与地心地固坐标系 e 相关联,这种转换取决于导航坐标系的实际原点,实践中这种转换矩阵是在不同时间周期 t_i 处建立的,所以在这种情况下,还必须考虑垂直方向的任何偏差角(大地水准面和参考椭球法线间角度偏差);R_n^e 和 R_n^l 矩阵描述了最后到摄影测量坐标系的转换关系,如前所述,这个本地站心地平坐标系原点位于一个固定点上,该坐标系满足摄影测量理论要求。至此,就得到可用的摄影测量角度,由此可形成对应的旋转矩阵 R_p^l。这里仅给出了从照片坐标系到本地站心地平坐标系的一种转换形式,过程中可能会有其他不同的角度参数化形式,Bäumker 和 Heimes(2001)给出了有关摄影测量应用中通常使用的转角系统和参数化形式,应用中可予以详细

参考。

尽管在笛卡尔坐标系中处理具有一定的优势,特别是从摄影测量的严密性来看尤其如此,但正如已经讨论过的,许多应用程序必须直接在投影坐标系 LK 中进行处理。如果需要这样的投影坐标系,GPS/IMU 定位定向结果也必须转换到这个坐标框架中,形式如下

$$R_p^{LK}(\omega,\phi,\kappa) = R_l^{LK}(0,0,\gamma) \cdot R_n^l\left(\pi,0,-\frac{\pi}{2}\right) \cdot R_b^n(r,p,y) \cdot R_p^b(\pi,0,0) \tag{4.9-4}$$

导航坐标系始终与重力矢量重合,因此在任何时候其都定义了大地水准面的切平面,所以只要大地水准面铅垂线和参考椭球法线间角差小到可以忽略不计,则可视该水平面与椭球切平面坐标系一致,此时 GPS/IMU 定向参数就已经与椭球相关了。R_p^b 和 R_n^l 两个矩阵同样分别为照相机照片坐标系与 IMU 坐标框架之间的视轴角校准矩阵以及导航坐标系与本地站心坐标系间的旋转矩阵。由于 GPS/IMU 的航向与地理北方向有关,其与投影坐标系中的北方向不重合,所以用子午收敛角 γ 所形成矩阵 $R_p^{LK}(0,0,\gamma)$ 予以补偿——该角度描述了地图投影坐标系北方向和地理北方向之间的角度差异,Jacobsen(2002)和 Kruck(2003)就投影坐标系中的直接地理参考技术问题进行了详细讨论。

4.10　相机座架

4.10.1　刚性座架

模拟机载相机安装座最初都为某一种刚性安装底座,其提供了有关适航性和空中安全的主要功能。"刚性座架"这一统称性术语也涵盖了"刚性固定装置"和"刚性支撑"等概念,类似术语以前在行业内经常使用,"带弹簧的刚性悬架"这一概念是新近出现的。

一般而言,当现代相机安装座符合术语"刚性座架"对机上相机基本使用要求的涵盖。座架和相机/传感器之间的内部机械连接是制造商的责任,座架和飞机之间的外部连接是航空人员的责任,同时还要额外负责进行整系统的适航批准测试,这里最重要的功能是要确保座架安全地连接到飞机地板上。

这里对术语滚转、俯仰和偏航进行定义,以便技术讨论。滚转是指机翼与飞行轴线成直角的运动,飞行轴线是三个旋转轴中与旋转速率和姿态偏差相关的最活跃的轴线。在手动控制情况下,横滚轴通常设置为零,其寓意±5°的预期滚转运动平均角度值。俯仰与飞机机头的上下运动有关,角度偏差量通常最小,但在大多数情况下,它与纵轴位置(机头向上/向下)之间的差异导致的偏移有关,并取决于飞行速度和刚性的飞机底板。为了使该角度旋转量也在±5°范围内,会在平台下方插入一个楔形适配器从而形成一个恒定的角度偏移。偏航涉及两个干扰分量:飞机绕垂直轴的运动以及机身迎风风向,偏航角最大可达30°,此时就很难满足高质量航摄飞行要求——直接影响所需的航拍影像航向、旁向重叠度,需要进行旋偏改正。

4.10.2　飞机频谱及 MTF

两个重要的频谱与飞机上的安装平台有关。每架飞机都有其自然共振频率,这取决于发动机类型、发动机数量、速度和旋翼叶片数量。这些窄带频率(其中大部分具有高振幅)在20～120 Hz 范围内。这些干扰频率通过"被动衰减"进行衰减,具体是通过安装在座架平台下方或

相机/传感器下方的减振器来实现的,其可在大约 10～150 Hz 的范围内衰减这种成像干扰振动。被动衰减还减少了飞行湍流造成的垂直影响,图 4.10-1 显示了使用单轴无源衰减的典型衰减曲线(输出与输入信号的比率)。

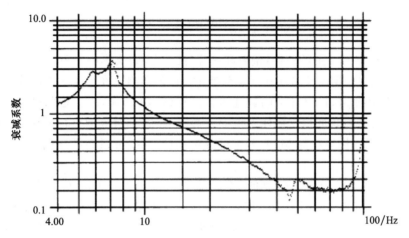

图 4.10-1 无源衰减

第二个频谱是产生自越来越多使用的受控相机座架。在大多数飞机中,航拍飞行过程中飞行运动的平均角速度可高达 3°/s,最高可达 10°/s。这些由湍流和故意飞行机动引起的干扰频率具有低频频谱。由各种飞机的频率测量得出的结论是,飞机的相关旋转运动大多发生在低频范围内,幅度随着频率从大约 1 Hz 处的增加而减小,到大约 7 Hz,会减小约 100 倍(图 4.10-2)。

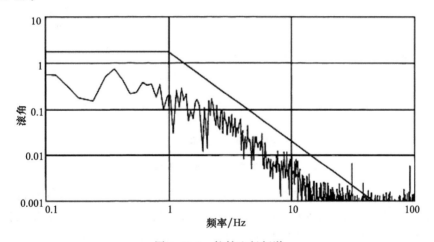

图 4.10-2 航拍飞行频谱

使用相机座架时所涉及的剩余干扰由两部分组成(振动和飞行运动),其是对各种事件的一种反应,因此必须单独考虑。反过来,振动也有两个分量,即正弦运动和随机运动或抖动,所有这些都在符合平台(PF)MTF 的乘法公式

$$MTF_{PF} = MTF_{FB} \cdot MTF_J \cdot MTF_{sin}$$ (4.10-1)

现在分别检查 MTF_{sin}、MTF_J 和 MTF_{FB} 分量以获得平台必须达到的衰减值。

在航空摄影飞行期间由外部条件引起的飞行运动可以通过线性运动或探测器元件绕三轴

旋转导致在地面上的投影运动来近似。如第 4.1 节所示,线性运动的 MTF 由 sinc 函数描述。以下内容适用于由飞机绕其纵轴滚动或旋转引起的地面运动轨迹

$$\mathrm{MTF}_{\mathrm{FB},y} = \mathrm{sinc}(\pi \cdot a_{\mathrm{FB},y} \cdot f_y)$$

$$\mathrm{MTF}_{\mathrm{FB},y} = \frac{\sin(\pi \cdot a_{\mathrm{FB},y} \cdot f_y)}{\pi \cdot a_{\mathrm{FB},y} \cdot f_y}. \tag{4.10-2}$$

这类似于飞行方向 x 上的俯仰:偏航和平移(推动运动)会影响 x 和 y 方向。这里应该注意的是,在积分时间 t_{int} 期间正常飞行运动带来的 MTF 影响已在第 4.1 节中考虑在内。这里仅考虑反映在提到的 MTF 组件中的其他干扰。在(4.10-2)中,$a_{\mathrm{FB},y}$ 指的是在扫描行积分时间 t_{dwell} 内与扫描行成直角的探测器像素地面投影距离,f_y 是对应的飞行航线空间频率。如第 4.1 节所述,归因于线性运动的 MTF 分量可忽略不计,这些分量会导致地面像素或 IFOV 拖尾 20% 的 GSD。

图 4.10-3 示出了用于运动距离的 MTF 曲线 $a_{\mathrm{FB},y} = 0.2\ \mathrm{GSD}(\mathrm{MTF}a1)$,$a_{\mathrm{FB}} = 1\ \mathrm{GSD}$ (MTF_{a2})和 $a_{\mathrm{FB}} = 1.5\ \mathrm{GSD}(\mathrm{MTF}_{a3})$。$\mathrm{MTF}_{a2}$ 对应于探测器 MTF。$a_{\mathrm{FB}} = 1.5\ \mathrm{GSD}$ 时,MTF 变负且相位反转发生(参见第 2.4 和 4.1)。由探测器元件大小 y 归一化的空间频率绘制在图 4.10-3 中的 x 轴上,其中由 $f_i = \dfrac{f_y}{f_{y,\max}}$ 给定 $f_{y,\max} = \dfrac{1}{y}$,即 $f_i = 1$ 对应于 155 线对/mm 的空间频率,假设探测器元件大小为 $6.5\ \mu\mathrm{m}$。

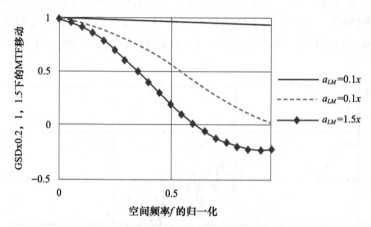

图 4.10-3 直线运动情况下的 MTF 曲线

距离分别为 $a = 0.2\ \mathrm{GSD}(\mathrm{MTF}_{a_1})$、$a = 1\ \mathrm{GSD}(\mathrm{MTF}_{a_2})$ 和 $a = 1.5\ \mathrm{GSD}\ (\mathrm{MTF}_{a_3})$

图 4.10-4 显示距离 $a = 0.2\ \mathrm{GSD}$ 的直线运动对总 MTF 的影响很小。如果假设该探测器的 MTF 对相机的 MTF 存在实质性影响,MTF_d 降解得如此之小,在 $a \leqslant 0.2\ \mathrm{GSD}$ 情况下可以忽略不计。

给定 $a = 0.2\ \mathrm{GSD}\ (\mathrm{MTF}_{a_1})$ 及由此产生的 MTF(MTF_1)乘以探测器 MTF(MTF_d)

示例

对于飞行高度 $H = 1000\ \mathrm{m}$、飞行速度 $v = 180\ \mathrm{km/h} = 50\ \mathrm{m/s}$,若对应 GSD 为 $x = y = 10\ \mathrm{cm}$ 情况下,由(2.8-3)可得

$$t_{\mathrm{dwell}} = \frac{x}{v} = 2\ \mathrm{ms}$$

由式(4.2-16),有 $\qquad\qquad\qquad \mathrm{IFOV} = 0.0057°$

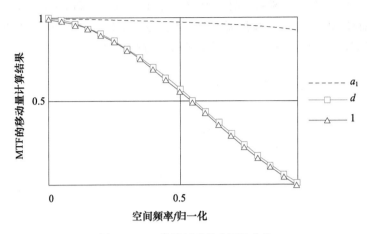

图 4.10-4　线性运动的 MTF 曲线

对应 GSD 的横滚方向上的角速度 Ω 为

$$\dot{\omega}=\frac{\text{IFOV}}{t_{\text{dwwell}}}=2.86°/\text{s}$$

为防止运动距离超过 GSD 的 20％，必须使用受控座架将相对相机的侧倾影响限制在 ＜0.6°/s。这同样适用于 ϕ 和 χ，即俯仰和偏航方向上的角速度。图 4.10-5 示出了 MTF_{FB} 曲线（$a=1$ GSD），这与探测器 MTF 一致，相对于探测器的 MTF 导致更多的整体性退化，在确定此处相机 MTF 时不可忽略。

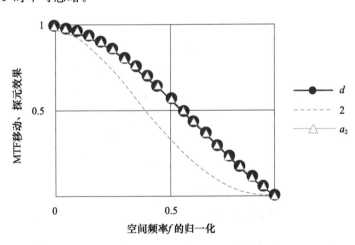

图 4.10-5　线性运动的 MTF 曲线

$a=1$ GSD（MTF_{a_2}）和由此产生的 MTF（MTF_2）乘以探测器 MTF（MTF_d）结果

现在考虑抖动对 MTF 的影响，MTF_J。如果通过被动衰减，可以在很大程度上将共振频率从相机中解耦，因为这取决于飞机类型和发动机组件（发动机速度、活塞数量、螺旋桨数量等），大多数剩余的扰动可被视为随机运动或抖动，其由若干高频扰动叠加引起，可能具有随机分布特点。这种情况下，可以使用概率理论中的中心极限定理（参见第 2.6 节）来简化对这种复杂情况的描述，根据相关定理，多个随机分布的叠加（不一定是正态分布）渐近地会转换为正态分布

$$\text{MTF}_J=\exp(-2\pi^2\sigma_J^2f_J^2) \tag{4.10-3}$$

其中 σ_J 代表 rms，f_j 代表空间频率。图 4.10-6 显示了 $\sigma=0.1x$ 和 $\sigma=x$（x 是探测器元件间距大小）时对应的总体 MTF 曲线与探测器 MTF 的比较。从图 4.10-7 中可以看出，由 $\sigma=0.1x$ 的抖动引起的探测器 MTF 退化非常小，以至于可以忽略不计。

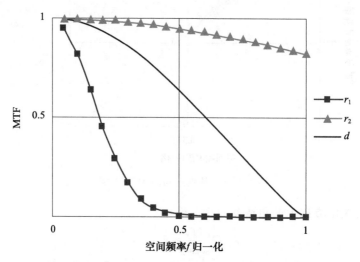

图 4.10-6　抖动 MTF 曲线与探测器 MTF（MTF_d）的比较
（$\sigma=0.1x$（MTF_{r_2}）和 $\sigma=x$（MTF_{r_1}），其中 x 是探测器元件间距大小）

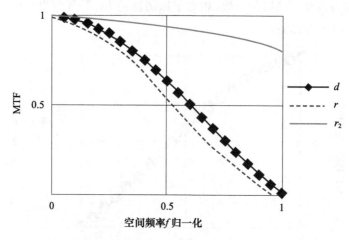

图 4.10-7　$\sigma=0.1x$（MTF_{r_2}）时的抖动 MTF 曲线 MTF（MTF_r）由探测器 MTF（MTF_d）乘积产生

例如，如果探测器元件之间的间距为 $x=10~\mu\mathrm{m}$，焦距 $f=50~\mathrm{mm}$，根据（4.2-16），有

$$\mathrm{IFOV}=2\arctan\frac{x}{2f}=0.2$$

因此，在被动衰减之后剩余的随机偏转或干扰偏转可能不会使相机偏离正常位置超过 20 微弧度或大约 4 弧秒。

在无源衰减之后在平台上仍然活跃的共振峰，其不能被并入抖动项，可考虑归入平台 MTF 中进行确定，并由此通过 $\mathrm{MTF}_{\sin}$ 进一步归入到相机 MTF 中确定。被动衰减后共振产生的正弦运动具有以下形式

$$\Psi_{\sin}=a_s \cdot \sin(\omega t) \tag{4.10-4}$$

其中 $a_s=$ 振幅，$\omega=$ 振荡的角频率。

如果相机在积分时间内受到许多正弦运动的影响,则

$$t_{\text{int}} \gg \frac{2\pi}{\omega} \tag{4.10-5}$$

MTF_{sin} 通过零阶贝塞尔函数 $J_0(2a_s\pi f_{x,y})$ 描述,其中 $f_{x,y}$ 表示正弦运动 x 或 y。贝塞尔函数 $J_0(x)$ 可以通过交替级数计算(Bronstein 和 Semendjajew,1989),其计算可以在第一项之后截断

$$\text{MTF}_{\text{sin}} = J_0(2\pi a_5 f_x) \tag{4.10-6}$$

图 4.10-8 显示了贝塞尔函数 s 在 $a_s = x$ 和 $a_s = 0.1x$ 下的曲线(其中 x 是探测器元件之间的间距)及与探测器 MTF 的比较,其中 x 轴为归一化的空间频率。

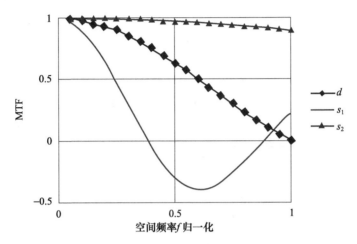

图 4.10-8　MTF 曲线表示振幅为 $a_s = x$（MTF_{s_1}）和 $a_s = 0.1x$（MTF_{s_2}）

的正弦扰动运动以及与探测器 $\text{MTF}(\text{MTF}_d)$ 的比较

请注意,当 $a_s = 1$ 时,MTF 假定为负值。图 4.10-9 清楚地表明,当 $a = 0.1x$ 时,通常可以忽略退化影响。因此,由于平台的影响,共振频率必须衰减到某种程度以使得其影响的地表上像素投影的偏转限制在 ± 0.1 GSD 以内。

经上述论述,MTF_{PF} 可以由公式(4.10-1)转换为

$$\text{MTF}_{\text{PF},x} = \sin c\,(\pi a_{\text{FB},x} f_x) \cdot \exp(-2\pi^2 \sigma_{J,x}^2 f_x^2) \cdot J_0(2\pi a_{s,x} \cdot f_x)$$

$$\text{MTF}_{\text{PF},y} = \sin c\,(\pi a_{\text{FB},y} f_y) \cdot \exp(-2\pi^2 \sigma_{J,y}^2 f_y^2) \cdot J_0(2\pi a_5,y \cdot f_y) \tag{4.10-7}$$

图 4.10-10 表明,即使在所有分量 MTF 中都采用了上述限制值 $a_{\text{FB}} = 0.2x,a_s = 0.1x$ 和 $\sigma_J = 0.1x$,探测器的 MTF 也不会因乘以组件 MTF 而显著降低:

$$\text{MTF}_{\text{rec}} = \text{MTF}_{\text{pF}} \cdot \text{MTF}_{\text{D}}$$

其中 MTF_{res} 是最终结果 MTF。

4.10.3　不受控相机座架

不受控制座架的使用率正在逐渐减少,因为其在经济性、精度和适配性方面不再符合当今的标准。其只有"刚性安装"和"被动衰减"功能以及不受控制座架的中心位置设置需由操作员手动控制。

不受控制座架的缺点是其在使用过程中需要操作员频繁操作调整设置,这是因为一定的航向重叠度要求使得在航线内需要相对较长的飞行时间,而期间地形往往会存在一定的高差

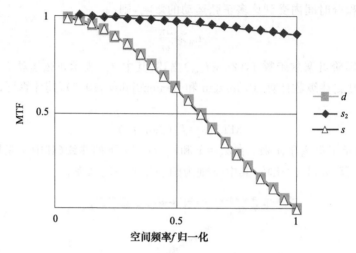

图 4.10-9　$\mathrm{MTF_{sin}}$ 在 $a=0.1x$ 时的 MTF 曲线(MTF_{s_2})最终 $\mathrm{MFT}(\mathrm{MTF}_s)$ 是
通过探测器 $\mathrm{MTF}(\mathrm{MTF}_d)$ 的乘积来确定的

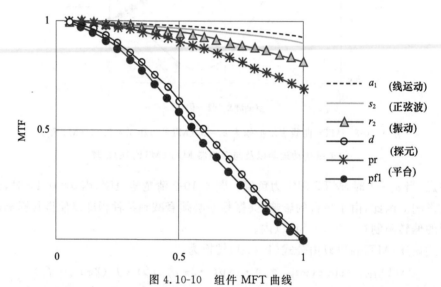

图 4.10-10　组件 MFT 曲线

使用极限值为：线性运动(MTF_{a1})下 $a_{\mathrm{FB}}=0.2\,x$，正弦运动(MTF_{s_2})下 $a_s=0.1x$，抖动(MTF_{r_2})下 $\sigma_J=0.1x$；

$\mathrm{MTF_{PF}}$ 由所有干扰分量相乘形成；得到的最终结果 $\mathrm{MTF}(\mathrm{MTF_{PF1}})$ 是 MTF_{pf} 乘以探测器 $\mathrm{MTF}(\mathrm{MTF}_d)$ 得到的

起伏，并且由于图像或像素拖尾也很容易导致图像质量降低。图 4.10-11 显示了仅实现"刚性安装"和"无源衰减"功能时出现的效果，图像立体条带是在柏林上空飞行期间使用线阵相机推扫生成的，GSD 为 30 cm，横滚、俯仰和偏航相对严重。借助来自 POS(位置和方向系统)的数据，可以纠正图像畸变。可以清楚地看到，横滚值与姿态变化与图像畸变校正之间的高度相关性。通过使用受控安装座架可有效克服上述缺陷，显著减少像素的位置变化，因此可以提高、保证航带间的旁向重叠度。

4.10.4　受控相机座架

具有自动图像稳定和自动姿态控制的受控座架满足两个要求。图像稳定对于模拟和机载

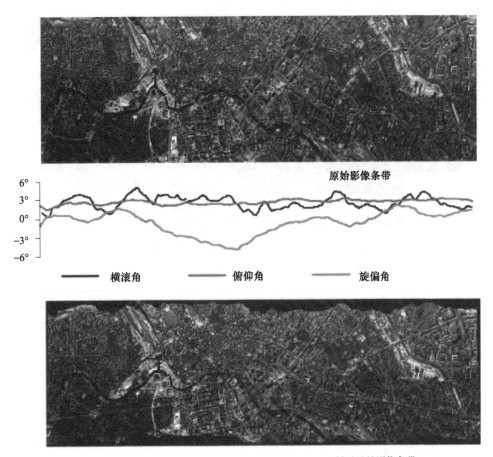

图 4.10-11　不受控制的相机座架

数字相机具有相同的特性要求。座架控制回路的输入值是三个轴的角速度,由陀螺仪测量,目标是保持尽可能低的残余角速度。使用受控座架后,预计剩余最大图像拖尾对应的残余角速度会保持在 0.3°/s 以下。

姿态控制会支持图像稳定系统的控制回路。在模拟胶片相机中,控制安装座架的程度为:由横滚和俯仰引起的与像底点偏差以及由偏航引起的真实轨迹的偏差保持在十分之几度的范围内。

姿态控制的输入值通常来自受惯性影响下的两个姿态传感器,这意味着该控制回路受到飞行行为的强烈影响。如果通过"推动"而不是横滚来进行方向校正,如果安装座离飞机的旋转轴太远并且存在大量平移干扰,则将无法获得大约 0.2° 数值控制能力。偏航控制需要外部参考,因为安装座无法测量确定航向和真实航迹之间差异所需的值。为此,偏航的外部参考需要由操作者手动确定,或者通过接口从外部设备传输输入幅度。

使用机载数字相机可以显著改善姿态控制效果,因为其通常具有集成的 POS,可以为所有三个轴向提供姿态值并将姿态控制能力提高至少 10 倍。因为陀螺仪提供了更好的插值数值,所以图像的稳定性也得到改善。从图 4.10-12 可以看出,校正后的图像立体影像条带中不再出现类似不受控制平台下出现的"波浪"边缘(见图 4.10-11)。

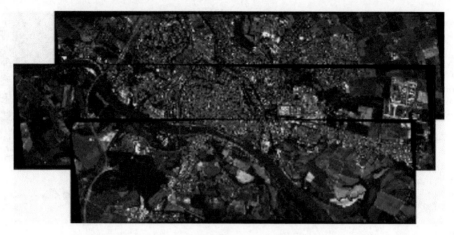

图 4.10-12　受控安装座架支持下的航带影像校正结果

章末注：

1	传感器特定噪声取决于陀螺仪和加速度计的性能。对于姿态传感器,IMU 陀螺仪的性能至关重要。噪声由随机游走系数给出,表示为$[°/\sqrt{h}]\doteq 60\cdot[°/h/\sqrt{Hz}]$,这个随机游走系数乘以$\sqrt{t}$,则可反映一定时间间隔 $t[h]$ 后的姿态确定精度
2	在 GPS/IMU 卡尔曼滤波过程中,IMU 和 GPS 天线之间的安置臂杆也可以作为未知参数处理。然而,必须知道 IMU 和相机透视中心之间的先验偏移量
3	译者修订,该公式应改为:$R_p^i(\omega,\phi,k)=R_n^i\left(\pi,0,-\frac{\pi^4}{2}\right)\cdot T_e^n(\phi_0,\lambda_0)\cdot R_n^e(\Lambda_{t_i},\Phi_{t_i})\cdot R_b^n(r,p,y)\cdot R_p^b(\pi,0,0)$,严格来讲原式还差用于摄影测量物方笛卡尔系的本地站心地平坐标系(如原点位于φ_0,λ_0处)与t_i处的惯性系之间的旋转项

第5章 校 准

摘要 传统机载相机的有效分辨率及辐射性能在很大程度上是由胶片特性决定的,进一步相机往往仅在镜头分辨率约束下对内部定向参数进行校准。然而对于数字测量相机,可以在系统级别进行完整的校准,包括有效分辨率和光谱响应度等。

根据相机的应用和相应质量标准决定要校准那些相机参数,也就是说校准不仅取决于用户的要求,还取决于国家相关认证机构的指南和规范。过去,只要相机几何校准认证后就可获得用于测量目的的资格,而当今相关要求已扩展包括了辐射性能认证。认证的具体方式也在发生变化,过去许多国家依赖并认可实验室标校结果,为此许多机构建立了自己的实验室校准机构,相机的成像几何性状是通过测量其基本组件(镜头、基准框标、压板)来确定的。

由于数字测量相机数量众多极其复杂的内部结构,已很少允许采用经典校准流程进行相机标校,大多数应用情况下需要系统级的校准结果,该过程可以在实验室完成,或者也可通过在典型控制条件下进行摄影自校准,又或者将两者结合起来。相机系统的认证过程与此类似,需要说明的是现在越来越要求在测试场(检校场)通过试飞航摄完成摄影自检校,从而尽可能探究相机的实际作业性能。

5.1 几何校准

广义上讲,相机几何标定的目的是对图像平面上的像点和物空间中的对应物点建立明确的物像关系。对于航摄相机,物镜的投影中心位置在相机照片坐标系下视为不变(定焦),因此可以使用比近距离摄影测量情况更为简化的成像模型。这样,只需要确定投影中心在相机坐标系下的位置、图像空间中的像点位置及其在物空间中的方向关系即可,这种成像假设,对于所有航拍影像都是一致的。

目前用来描述这种关系的模型是针孔相机模型,辅以像面畸变校正方法对该模型进行改进,可以减小模型误差。但当今实用的数字评估方式与之有所区别,一般实用的做法是以表格形式提供像面内主点径向线上的畸变量,以便像坐标的实时转换改正。

机载相机和相关校准技术的发展与检校设备的技术能力密切相关。在设计检校用机械和光学模拟设备时,是基于最简单模型(即针孔相机的模型)原则实现的,与该模型的任何偏差都需要昂贵的辅助结构可以调整校正。同样高质量几何特性成像阵列实现的背后往往也都需要付出巨大的努力,尤其要关注成像介质的平面度(传统胶片相机是指照相底片平整度,需要完美平面的压板压平胶片)。还有,应该要求镜头畸变中没有比径向对称畸变更严重的缺陷设计,在最后一代机载胶片相机中,这一目标得以实现,物镜畸变减少到 $2~\mu m$ 以内,压力板压平精度也达到相同程度的精度水平。

传统机载相机的标定包括三个部分,即像平面位置的高质量保证(主点位置确定)、4~8

个基准框标位置坐标的测定(像平面坐标系确定)及镜头的成像几何性状确定(畸变)。最后一项通常借助测角阵列仪(一组平行光管)测量图像对角线上畸变量予以实现(Bormann,1975)。

镜头性能测定时,光路是反向的,通常会使用带有基准测试图案的测量片(可从背面照射的一块高精度刻划玻璃板)代替压板进行观测,设置为等效无限远的望远镜(平行光管)透过镜头可瞄准玻璃板上的图案标志,测量的变量是望远镜指向相关标志图案时的角度,如图 5.1-1 所示。

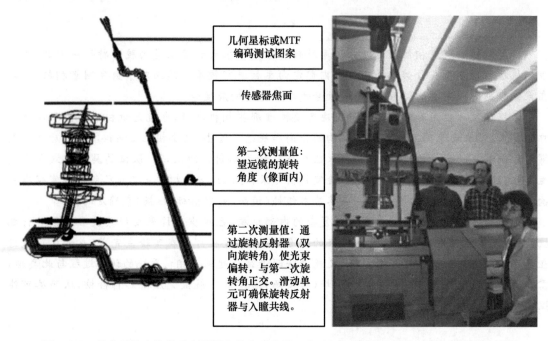

几何星标或MTF编码测试图案

传感器焦面

第一次测量值:望远镜的旋转角度(像面内)

第二次测量值:通过旋转反射器(双向旋转角)使光束偏转,与第一次旋转转角正交。滑动单元可确保旋转反射器与入瞳共线。

图 5.1-1　具有折叠光路的垂直型测角仪和开发第一台 ADS40 原型机时的 CVG 检校安置情形
(基本设备是称为电子垂直测角仪(EVG)的装置,具有反向光路但没有可旋转反射器滑动单元,
其针对经典航空胶片相机校准而开发)

相比上图,水平型测角仪的光学、机械构造要简单得多,测量时先将相机镜头置于水平位置,即在物方使得以物镜瞳孔为中心的转台转轴处于垂直状态——随后的非垂直角度由垂直测角仪(垂直测角平行光管)偏斜一定角度测量,期间镜头始终是处于垂直状态不动的,这样可避免应力或重力对镜头畸变的干扰。经过多年实践,测量模式及其评估流程不断得以改进和自动化。

经典航空胶片相机的测定结果主要由相机常数(焦距、主点位置等)和径向对称畸变组成,最终确定的相机常数可使测量残差最小化。

在像方投影中心到像面的垂线所定义的像主点作为图像像点量算的参考点。实践中,该点是通过测量件表面反射的自准直特性确定的,因此通常称为自准直主点(PPA)。径向对称畸变的中心位置可视为另一个校准参数,它通常被称为对称主点(PPS),但它绝对不具有中心投影主点的性质,尽管其经常用于摄影测量工作站的软件中,但它对"真实"机载相机的实用价值值得怀疑。即使过去的镜头设计工艺,物镜畸变也是可控制的,系统调整也非常精确,以至于 PPS 与 PPA 不会明显偏离。在最新镜头设计工艺中,几乎不可能确定 PPS,因为根本就不存在明显的可量测畸变量。测量型镜头会对畸变进行苛刻的限制,例如一些中小幅面机载数字相机中提供的镜头即如此。

测试场校准可作为实验室校准的补充方法或替代方法,其需要光束法平差技术的辅助支撑,测试场内需要布施标志性和精确测量的控制点,而后要进行区域性立体摄影(Kölbl,

1972)。通过对来自 GPS/IMU 系统的记录值进行处理后可确定定向参数,其可用作与物方主体坐标系关联的主要或补充参数。其实外部定向参数与相机校准关系不大,检校过程的主要目标是确定相机内部定向参数。如果有足够的冗余观测,扩展的成像模型不仅可以用于确定主点、相机焦距常数和径向对称畸变等,还可以用于确定镜头其他畸变和焦面压平误差。有多组精心开发的附加参数集可用,但或许最著名的要算是 DC Brown(Brown,1976)参数,该参数模型或变体已在许多摄影测量软件产品中得以实现。

在光束法平差中加入附加参数的参数估计校准方法也可用于实际飞行任务期间的"自校准"和系统像差补偿。

通过组合处理来自 IMU(惯性测量单元)和 GPS 接收器的数据,GPS/IMU 系统可提供定向参数。若 IMU 和相机的相对位置是先验性已知的,则 GPS/IMU 结果可以为区域网光束法平差提供实质性支持,或者如果要求不是太苛刻,则可以完全替换常规空散过程。IMU 和相机间相对关系的确定,通常被称为"视轴"校准,可通过对特定航摄规划下的航摄数据光束法平差处理来求得。

相较于传统胶片相机实验室检校方法,机载数字相机的检校需要对以往的实验室校准过程进行改进。由于数字图像记录器(探测器或探元阵列)不能简单地用测量检测件替换,因此相机校准需要对光学系统和图像记录器进行整体操作。然而在这种情况下,由于探测器阵列结构和类型的多样性,使用准直器将测试图案投射到相机焦面时光路及测试图案的选择也是多样的。

经典的图像对角线畸变测量方法也可用于面阵传感器,建议使用双轴向角度测量方式完成(单轴向角度测量亦可),这样可以整像面完成畸变测量,像面的确定将以数字方式进行。对于线阵相机单个扫描线阵无法完成整焦面成像,由于半径方向上只和线阵探元相交一次,所以无法进行图像对角线畸变测量,因此必须采用双轴向测角阵列仪施测,此时会对线阵上的若干个探元像素点施测。测角阵列仪(平行光管阵列)校准系统具有紧凑且可实施固定角测量的优点,被安置相机可在一定范围内可移动调整,安装叉台可在方位角方向上动作(类似于通常用于望远镜或经纬仪的安装叉架),校准实施过程中先将准直器牢固定位,然后相机进行施测动作,安装叉台也可安装除相机外的其他待检校设备,如图 5.1-2 所示。

图 5.1-2　带有相机动作功能的固定角度准直器测角仪

(照片前景中为准直器,背景为安置叉台(可放下一个完整的小型卫星,这里仅安放了早期 ADS40 原型机小型测试光学系统))

这种运动型平行光管阵列校准系统还避免了相机自重引起的形变。特别是,相机可以保持垂直拍摄位置不变。问题是要求测角仪系统突出的双臂必须能够围绕镜头中心相对准直器进行摆动。如果要直接使用准直器校准其他设备,唯一的选择是采用光轴上光路可折叠测角仪设备实施测定,类似 Coudé 望远镜焦点中使用的校准方式。

"自然"测试标志——无限远的点光源,因为其只能通过多次成像测量来获取多个成像点,若要用于线阵相机则要以亚像素量级的小位移反复移动测量,所以校准中很少采用。对线阵传感器的线阵进行像面位置确定是一个漫长的操作过程,期间使用覆盖多个像素的较大测试图案会更为方便,并且可通过整体图案几何形状(匹配)以亚像素精度对测试图案进行参考点精确量测。

面阵传感器最简单的测试图案是覆盖多个像素的整圆标志,图像的中心可以亚像素精度椭圆拟合来确定。但更精细的特定编码图案模式,能够提供更高质量图像信息,也可以尝试采用。

编码测试图案适用于线阵传感器(图 5.1-3),此类型图案标志能够确定沿线或与线成直角的偏差量。校准值是将测角仪位置和剩余偏差量相加得到的(图 5.1-4)。

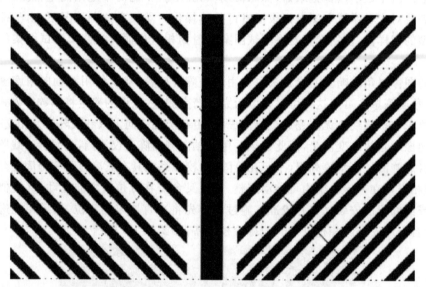

图 5.1-3　可同时在两个坐标方向确定线阵传感器线阵偏差的人字形编码图案局部中心区域放大视图
(沿传感器线阵与对称编码图像水平相交位置定义了编码图像的中心,并且与不规则间距编码形成直角
使得可进行位置确定,中间的宽线有助于找到编码图案的对称轴)

多面阵相机图像由多个子图像拼接而成,特点鲜明。原则上,这种探测器件方法也可用于扩大线阵相机的扫描带宽。但尽管 MOMS-02 传感器已采用此种成像模式,但在商用机载相机应用中目前仅限于具有面阵传感器相机,这种组合式系统中的某台单个相机可以通过测角仪方法轻松校准。然而,整体性校准单相机组合系统时,需要一个非常大且无畸变的准直器。此外,这种多相机组合系统的各子相机间容易发生不一致现象。因此,子影像间会存在重叠区以加强关联性。整体性校准时,拍摄完影像后,先利用各相机的子影像(一个或多个)进行单相机校准,而后再进行整幅影像关联和整体性校准效果往往会更好。

就校准和相机系统的认证而言,测试场光束法平差校准方法对数字传感器要比对经典胶片航摄相机发挥更为重要的作用。除了校准系统组件、对齐 IMU 系统或多面阵探测器件等,

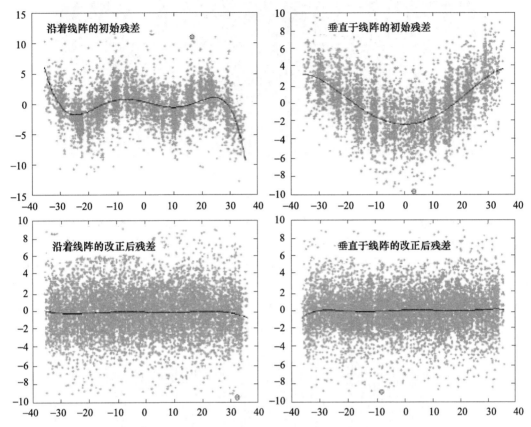

图 5.1-4　图像平面中沿线阵相机(ADS40)线阵的残差,使用 6 次多项式残差建模效果
(残差是沿着线阵方向位置进行标绘。上面两个图像显示误差补偿前的残差;下面两个图像
显示校正后的残差(像素尺寸为 6.5 μm,线阵长度为 78 mm))

这种校准方法还用于系统影像复合等方面。特别是对于线阵传感器,已经发现,使用双向测角仪的实验室校准方法相对复杂且容易出现问题,因此通过测试场校准可以获得比实验室校准更好的结果。

已开发用于航空胶片相机的自校准参数集可以适用面阵传感器相机。原则上,这些检校参数也可用于线阵相机,但适用性还应进一步改进,实作中建议对每个单独扫描线阵根据测量残差进行具体建模。

5.2　图像质量的确定

图像质量的经典测度是镜头的摄影分辨率极限确定,具体措施是在规定的亮度和对比度条件下对测试图案进行拍摄(图 5.2-1)。因此,所拍摄图像的精细程度反映了镜头的分辨率能力,AWAR(像面加权平均分辨率)这一指标常被采用。

这种测定方法几乎不适合数字测量相机系统校准,这是由于传感器单元的空间离散化对分辨率极限有很大的影响,如果光学系统的设计不合适,还可能会导致混叠效应(见第 2.5 节)。因此,在数字传感器的情况下,建议用 MTF 予以定义,而不是仅通过确定极限分辨率进行评定。

图 5.2-1 "NASA 1951"靶标图案常用于确定镜头分辨率的极限
（左侧是靶标,右侧是胶片图像）

这里应该再次强调,数字传感器光学系统的设计目标必须关注分辨率限定问题——以确保在奈奎斯特频率或更高频率下不会出现混叠效应,而不是实现最大可能的光学分辨率。

一系列不同密度的规则条形图案或包含所有感兴趣空间频率的不规则图案均可用于确定面阵传感器或线阵传感器扫描线方向上的 MTF。确定与线阵方向成直角方向上的线阵传感器 MTF 更具挑战性（图 5.2-2）,除了对测试图案进行动态扫描方式外,还可以使用静态解决方案——扫描一条相对于传感器线阵方向稍微倾斜的线。

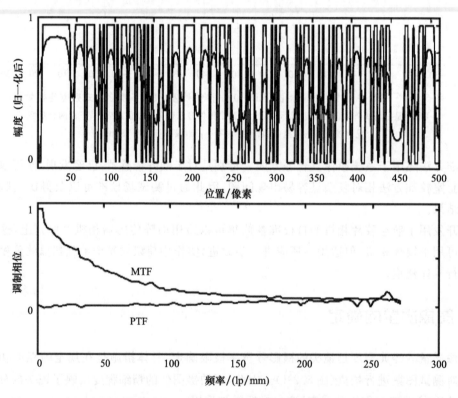

图 5.2-2 MTF 测试图案模式和评估结果,本示例中使用低分辨率镜头对条形图案摄取图像来确定 MTF,上图顶部示出了随机条状图案振幅（矩形曲线）与叠加在一起的成像效果,上图底部是对应的 MTF 和 PTF（相位传递函数）曲线。高分辨率机载相机应使用具有更多细节的编码图案模式,以便能够解析更高的频率范围

5.3　辐射校准

辐射校准的主要参数是相机的光谱响应度。与胶片相机相比,辐射改正参数对于数字测量相机而言非常稳定,所以辐射改正效果更为明显,也更具价值。

CCD 和 CMOS 传感器的每个探元在 DS(暗信号)和光响应度 PR(光响应)方面都会存在微小的差异,这些参数的变化称为 DSNU(暗信号非均匀性)和 PRNU(光响应非均匀性)。并且,传感器本身发出的暗信号和电子系统的单向读出噪声大小与温度有关,与传感器的积分时间成比例地增长。

当追求最高质量成像水平时,会根据温度和积分时间对 DSNU 和全局 DS 成分进行补偿,这时会从原始图像中减去同步成像的暗影像(具有相同积分时间的暗图像)。由于机载相机的图像序列成像采集都十分快速,实时处理是不切实际的,因此事先会执行 DSNU 和 DS 的一次性校准,并将这种全局性校准结果保存。当需要确定和补偿 DS 时,更便捷的做法是将事先在传感器中已集成的多个"暗"探元全局校正变量应用于对应探元的电平信号上,从而完成辐射量校正。

虽然实时全局 DS 校正可以在物理成像过程中进行(即在 CCD 信号数字化之前),但实作中 DSNU 和 PRNU 校正建议要放在数据数字化(模数转换)后执行。所以辐射校正的一部分工作可在实际拍摄过程中实时进行,一部分工作可在拍摄后的图像数据处理时进行。条件允许时,还是应优先考虑实时整体性校正,这对数据压缩等后续数据处理是有利的(往往辐射校正后可将数据压缩得更小)。

对于线阵相机,CCD 单元的数量相对较少,所以便于在相机系统中直接存储校正值以便进行实时校正(图 5.3-1),随即完成数据压缩。但对于大幅面阵列相机,目前这种方式的可行性并不高——用于实时校正的快速存储器,要求每个像素对应存储至少 3 个字节(DSNU 对应 1 个字节,PRNU 对应 2 个字节)的校正参数,对于单片子影像就动辄几十兆(百万像素)规模的传感器尺寸是不切实际的。

无论图像是实时校正还是随后在地面上校正,相机系统的 DSNU 和 PRNU 都会作为要校准的参数进行辐射量校准。如果全局 DS 补偿到位,则相机系统的 DSNU 校正此时就仅限于对暗信号的一次性校准(实作中往往会通过加装镜头滤光器实现)。为了减少噪声,建议对多次测量进行平均。如果硬件未提供 DS 补偿,则建议在不同的温度和积分时间下进行一系列测量校正。

建议将 PRNU 校正视为系统性校正,这样不仅可以补偿图像记录器的实际 PRNU,还可以连同电子系统、尤其是光学系统的物理部分一并进行补偿改正。广角相机系统的 PRNU 主要是镜头光晕衰减造成的,在单透镜(薄透镜,thin lens)的情况下,其变化量是入射角的 $\cos^4$ 关系,但今天的镜头都采取透镜组的工艺设计,导致这种变化量较为平均且恒定。

为了同时确定系统所有光谱通道和整个像面或线阵列的 PRNU,为此,必须有一个校准的、均匀的且各向同性的光源基准,该光源在整个孔径角度上可照亮某个镜头或所有镜头组。大孔径角度的唯一可行方案是采用乌布利希(Ulbrich)球体进行实施,其为空心球体,理想情况具有完美的各向同性和无损耗内表面反射特性。均匀光辐射球体的机理是:光线通过一个小开口进入球体,并通过内表面的多次反射形成均匀光,最后从均匀光球体中的第二个小开口辐射出的光照可完美充当均匀且各向同性的面光源。然而实际中,这种类型的球体在内部涂

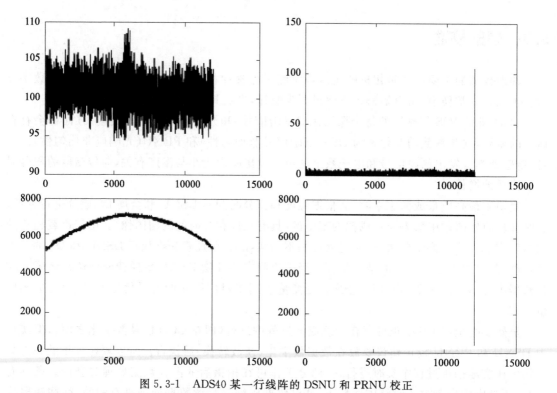

图 5.3-1　ADS40 某一行线阵的 DSNU 和 PRNU 校正

（横轴表示 12000 个像素点，表示信号强度的灰度值沿纵轴表示，左上图为暗信号表示，可以看出像素的暗灰度值在 100
附近；右上方表示减去校准值后的 DS 和 DSNU 的校正效果（图示为不可再进一步校正的残余噪声）；左下图形示出了
基于乌布利希（Ulbrich）球光学系统测得的 PRNU 和边缘强度下降特性；右下角示出了使用校准值获得的最终校正信号）

层方面仍然存在不足：它不是绝对各向同性、也不是无损反射。球体的出光口尺寸必须足够
大，以容纳航摄相机镜头，要求同时容纳多个镜头则难度会陡然加大，不完美的涂层反射率和
较大的出光口都会降低光源的总亮度，所以这三种负面影响都会影响光源质量。除了常规的
硫酸钡涂层（在可见光和近红外光谱范围内的反射率为 94％～98％）之外，使用其他涂层对反
射率几乎无任何改进，但可以通过增加球体的尺寸来减少出光口开口大小的影响，但又由于球
体的大小受到实际物理条件限制，所以建议采取其他更为有效的措施来改善光源的均匀
性——如可增加球体进入的光源数量并提高进入光的均匀性（例如通过"卫星球体"（图 5.3-2）
方式达到这一目的）。

　　光谱校准是在已校准的可调光源的辅助下进行的，通常这样的光源由单色器产生——包
含宽带频谱光源（白炽灯）和栅格或棱镜光谱仪——用以提取指定的窄光谱频带。此类设备相
当昂贵，但在实验室内对各种待检设备的适用范围很广。不足之处是即使在乌布利希（Ul-
brich）球体支持下，所产生的光照总体强度几乎不足以直接进行机载整相机校准；然而由于相
机单个通道的各像素响应差异是已知的，因而每次仅对小区域图像进行测量并在测量结果之
间进行插值以完成辐射校正是切实可行的，这种改进的光谱校正方式最终在整个像面内所引
入的微小光谱差异对辐射校正效果而言是可以忽略不计的。

　　此外，相机光学系统中的偏振现象对遥感应用很重要——地面反射光的偏振与之结合可
能会阻挡辐射强度的接收。由于在光学系统的浅薄涂层表面产生的偏振会导致光谱变化，因
此将其与摄影数据采集相结合对于光谱测量十分有利。

图 5.3-2　带有三个"卫星球"的乌布利希球均匀光源

(卫星球体半球直径分别为:90 cm 和 15 cm;出光口:25 cm;照明:3×150W 低压卤素灯)

另一个决定图像质量的因素是到达探测器的杂散光。在每个光学系统中都会出现两种类型的杂散光,第一种是由光路中的光学器件表面(透镜、滤光片、盖板玻璃和分光器等光学组件表面)之间的二次或多次反射引起的重影;第二种是产生实际光路之外的其他系统部件(如镜筒等)表面上形成的杂散光。在确定系统 MTF 时,这两种杂散光分量仅部分被捕获(因为仅部分杂散光可能来自远程光源)。

通过系统拆分(尤其是镜头部分),可以使用传统方法单独测量零件杂散光特性,但确定杂散光的最佳工具其实是数字测量相机系统自身,这是由于在相对较短的时间,可直接对准直光源入射光在整个扫描角范围内生成图像,进一步通过图像分析可以很容易地识别图像中的"假像"。

第 6 章　数据处理和存档

摘要　高分辨率机载相机产生的数据量十分可观,在良好的摄影条件下,无论是线阵或面阵成像方式,都完全有可能采集数百 GB 或更多的原始摄影数据。对于三线阵扫描相机,每个地面元素被记录三次;对于面阵相机,即使采用 60% 的最小航向摄影重叠度,数据量相对非重叠条带摄影,也会产生 2.5 倍的数据量,在更大航向重叠度(更小的立体角)的情况下,数据量则更大。

虽然数字相机的数据量与使用相同 GSD 扫描的胶片航拍照片没有明显区别,但在数字测量相机情况下,质量控制和数据存档问题更大,这是因为数字图像不像胶片一样,可以直观地进行物理查看。当今所有的大幅面数字航测阵列相机,基本上都没有进行 DSNU/PRNU 改正和数据压缩,所以建议在存档前进行校正和压缩。大容量磁带盒和硬盘可用于数据存储——后者提供更快的数据访问,但价格稍贵。出于数据安全考虑,数据应进行备份归档,并将接近存储期限的数据进行次级备份。

安装在相机旁边的视频系统可以直接查看当前摄影中的云、阴影等遮挡情况,用于即时的飞行质量控制。此外,建议在原始数据流中设置一个"快速查看"分支目录——即样本缩略图,以便立即显示,及时发现摄影问题。

在撰写本书时,一般也只仅在完成航摄飞行任务后才能开始处理图像数据。然而,随着计算机性能的提高,有可能在飞行过程中实时进行必要的图像处理工作,甚至可能直接在线生成正射校正影像。但要想获得最高几何和辐射质量的图像产品,只有针对整个摄影区域(甚或多次航摄)进行整体性的影像调整处理后才能取得最佳效果。

线阵相机和面阵相机"传感器模型"(传感器成像方式的数学表示)——图像平面坐标与三维模型/地面坐标系统之间的数学关系——有所区别,所以摄影数据处理流程有所不同,尤其在"预处理"过程中差异更大。虽然航摄相机的经典传感器模型可用于面阵数字相机(包括由多个面阵子影像合成的图像),但线阵相机则需要进行模型改进和扩展,这样才能适用影像扫描条带中每一条"线中心投影成像模式"的扫描行摄影数据(扫描成像过程中外部定向参数一直在变化)。

用于处理当今高分辨率机载相机图像的工作流程和原理如图 6-1~图 6-4 所示,可以根据情况对其中某些步骤进行调整或组合。

第一阶段:从机载相机大容量存储器中所摄取原始摄影数据到可进入摄影测量作业流程所需数据处理阶段,包括三个步骤(图 6-1)。

1	从相机的磁盘存储器下载工程数据并结构化
2	使用机载 GPS/IMU 数据和地面 GPS 基站数据确定初步外部定向参数,如果项目作业精度要求不那么严格,其亦可作为最终的外部定向参数数据,此步骤对于线阵相机是必不可少的(对于面阵相机是可选的)

3	对于成像过程中没有进行实时辐射改正的相机(如当前的高分辨率面阵相机),需要对图像数据进行 DSNU 和 PRNU 校正。此外,仅面阵相机情况下,有时会存在一些缺陷像素,需要插值处理

第二阶段:包括原始数据的几何预处理(图 6-2),主要包括两个步骤。

4	(a)对于线阵相机,通过平面投影来校正图像。对于多(镜头)面阵相机,需要通过子影像重叠区域中的同名像点进行相应的图像校正以拼接合成整幅图像。 (b)相比全色影像而言,彩色图像分辨率较低,需将其与全色影像进行全色多光谱融合处理以生成高分辨率彩色图像

第三阶段:第二阶段过后可能还会涉及一些未尽的图像预处理需要弥补,但此阶段的主要目的是进行空中三角测量,从而获得最终的外部定向参数数据和连接点物方坐标,以方便后续摄影测量作业(图 6-3),主要包括两个步骤。

5	(a)根据大气和 BRDF 影响对图像进行辐射校正(适用于所有线阵/面阵相机类型)。 (b)空中三角测量,面阵相机包括:自动确定和测量连接点、光束法平差,所得结果为所有相关图像的投影中心位置及精确的外部定向参数(期间可补充附加内部定向参数,完成自校准空中三角测量);此外由于线阵相机的成像特性,不可能将所有扫描行投影中心及定向参数作为未知数进行解算,因此会在飞行路径(航迹)上根据一定的间距选择定向点执行空三计算,定向点间距的选择要结合 GPS/IMU 观测结果保证在此区间内的插值精度

第四阶段(也是最后一个阶段):摄影测量处理阶段。

6	此阶段在预处理校准影像和空中三角测量结果基础上完成摄影测量处理,以产生项目可交付成果(图 6-4)
7	最终产品生成(类似于传统航空模拟照片测图步骤),前提是后处理专业测量软件要采用适当的传感器模型

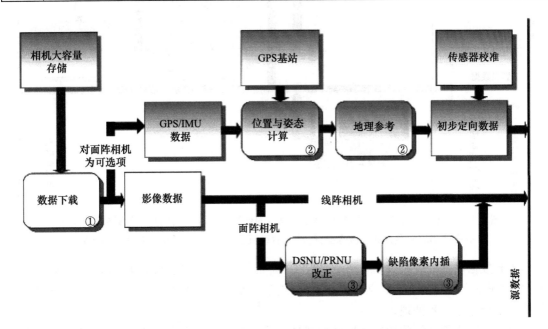

图 6-1　机载数字测量相机数据处理链(第一阶段):从机载相机大容量存储器中所摄取原始摄影数据到可进入摄影测量作业流程所需数据处理阶段(图中的 1～3 步骤)

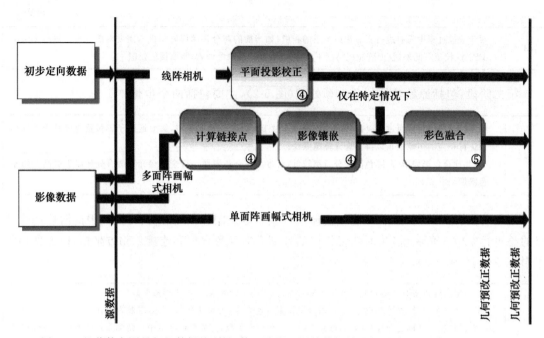

图 6-2　机载数字测量相机数据处理链(第二阶段):原始数据的几何预处理(图中的 4、5 步骤)

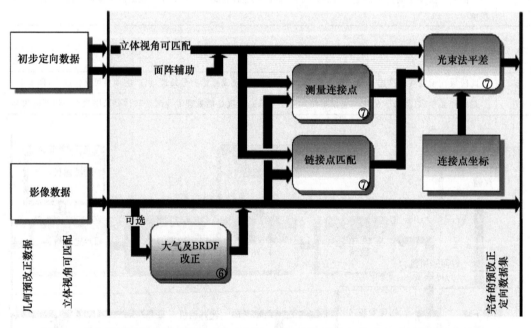

图 6-3　机载数字测量相机处理链(第三阶段):图像预处理补充处理和三角测量平差计算,
得最终外部定向参数和连接点坐标,用于后续摄影测量作业(图中的步骤 6 和步骤 7)

　　摄影数据根据处理阶段通常可分级定义(例如,数据产品级别可分为 0,1,… 等级别)。然而,目前还没有相关的标准定义,进行标准分级后可形成数据接口,据此数据产品可导入到其他处理平台作进一步处理。

　　由于数字成像系统的动态范围显然超过了传统胶片的 8 位数据深度,因此整个处理链中涉及的软硬件应考虑更大的像素位深度。结合当今的计算机体系架构,一并顾及数据处理速

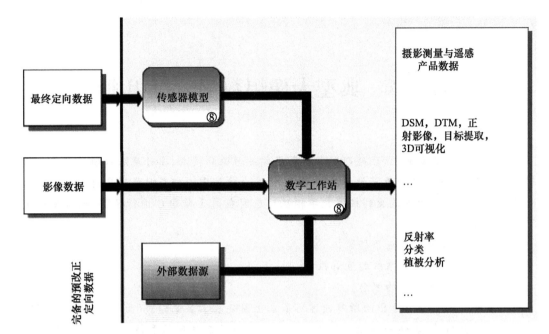

图 6-4　机载数字相机的处理链（第四阶段，也是最后阶段）：在预处理校准影像和
空中三角测量结果基础上完成摄影测量处理，以产生项目的可交付成果（图中的步骤 8）

度和效率，每个图像通道不应超过 16 位深度。

最终测量产品情况有所不同，对于印刷品或用于计算机屏幕展示摄影测量成果，影像通道的 8 位像素深度通常就已足够，一并也可通过使用常见图像压缩方法进一步减少数据量——如若采用图像 JPEG 压缩格式，可以实现 3：1 的压缩比，其不会明显降低图像质量，也不影响图像几何性状（Tempelmann 等，1995），并且彩色图像甚至可以达到更高的压缩比。

第 7 章　典型大像幅数字航摄相机

摘要　在前面的章节中,已经研究和解释了相关理论和技术,要开展深入研究就须掌握这些理论和技术,以便开发和生产数字测量相机,并在全球范围内销售且提供良好的技术支持。

从机载模拟相机必然过渡到机载数字相机的原因在第 1 章中已进行了解释,其中着重强调了以下方面:

- 摄影测量和遥感的应用领域;
- 机载和星载传感器系统的互补性;
- 面阵和线阵传感器的概念。

第 1 章和后续章节中给出的所有内容都基本上围绕基本成像模式(面阵或线阵传感器)及其实现变体展开讨论,具体成像模式的选择取决于所涉及应用领域和技术可行性。本章给出了不同成像模式的实现示例,如第 1.5 节所述,本书尤其重点关注相机的幅面大小。所选的三个类型代表相机是 ADS40/ADS80、DMC 和 UltraCam,它们是当今市场上数字航测相机的典型样例,主要特点是:

- ADS40/ADS80 是一种多线阵传感器,可为所有通道生成连续的立体图像条带;
- DMC 从具有略微发散光轴(蝴蝶型)的 4 张图像生成高分辨率全色图像;
- 在 UltraCam 系列相机中,高分辨率图像由 4 台相机获取的 9 个面阵所对应子图像拼接而成(拼接式)。

这三款相机都已在全球范围内成功商用。

7.1　ADS40 系统:用于摄影测量和遥感的多线阵传感器

7.1.1　简介

被认为是第一代的 ADS40 项目的研发过程持续了近 20 年时间,研制阶段可以概括为:
- 制定愿景;
- 前期项目的可行性研究;
- 与发明家、开发人员、科学家和组件供应商会商;
- 调研和评估市场;
- 启动创新过程;
- 制定商业计划和产品要求。

1997 年至 2001 年期间主要进行了组件和原型开发。数字机载传感器 ADS40 最初于 2001 年 7 月在阿姆斯特丹举行的第 19 届 ISPRS 大会上向业界展示,该传感器由德国的柏林航空航天中心(DLR)和瑞士的 Leica Geosystems(前身为 LH Systems)联合研制。机载数字传感器 ADS40 是第一个商用数字大幅面机载测量系统的一部分,具有 130 lp/mm 以上的分辨率和 64°的 FOV(视场),出色的光学性能特性使其拥有出色的区域覆盖性能——与传统的航拍胶片相机相当(胶片相机幅面为 23 cm×23 cm,即 9 英寸×9 英寸[①])。这种 ADS40 机载数字传感器系统是摄影测量领域的一大创新,因为它同时还满足了遥感领域的多光谱要求。滤光片的窄带特性、线阵 CCD 的线性灵敏度及其绝对光谱辐射校准使其从摄影传感器转变为真正的图像测量设备。CCD 线阵生成的数据存储到大容量存储器之前,会经过实时辐射校正处理。在飞行方向具有均匀照度的线中心投影影像,利于自动减少照度干扰和反射效应,几何和辐射分辨率的可调节性为研究和开发过程提供了更多的可能性。通过将 GNSS 传感器和惯性测量单元(IMU)集成到系统中,首次实现了对各个多光谱波段的精确地理参考和联合配准。

7.1.1.1　第二代 ADS40

2007 年,两种额外的相机主体 SH51 和 SH52 集成到 ADS40 系统中,这种称之为 Tetra-chroid 的创新型专利分光器是一种二向色滤光片(dichroitic filters),其允许以相同的 GSD 对所有波段与高分辨率图像进行同等配准数据采集,ADS40 是唯一满足这一要求的大幅面机载数字测量相机。这省掉了以前通常非常耗时的处理步骤——全色多光谱融合及虚拟图像创建,这些步骤是大画幅数字阵列相机生成多光谱图像的必要组成部分,而且由此使得第二代或第三代 ADS 相机生成的数字图像在边缘特征处不再出现渗色条纹(染色)。

7.1.1.2　第三代 ADS80

在第二代相机上尝试引入并取得良好效果的相机主体技术在第三代相机中继续沿用,并借助专门设计的相机台面使得热压稳定透镜、焦平面和 IMU 与镜头光轴的集成更为有效,这确保了相机的最高几何稳定性。这种极其稳定的设计支持各种类型 IMU 的相互替换,且易于具有更少局部畸变参数的简化传感器模型应用,只需在两个不同高度进行常规航测飞行便可通过区域性光束法平差进行系统校准。Passini 和 Jacobsen(2008)的独立研究表明,推扫式成像数据的几何精度在摄影测量中的使用即使不比画幅式相机更好,起码也是相当的。

7.1.1.3　线阵传感器的技术优势

环绕地球和火星的卫星线阵传感器应用经验证明,线阵传感器产生的数据量可以保持在最佳水平,从而同时提供最佳立体观测质量。同时也证明,线阵传感器技术可应用于多个光谱范围的高几何、高辐射分辨率数据摄取。

此外,线阵传感器简单、精确的几何形状与 GNSS/IMU 系统给出的精确空间轨迹和绝对方向相结合,提供了无畸变的图像立体条带数据,从而避免了将来自不同相机的面阵图像拼接成一个大的虚拟图像而导致的几何畸变。

线阵传感器相机的其他优点是:

- 在所有波段的图像摄取瞬间具有相同的分辨率;
- 所有波段的完全光谱分离;
- 平行线中心投影使得大区域影像具有卓越的色彩连续性;
- 线阵传感器没有缺陷像素;
- 基高比优于矩形数字画幅式相机;
- 不需要快门,这在多镜头系统中需要精确同步并且可能会失败。

---

① 　1 英寸＝2.54 cm

- 一个带有单个焦平面的高质量、温度和压力受控的镜头可保持校准的持久性；

7.1.1.4 经济竞争优势

与卫星相机不同，用于地球观测的机载相机的投资回报在很大程度上取决于飞行管理和飞行经济性，由于其不是由政府组织资助，而且测绘公司也不能随意进入所需空域。所以还需要付出巨大的努力来开发可靠的飞行管理和相机控制系统以及航摄规划和航摄评估系统。为了与现有的航空胶片相机竞争，还需优先考虑以下因素：

- 区域覆盖性能要相当于或超过航拍胶片相机；
- 通过以比胶片或面阵相机更好的辐射分辨率同时摄取所有光谱带数据，从而节省飞行成本；
- 同一航摄可提供多种立体视角的立体图像条带；
- 同时提供机载遥感应用所需数据；
- 基于线阵传感器的简单几何结构，可更快地进行数据处理。

7.1.1.5 具备的理想镜头技术途径

线阵传感器模式为CCD传感器研制提供了许多优势：

- 所有CCD传感器都可以放置在一个焦平面上，所有光谱波段都可以通过一个高质量的镜头系统摄取；
- 线阵传感器可提供比面阵传感器宽2～3倍的影像条带；
- 易于采用经济、无缺陷的CCD传感器；
- 在飞行方向上，所有波段产生100％重叠的图像立体条带；
- 由于恒定的线阵视角，图像立体条带辐亮度均匀；
- 因为没有使用边缘光学视场，所以具有更好的图像质量；
- 可以使用交错的CCD线阵来提高图像分辨率并减少混叠现象。

对于光学设计师来说，使用线阵传感器为满足不同用户的更广泛需求创造了更多可能性。遥感应用需要特定的窄带光谱范围，其需要在整个CCD线阵上对连续光谱予以响应（中心波长和范围），这种需求导致在像方可采用远心镜头（见图7.1-1）。

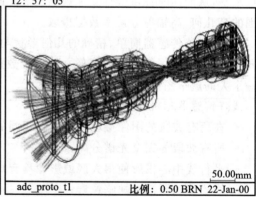

12: 57: 05

50.00mm

adc_proto_t1   比例: 0.50 BRN 22-Jan-00

图 7.1-1　带被动温度补偿的远心光学元件 DO64

对于摄影测量应用，每个像素的焦距和配准位置必须在焦平面上保持稳定，即使在飞行过程中温度和压力强烈变化下也应如此。ADS40光学元件通过独特的机械补偿系统进行系统稳定,该系统可根据温度变化自行进行调整。光学和电子的工作范围如图 7.1-2 所示。

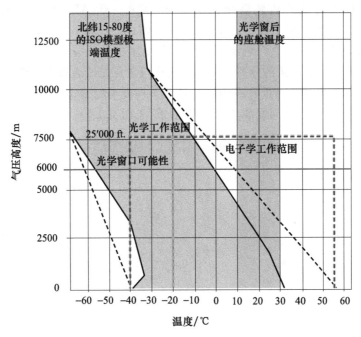

图 7.1-2　适用航空器飞行的大气界限内光学和电子设备的工作范围

7.1.1.6　滤光器的定义

ADS40 和 ADS80 都具有针对红、绿、蓝和近红外光谱区域的特殊窄带滤波器(见图 7.1-3)。因此,ADS40 传感器超越了传统的摄影测量应用范畴,同时兼顾遥感应用。所有图像分析方法和应用可能性——例如图像内容的自动解释和分类,都可以应用于 ADS40 和 ADS80 图像。

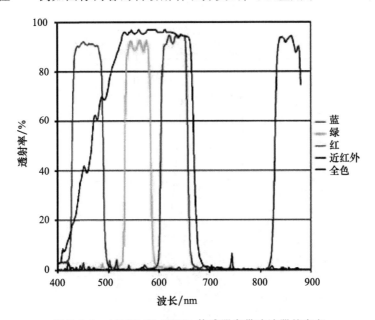

图 7.1-3　ADS40 和 ADS80 传感器窄带滤波器的定义

干涉滤光片(interference filter)确保了光谱带的窄度和侧边的陡峭度,德国伊尔梅瑙大学开发的一种特殊算法可将 RGB 和 Pan 图像转换为真彩色图像。

与以前开发的所有线阵传感器相机相比,全新第一代 ADS40 中所谓的三线体(Trichroids)和第二代 ADS40、第三代 ADS80 中的四线体(Tetrachroids)技术体制都采用了特殊的分光器,光谱的细分是通过二向色滤光片实现的,这些非传统分光器可将整个辐射能量分配到多个探元上从而完成了光谱的分离和分配。这样包含在光谱通道中的全部能量在反射表面几乎没有损失地被引导到探测器上,Trichoid 产生共同配准的 RGB 多光谱通道(见图 7.1-4),而 Tetrachroid 甚至可产生共同配准的 RGBN 通道(见图 7.1-5)。

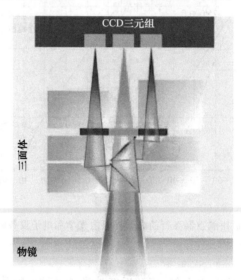

图 7.1-4　Trichroid 能量三色分光器的横截面

(第一代 ADS40 采用)

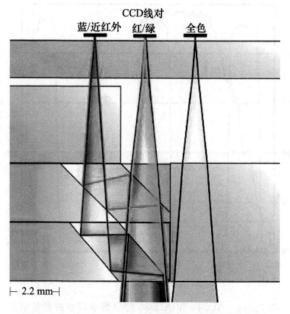

图 7.1-5　Tetrachroid 能量四色分光器的横截面

(第 2 代 ADS40 和第 3 代 ADS80 采用)

7.1.1.7　焦平面模块的选择

　　(美国)爱特梅尔公司(ATMEL,前身为 Thomson,汤姆森)供应提供 CCD 器件,该公司也为法国国家空间研究中心(CNES)的 SPOT 5 卫星提供非常类似的 CCD 线阵器件。事实上,ATMEL 能够提供具有双线交错的三线阵 CCD,此种器件具有特殊的挑战性。这是要有意使用与 SPOT 5 卫星类似的图像处理算法,通过交错线阵可以提高图像分辨率。一旦平台更为稳定,则图像分辨率提高更为明显。

　　在第一代传感器阵列的模式下,可以在相同的视角对 3 个颜色通道进行成像。这使得不同的焦平面设计成为可能,其中最为重要的 4 种焦平面中的两种分别如图 7.1-6 和图 7.1-7 所示。

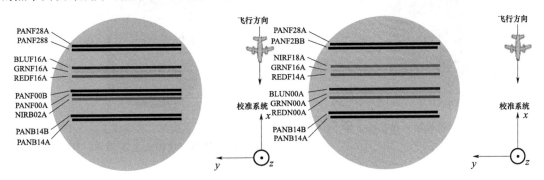

图 7.1-6　第一代焦平面中最常采用的两种焦面模式
(焦平面上的线条位置不依比例示出)

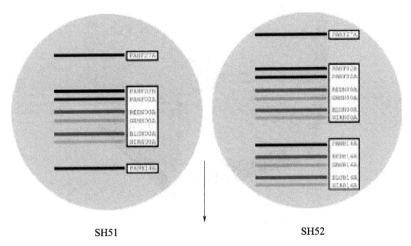

图 7.1-7　第二代 ADS40、第三代 ADS80 传感器阵列中常用的 SH81、SH82
两种焦平面类型(焦平面上的线条位置未依比例示出)

　　上述传感器阵列的焦平面图示,给出了相机内部部件的基本组成。对于外观设计(见图 7.1-8 和 7.1-9),以下标准具有最高优先级:把持性、安全性、外观(外形和颜色)。

7.1.2　数字控制单元

　　对独立、紧凑的控制单元要求包含如电源、带操作系统的数字计算机、传感器特定模块、GNSS 接收器、惯性位置和姿态处理单元及大容量存储器等必要元件,ADS 的控制单元为 CU40(见图 7.1-10),这种自行开发的装置满足了专业用户的许多特定要求,特点是:重量轻、低功耗、体积小、电缆少、处理稳健且使用可靠、满足飞机电磁敏感度标准、可远程控制所有操作。

图 7.1-8　ADS40 系统第一代相机主体 SH40　　　图 7.1-9　ADS40 系统第二代相机主体 SH51/SH52 和 ADS80 系统第三代相机主体 SH81/SH82 外观

图 7.1-10　数字控制单元 CU40

　　为了满足地理参考图像对立体条带的要求，CU40 中集成了 IMU 惯性位置和姿态控制系统与 GNSS 接收机，这样操作员不必费心同时操作两种复杂的位姿系统，从而大大减轻了任务量。通过一个开关，所有模块都会被同时加电。系统测试会检查每个模块的功能可用性。整个启动过程由环境控制器监控，如果任何模块超出所需的工作温度范围或由于任何其他原因无法启动，环境控制器会向用户报告。如果启动过程中断，则会向操作员显示错误警告。

　　几十年来，机载高光谱扫描仪一直配备着昂贵、不可靠、又大又重的磁带记录装置。20 世纪 70 年代、80 年代磁带单元的高成本、重量和体积不再被机载应用所接受。90 年代中期，150GB 以上存储容量的小型、轻量、低功耗硬盘进入市场，这为设计具有低成本高效益的机载数字传感器消除了主要障碍。通过光纤技术的应用，还提供了 400 Mbit/s 的抗干扰数据通道。CU40 控制单元与传感器阵列仅用一根细而轻、且非常坚固的光纤连接。大容量存储器 MM40(见图 7.1-11)与控制单元 CU40 顶部坚固的多针连接器连接。大容量存储器解决方案有以下功能和特点：便携式海量存储能力、飞行期间可更换、存储空间满足至少 4 h 不间断数据采集、飞行高度在高达 25000 英尺(7600 m)时系统仍保持可靠性能，无需加压舱、抗振动及突然的压力和温度变化适应性。

　　如今大容量闪存盘技术已经发展成为一种可行的硬盘替代方案。闪存盘技术的优点是：体积和重量更小(一个 MM80 重 2.5 kg，见图 7.1-12)、没有机械活动部件、对压力变化不敏感、可完全擦除。

图 7.1-11　ADS40 的 0.9 TB
大容量存储器 MM40

图 7.1-12　ADS80 的闪存盘
MM80(192 或 384 GB)

7.1.2.1　第三代 ADS80 的控制单元 CU80 和大容量存储器 MM80

　　与前几代 ADS 相比，外部和内部接口都明显减少，不仅实现了更简单的集成性，而且稳定性更高。CU(control unit)和 SH(sensor head)的电源由一个中央开关控制。在飞行中记录数据期间，摄取的数据通过 PCIe 接口、标准总线系统和 CPU RAM 从传感器阵列转移到大容量存储器 MM80，包括图像数据、与焦平面相关的信息数据、来自传感器阵列的附加统计数据、来自嵌入 CU80 中的 IPAS20 位置和姿态系统的空间和外部定向参数数据、来自 PAV30/80 稳定座架的性能数据。飞行和系统数据由 FCMS 生成，它监督和控制摄影飞行。同时在新的 Leica ADS80 中，FCMS 还在集成各个系统组件(如控制 MM80 的电源、飞行参数和传感器配置)方面发挥着更为核心的作用。此外，FCMS 负责控制的图像数据会通过主机总线适配器传输到采用闪存盘技术的新型 MM80。CPU RAM 内存用作缓冲器以平衡将数据写入 MM80 时可能发生的延迟。最新的 PCIe 技术支持错误校验和智能管理，极大地保证了数据记录、管理和存储的可靠性。

　　Leica ADS80(见图 7.1-13)在更高的飞行速度下可实现优于 5 cm 的地面分辨率，这就需要更高的数据吞吐量以及更高的数据存储带宽，具体是通过在一个 MM80 单元中使用多个闪存盘来实现的。目前，用户可以选择具有 192G 或 384GB 数据存储容量的 MM80 单元，新的 CU80 可同时安置两个 MM80 单元——可以配置为联合存贮或主副(备份)单元。此外，还可以使用单个 MM80，在飞行过程中进行更换，从而提供无限的数据存储。为了配置和优化数据存储性能并进行数据冗余备份，可以采用 RAID 方式进行数据记录。数据由直连线路存储(不严格按数据采集时间存储)，这样可以比以前更快的速度生成连续图像立体条带。与早期的硬盘技术相比，使用闪存盘不仅带来更高的可靠性和存储性能，而且在同等数据存储容量下重量减轻了约 25 kg。

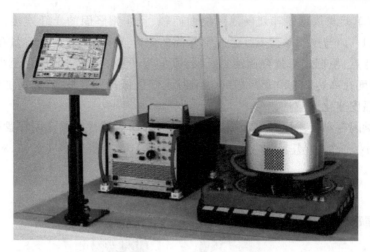

图 7.1-13 完整的 ADS80 系统

（从左至右：OI80 操作界面，CU80 控制单元，SH81 传感器相机主体，PAV80 相机座架）

7.1.3 传感器管理

ADS40/ADS80 机载数字传感器用户界面的主要特点是：易于使用、可由中央控制界面操作传感器所有功能。

由于提供有关导航、漂移和位置信息的惯性位置和姿态系统 IPAS 已完全集成到 ADS40/80 中，因此可以取消传统航拍胶片相机中使用的导航瞄准器，取而代之的是操作员控制界面（参见图 7.1-14），其可在没有鼠标和键盘的情况下进行舒适的航摄操作。

图 7.1-14 OI40/OI80 操作界面

用户操控界面为高亮度触摸感应液晶屏,配套开发了一种特殊的飞行控制和管理软件 FCMS,允许用户直观地访问所有功能。FCMS 软件为图形化用户界面,可对整系统进行完全的配置和控制。

相机位置和状态信息会叠加显示于正在航摄的区域上,可检查飞行路线是否依设计进行。这种目视检查还允许对飞行路线上是否存在云雨进行分析,从而完成简单的质量控制。

7.1.4　航摄规划和导航软件

FCMS(the Flight & Sensor Control and Management System)用于航摄飞行和传感器控制与管理,系统包括飞行引导且可用于所有徕卡传感器(也包括机载激光扫描仪),提供飞行员、操作员统一的航摄操作控制器 OC50。使用 FPES 建立的航摄规划文件可以直接引入传感器的 FCMS 中,航测飞行将直接从操作员界面 OI40/80 或 OC50 执行实施(图 7.1-15 和 7.1-16)。

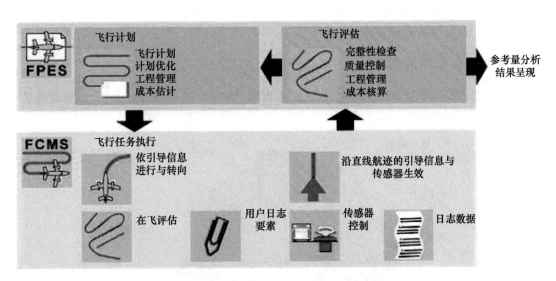

图 7.1-15　从航摄规划到航摄实施的一体化工作流程

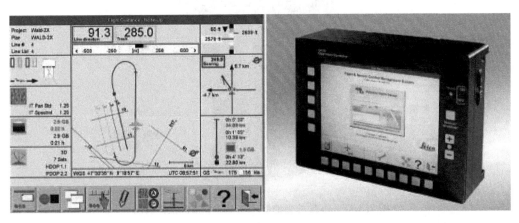

图 7.1-16　新的 FCMS(飞行与传感器控制管理系统)
包括用于 FCMS 的航飞导引和飞行员、操作员控制器 OC50

随着 2006 年徕卡 IPAS10(惯性位置与姿态系统)和徕卡 FPES(飞行规划和评估软件)的

推出,为用户提供了完整的传感器相关软件工作流程,这样可以完成从航摄规划到所有徕卡传感器对应摄影测量应用程序的无缝数据流转。因此,在操作不同类型的徕卡传感器时,培训和技术支持成本会大幅降低。

　　FPES 的主要任务是进行航摄规划、航摄任务实施建议及评估报告生成,这些功能都被集成在同一个软件工具中。FPES 与 FCMS(飞行和传感器控制与管理系统)进行融合对接,可适用于所有类型的地理和网格坐标系,并且可基于 DTM 为所有类型的传感器(包括 RC30、ADS40/80、ALS50/60 和其他线/面阵传感器,只要传感器具备 ON/OFF 模式即可适用)进行有效的航摄规划。Leica IPAS10/20 有 4 种型号可用于 ADS40/80 和 ALS50/60,并提供 PPP 技术等附加功能。将 PPP 算法/技术引入 GPS 信号观测的后处理解决了载波相位模糊问题,而且无需基站——不像以前那样需要在作业中距离传感器 50 km 范围内的已知地面点上架设 DGPS 参考站,这大大甚至完全消减了使用机载传感器过程中与 GNSS 相关的后勤成本,这为用户进行大区域、偏远地区(森林、沙漠、平原等)航摄作业提供了更大的飞机部署灵活性,并大幅节省了项目准备和运营成本。

7.1.5　位置姿态测量系统

　　惯性位置和姿态系统 IPAS10/20 可完全集成到 ADS40/80 系统中。IMU 可集成在传感器相机主体 SH40、SH51/SH52 或 SH81/82 中,并与焦平面刚性连接(图 7.1-17)。

图 7.1-17　不带外壳的 SH52/SH82 相机主体视图

　　这个非常坚固的相机台面允许将 IMU 准确安装在 ADS40/80 的单个远心镜头的光轴上,这使得地理参考解决方案比任何其他具有多个镜头的大幅面画幅式相机更为准确。IMU 由 4 个不同制造商提供,满足允许对用户的国际出口限制(表 7.1-1)。

表 7.1-1　由 4 个制造商提供的 4 个 IMU

		NUS4	DUS5	DUS5	CUS6
后处理后的绝对精度（RMS）	位置	0.05～0.3 m	0.05～0.3 m	0.05～0.3 m	0.05～0.3 m
	速度	0.005 m/s	0.005 m/s	0.005 m/s	0.005 m/s
	滚动和俯仰	0.008°	0.005°	0.005°	0.0025°[1]
	航向	0.015°	0.008°	0.008°	0.005°[1]
相对精度	角度随机噪声	≤0.05 deg/sqrt(h)	≤0.01 deg/sqrt(h)	≤0.01 deg/sqrt(h)	≤0.01 deg/sqrt(h)
	漂移	≤0.5°/h	≤0.1°/h	<0.1°/h	<0.01°/h

GNSS/IMU 板载控制处理器也集成在控制单元 CU40/CU80 中，操作员可操控 GNSS/IMU 系统，IPAS10/20 系统的所有功能均由 FCMS 软件自动控制。

7.1.6　ADS40 陀螺稳定座架

PAV30 安装座（图 7.1-18）是全球最常用于 RC30 航空摄像系统的一种稳定平台，已经安装在世界各地的多型飞机上，PAV30 自身配备了惯性稳定传感器。将 PAV30 用于 ADS40 是一种顺理成章的技术选择，同时附加以下要求：

- ADS40 传感器相机主体及适配器的总重量必须与 RC30 相当；
- 振动阻尼必须与 RC30 一样好或更好；
- PAV30 需要接受来自惯性测量单元（IMU）的更高精度姿态数据，从而提高稳定性能；
- 惯性位置和姿态系统 IPAS10/20 必须为 PAV30 的自动漂移控制提供精确参考。

图 7.1-18　陀螺稳定座架 PAV30

重量较轻的相机主体 SH40、SH51 和 SH52 要通过质量补偿器进行补偿，该补偿器可使 PAV30 的重心和转动惯量与 RC30 相同。

2009 年，为 ADS80 专门设计了 PAV80，旨在消除 PAV30 对 ADS40 用户实施的一些操作限制。

PAV80 最重要的改进是它对有效载荷重量的适应性，从而去掉了用于质量补偿的补偿器，这将飞机上的重量进一步减少了 39 kg。

7.1.7 辐射和几何校准

辐射信息在成像数据中扮演着越来越重要的角色,机载数字传感器现在能够提供高质量的辐射信息。专业单位配置了带有积分球的实验室校准设施,以确保 ADS40 的辐射测量精度。

从数据处理软件 GPro 3.0 开始,将辐射校准因子用于计算生成摄影测量需要的标准化图像。对于遥感应用,计算生成的辐射校准图像是进一步制作数据产品(如地面反射率图像)的基础。

SH40 的几何校准过程使用了光束法平差中的自校准技术,一并会对每条传感器线阵的残差进行多项式拟合,形成了与之适用的组合校准方法。因为"Brown"参数集无法模拟多于 3 条 CCD 线阵的相对位移(Brown,1976),所以进行多项式拟合是十分必要的。随着 SH51/52 的出现,情况有所改变,附加参数集合只需要涵盖相机的基本光机械特性即可,包括诸如主距、径向对称畸变以及焦平面中各个 CCD 线阵的位置和方向,必要时这些参数还应包含适合在航摄动态作业工作中的相机自校准参数——以补偿异常大气折射等影响。

ORIMA 中 ADS 校准参数估计值始终是相对于既有"校准"输入参数进行更新的,ORIMA 会使用 ADS 传感器模型库将连接点和控制点测量值转换为"校准"的焦平面坐标。在新校准参数输出时,ORIMA 会将基于既有输入校准参数的新估计校准参数集进行输出入库。

这种自校准所用连接点是对双航高交叉航飞检校区利用 ADS 摄取的 88 景影像进行量测提取所得(如图 7.1-19 所示)。

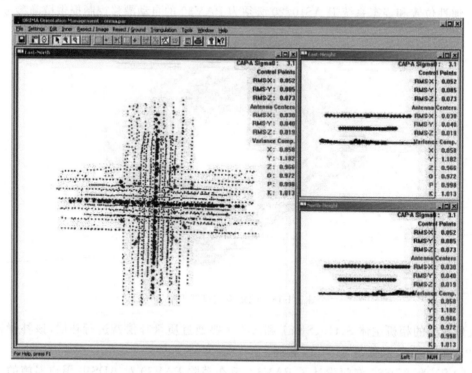

图 7.1-19　ADS40 交叉飞行自校准结果示例

这种方法的优势体现在于它不是实验室校准,可由世界各地用户根据自己国家相关规范和场地要求进行交叉航飞检校,重复性很好。

7.1.8　数据处理

目前正在发生的数字传感器革命将在很大程度上促使信息量爆炸式增长,要对数字传感器获取的数据进行处理和管理将需要很大的计算量。如果所有 CCD 线阵都处于工作状态,Leica Geosystems AG 的航空数字传感器 ADS40 每小时会生成超过 100 GB 的原始数据。ADS40 是一种高性能数字传感器,能够提供满足摄影测量精度的多光谱遥感图像。ADS40 是一种三线阵扫描仪,可以摄取飞机前视、下视和后视图像,每一个地表点都会被多次成像。ADS40/SH52 同时摄取来自 3 个全色和多达两倍的 4 个多光谱波段数据,图像数据质量和位置数据质量都不错。从航摄规划到摄影数据获取再到产品生成的全数字化工作流程是该传感器的主要优势之一(图 7.1-20)。

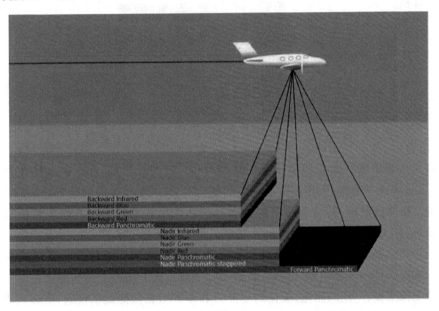

图 7.1-20　航向重叠 100% 的 SH52 和 SH82 相机 12 波段数据采集方案

在生成产品之前,这些数据会经过不同级别的处理。工作流程的第一步是下载影像数据,并使用惯性位置和姿态系统 IPAS10/20 及 IPAS Pro 配套软件配赋生成对应地理定位信息;然后,基于指定平面将地理参考图像进行校正,以创建立体可视和 1 级几何校正图像。1 级图像可用于下一个流程——自动像点匹配。根据精度要求,然后使用徕卡三角测量软件包 ORI-MA 对图像进行三角测量;最后,使用现有 DTM 或从图像生成的三角网 DTM 创建正射照片图像。由于要处理的数据量很大,此工作流程可能需要很长时间。GPro 和现在的第 3 代 XPro 是 ADS40 和 ADS80 的地面数据处理软件包,用于控制和完成上述工作流程。软件提供了从摄取的图像数据和定位数据下载、生成地理参考和正射校正图像的完整功能,应用程序针对大型数据集进行了高度优化并实现了多线程处理(图 7.1-21)。此外,软件系统还允许用户执行各种自动化流程和数据管理任务。

2008 年发布了第三代数据处理软件 XPro。Leica XPro 等软件解决方案专门针对线阵传感器数据后处理进行设计优化,即使在没有(或几乎没有)地面控制数据的区域也能生成高精度图像条带。

长期以来,市场上的专业人员都认为处理推扫式数据需要特殊而广泛的知识储备,其与传

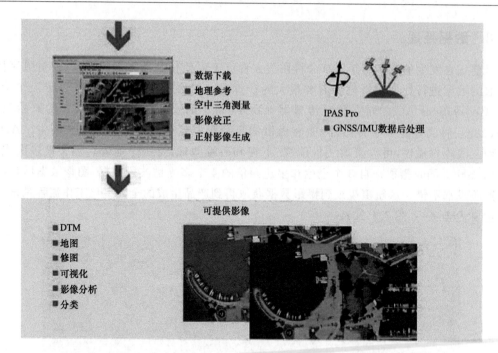

图 7.1-21 ADS40 和 ADS80 数据处理概要工作流程

统的基于框幅式相机的数据处理和分析有很大不同。过去几年里，越来越多的软件解决方案进入市场，这些解决方案专门用于处理线阵传感器数据。通过正确的软件、简单的传感器设计、IMU 和创新算法的使用，今天用户的处理效率和效果甚至可以比处理大画幅数字面阵相机数据还要好（如 Leica XPro 在可视化大型数据集时充分利用了显卡的强大功能），而且分布式处理环境中简化的三角测量黑盒设计工作流程在保持数据质量的同时显著减少了处理时间，并支持"在任(at the speed of flight,航摄中)"生成正射影像或立体图像。

很高的图像质量、广泛的用途、极佳的生产力和多种信息便捷提供模式，诸多特点和优点清楚地表明推扫式成像方式不仅是卫星遥感的首选，而且也越来越成为机载数字成像的标准模式。

7.1.9 ADS40 采集的图像产品

图 7.1-22 德国瓦辛根,正射影像 1:500,海拔 0.5 km,GSD 5 cm

图 7.1-23　瑞士巴尔加斯,森林调查正射影像 1∶1500,海拔 1.5 km,GSD 15 cm

图 7.1-24　瑞士瓦伦湖,高山地区测绘的正射影像 1∶5000,海拔 2.0～3.6 km,GSD 20～36 cm

图 7.1-25　瑞士瓦尔德基希,正射影像图 1∶2000,海拔 2.0 km,GSD 20 cm

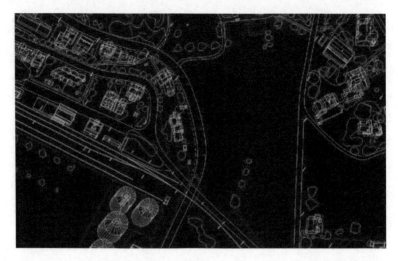

图 7.1-26　瑞士瓦尔德基希,矢量图 1∶2000,海拔 2.0 km,GSD 20 cm

图 7.1-27　瑞士瓦尔德基希,正射影像图 1∶2000,海拔 2.0 km,GSD 20 cm

图 7.1-28　瑞士瓦尔德基希,3D 透视图,海拔 2.0 km,GSD 20 cm

图 7.1-29 德国阿伦,图像立体条带 1∶35000 摄影,用于传感器校准,海拔 1.2 km,GSD 12 cm

图 7.1-30 德国阿伦,全景图 1∶2500(放大倍率 7.1~29),海拔 1.2 km,GSD 12 cm

图 7.1-31 德国阿伦,正射影像 1∶1000(放大倍率 7.1~29),海拔 1.2 km,GSD 12 cm

图 7.1-32　德国阿伦,体育场正射影像 1：1000,海拔 1.2 km,GSD 12 cm

图 7.1-33　德国阿伦,正射影像 1：1000,海拔 1.2 km,GSD 12 cm

图 7.1-34　德国艾德施泰特,生物群落变化的假彩色正射影像 1：5000,海拔 2.0 km,GSD 20 cm

图 7.1-35　德国艾德施泰特,生物群落变化的假彩色正射影像 1 ∶ 2500,海拔 2.0 km,GSD 20 cm

图 7.1-36　德国艾德施泰特,生物群落变化的假彩色正射影像 1 ∶ 1000
（放大倍率 7.1～35）,海拔 2.0 km,GSD 20 cm

7.2　Intergraph DMC 数字测绘相机

Intergraph 数字测绘相机(DMC,Digital Mapping Camera)是一种基于面阵传感器技术的大幅面数字测绘相机。任务规划和航摄飞行的工作流程与模拟胶片相机非常相似。原始图像数据需要进行图像后处理从而生成中心投影影像,以便适用后续测图流程——摄影测量工作流程类似于扫描数字化的胶片图像的工作流程。

7.2.1　简介

DMC 基于面阵 CCD 传感器设计构造(图 7.2-1),具有中心透视和稳定的内部几何形状。在设计 DMC 时,就明确意欲开发一种用途广泛的机载数字相机——满足从 5 cm GSD 高分辨率图像的大比例尺测绘到 1 米 GSD 的小比例尺遥感应用。

图 7.2-1　位于 T-AS 陀螺稳定座架中的 DMC 相机

由于 DMC 为面阵传感器设计，所以不像线阵传感器那样需要对原始图像数据进行复杂的校正后处理，它也不依赖于 GPS/INS 技术，尽管当今大多数航摄飞行任务都需要高精度 GPS，而且通常还需要具备直接地理参考功能。但不绝对依赖于 IMU 数据进行后处理，可为用户提供更多的自由度，并降低了影响航摄飞行任务成功的技术风险。

DMC 的设计以面阵传感器为基础，允许用户继续使用与扫描胶片图像相同的工作流程，这就意味着完全兼容已有航测作业流程和设备。

7.2.2　镜头——DMC 的基本设计

根据当前的 CCD 技术状态和经济可行性，直接在 DMC 相机上安装与 230 mm×230 mm 胶片相机等效规格的单个大面积数字彩色 CCD 阵列是不可行的，因此 DMC 采取了包含多个紧凑型相机主体的解决方案，每个镜筒都有自己的单独镜头和对应 CCD 传感器，每个相机会以稍微偏移的视场角瞄准摄影场景。框架中央的 4 个全色模块被框架外围的 4 个多光谱相机机体包围，图 7.2-2 说明了 4 个全色相机拍摄的地面覆盖范围。DMC 采用 4 颗 7 k×4 k 大面积 CCD 芯片，每颗芯片均配备一个 $f4$ 120 cm 焦距镜头，工作在全色（视觉响应）模式。整个全色分辨率（在地面上）跨航迹为 13824 像素、沿航迹为 7680 像素。跨轨 FOV 为 69.3°，对应两个 7 k 像素尺寸，沿轨 FOV 为 42°，对应两个 4 k 像素。

多光谱面阵 CCD 阵列由 4 个 f4 25 毫米焦距镜头组成，可曝光 R、G、B 和 NIR 4 个通道。多光谱芯片面阵的分辨率较低，每个芯片为 3 k×2 k 像素。

所有 CCD 传感器型号均为 Dalsa，像素大小为 12 μm 平方（>12 位动态范围），芯片架构较为特殊——4 个读出寄存器配置于芯片的四角，从而满足高读出率要求——可以实现每 2.1 s 一景图像的高帧率图像数据读取。在高航向重叠和高地面分辨率要求下，从而满足航摄立体图像获取。

7.2.3　创新的快门技术

每台相机均采用机电式镜头间快门系统，可精确同步所有相机曝光以消除几何误差。这种百叶窗式快门设计是专为机载操作定制的——机械部件少，可靠性非常高，且无需像其他类

图 7.2-2　DMC 四个全色摄像头的地面覆盖

型的航摄相机那样频繁更换快门。

所有 8 个快门都由微控制器持续监控,并针对任何类型的变化进行实时调整,这样可以随着时间的推移保持稳定的曝光周期。快门速度是可变的,可在 1/50~1/300 s 之间进行步长选择。

7.2.4　CCD 传感器和前向运动补偿

向前像移(FIM)对模拟和面阵数字图像的图像分辨率有重要影响,在光照水平较差或飞行高度较低的情况下,图像曝光时间可能会过长,无法避免出现明显的图像模糊(Graham 等,1996)。FIM 是多个参数的函数:

$$FIM = f \cdot V \cdot t / H$$

其中,f 为镜头焦距,V 为飞机的地速,t 为曝光时间(即快门速度),H 为飞机在平均地面以上的高度。

就以前的航摄胶片而言,通常接受的 FIM 限制是不应超过 25 μm,但在具有前向运动补偿(FMC)的相机中这个量通常会更小。对于 DMC,150 节(77.25 m/s)空速和 5 cm GSD 下的 1/200 s 快门速度相当于 8 个像素的图像模糊(即 CCD 传感器上的 96 μm)。

通过曝光期间的延时积分(TDI)模式,可以获得数字图像的全电子前向运动补偿(FMC)。通过这种方式,可以确保对低空和高分辨率应用中的图像模糊进行补偿(自 1982 年以来,FMC 一直是模拟航摄相机的标准配置)。DMC 的 FMC 以完全电子的方式实施,在面阵成像系统中正常读出 CCD 像素时,每个 CCD 像素的电荷内容会逐行传输到读出寄存器(图 7.2-3)。

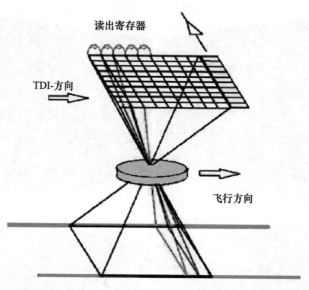

图 7.2-3　TDI 前向运动补偿

图 7.2-4　使用 FMC 的目标分辨率

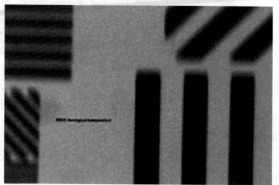

图 7.2-5　没有 TDI 的目标分辨率

7.2.5　DMC 辐射分辨率

所有 DMC 模块相机的 CCD 总分辨率为 12 位，可实现更好的曝光灵敏度，即使在由于反射、阴影或云层导致的明暗曝光条件下，也能在 CCD 上很好地对细节进行记录，从而增加了可以接受认可的飞行天数。

每个多光谱相机都有自己的滤色器，各频谱条带之间略有重叠，以获得更好的原生色彩效果。彩色滤光片灵敏度如下（图 7.2-6）：

7.2.6　DMC 机载系统配置

典型的 DMC 安装如图 7.2-7 所示，几乎与现有的胶片相机安装模式相同。DMC 相机机身的尺寸与 RMK TOP 航拍胶片相机相似，这样可以安装到现有的陀螺稳定安装座 T-AS 上。带有实时控制器硬件和飞行员显示器的传感器管理系统用于控制相机系统。可将可选项 IMU 与 DMC 进行集成，从而提供直接地理参考的可能性（无需地面控制或极少地面控制点

（GCP）集）。

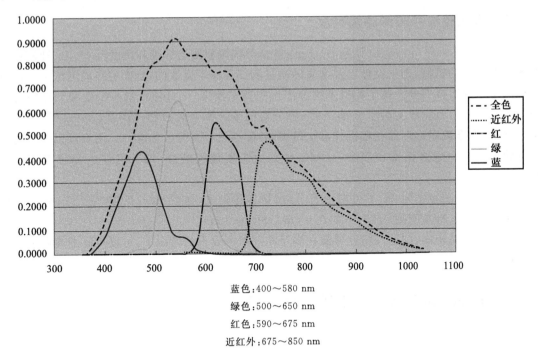

蓝色：400～580 nm

绿色：500～650 nm

红色：590～675 nm

近红外：675～850 nm

图 7.2-6　DMC 光谱灵敏度

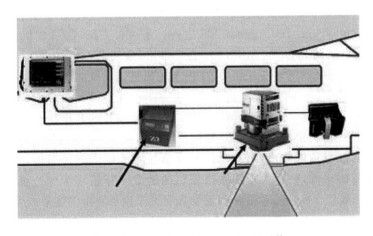

图 7.2-7　安装在飞机上的 DMC 系统

三个 FDS(Flight Data Storage units)飞行数据存储单元（一组）用于原始图像数据存储，要求存储系统坚固耐用（加固加压机柜），每个机柜都包含两个 300 GB SCSI 磁盘驱动器。这样一组（3 个 FDS）存储系统最多可以存储 4400 张图像，其中 1 个 FDS 单元可连接到 2 个全色摄像头（每个 7 k×4 k）或 4 个多光谱摄像头（每个 3 k×2 k）。数据接口是高速 1Gb 铜基光纤通道接口，FDS 经认证可在高达 8000 m 的高空无压环境中运行。遵循 RTCA/DO 160 飞机标准的特殊环境测试，保证了用户数据的高可靠性和高安全性。

在飞机上，每个 FDS 都安装在一个特殊设计的载体（"FDS 壳体"）中，无需拔下任何电缆或连接器即可轻松拆卸。"壳体"可以安装在飞机座椅导轨上，以避免碰撞或磕碰。

对于图像数据后处理，FDS 要么通过光纤通道直接连接到后处理软件服务器，要么连接到现场复制站,以便将数据复制到可移动硬盘驱动器或 USB 磁盘驱动器。

7.2.7 系统校准和摄影测量精度

DMC 经 USGS(美国地质服务局)认证,符合美国国家测绘标准和精度要求。这种高质量水平是在严格的机械、光学设计以及密集的质量测试程序下促成的,全面的环境测试是制造过程的一个重要组成部分。每个相机系统都经过实验室校准——焦距、镜头畸变和其他特性参数的精确测定。在完成实验室校准之后,每个相机系统都会经过在飞测试以完成平台校准。最后,所有校准数据都存储在相机校准文件中,并随系统一起交付给客户。用户可以随时复现飞行验证以检查或修正平台校准。DMC 可完全实现现场维修,每个组件也都可以在现场更换。

DMC 的测图精度为:X、Y 方向上为 5 μm 影像比例尺,如在 6 cm GSD 为 2.5 cm;Z 方向上为相对地面飞行高度的 0.05%,如在 6 cm GSD 为 3 cm。

与胶片相机相比,这种高精度导致在满足相同航测要求的情况下,可以更高的高度进行航摄作业。

7.3 UltraCam 数字大幅面航摄相机系统

7.3.1 简介

UltraCam 是一款基于多镜头概念的大幅面数码航拍画幅式相机,设计独特。该相机由微软公司的全资子公司 Vexcel Imaging GmbH 生产。第一台 UltraCam 相机于 2003 年 5 月在阿拉斯加安克雷奇举行的 2003 年 ASPRS 年会上推出,最初的 UltraCam$_D$ 相机系统像幅规模为 85 兆像素(Leberl et al,2003)。三年后,在内华达州里诺举行的 2006 年 ASPRS 年会上,推出了 136 兆像素格式的 UltraCamX 相机系统。

新的 UltraCamX 是在前三年 UltraCam$_D$ 的成功经验和基础上开发的,受到数字传感器市场快速发展和全数字摄影测量工作流程趋势的推动。回顾 2000 年阿姆斯特丹 ISPRS 大会上第一台数字大幅面航空相机的出现,起初市场对新技术的接受比较缓慢,直到 2004 年三个相互竞争的供应商的出现,数字大幅面航摄相机的销量才开始在全球范围内迅速增长。自 2004 年以来,数字测量相机开始对摄影测量全数字工作流程和价值体系产生了重大的全球性影响。

7.3.2 最大面阵图像像幅的 UltraCamX 相机

7.3.2.1 UltraCamX 概述

UltraCamX 相机系统是 UltraCam 系列相机基本成像原理的最新实现。它是传感器、数据存储和数据传输技术以及 Vexcel 的内部经验和专有技术的综合产物,具有很好的行业发展价值,后文会对 UltraCam 特有技术进行着重描述。

UltraCamX 的显著优势包括:

- 航向 14430 像素和沿航迹 9420 像素的大幅面图像;
- 基于每秒 3G 比特数据传输速率的图像帧率;
- 出色的光学系统,全色摄像头焦距为 100 mm,多光谱摄像头焦距为 33 mm,可实现精确的 1∶3 全色多光谱融合技术；

- 单个数据存储单元的图像存储容量为 4700 帧；
- 由于数据存储单元的可替换性，可实现几乎无限的图像采集；
- 通过可拆卸数据存储单元从飞机上实现即时数据下载；
- 使用新的扩展坞可将数据快速传输到后处理系统。

相机由传感器单元、机载存储和控制采集系统、操作员界面面板和两个可拆卸数据在线替换存储单元组成，机载配置如图 7.3-2 所示。配套还有用于任务规划和飞行中相机操作的软件系统（即相机操作软件 COS）。

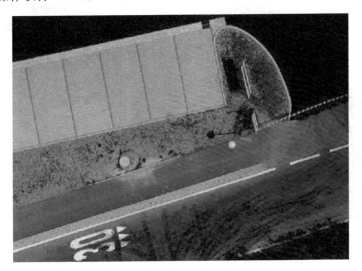

图 7.3-1 UltraCam 拍摄的 3 cm GSD 大比例航拍图像

（局部 700 像素×500 像素图像仅覆盖地面 21 m×15 m 区域）

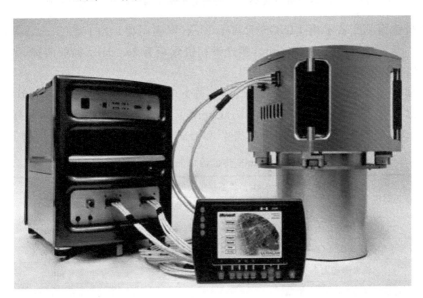

图 7.3-2 UltraCamX 数字航摄相机系统

（包括探测器单元（右）、附带两个可拆卸数据单元的机载计算单元（左）及通过接口可空中操控相机的操控面板（中））

当然，地面对应也有一个完整的系统组件，无论是外场作业还是室内作业，该作业处理中心(Office Processing Center,OPC)可快速生成影像产品并交付用户。

7.3.2.2 UltraCamX 传感器单元

UltraCamX 传感器单元由 8 个独立的相机镜筒组成,如图 7.3-3 所示。其中 4 个相机镜筒用于大幅面全色图像生成;其他 4 个用于多光谱图像拍摄。UltraCamX 的传感器镜头配备 13 个 FTF5033 高性能 CCD 传感器,每个 CCD 阵列会以超过 12 位的辐射动态范围产生 16 M 像素的图像,CCD 探元像素大小为 7.2 μm。因为每个像素都记录为 16 位,所以单次拍摄触发会导致 $13 \times 16 \times 2 = 416$ MB 的数据量(A/D 转换器会进行 14 位有效数值转换)。

图 7.3-3 UltraCamX 传感器镜头(左)由 8 个摄像头组成,其中 4 个用于生成大幅面全色图像,对应在其 4 个焦平面上配备了 9 个 CCD 面阵传感器。所谓的主镜筒/相机(M)焦平面配有 4 个面阵 CCD(右)

每个相机镜筒都配备了由 LINOS/Rodenstock(罗顿司得)专门为 UltraCam 设计的高性能光学系统。全色相机焦距为 100 mm,多光谱相机焦距为 33 mm。如前所述,这两组类型镜头支持 1:3 的全色多光谱融合技术。

图像幅面在飞行方向上为 14430 像素、跨航迹方向为 9420 像素,可实现高航摄效率要求。当摄影条带之间有 25% 的旁向重叠时,UltraCamX 可以 6 英寸的 GSD 产生航线间覆盖超过一英里(1650 米)的扫描带宽,表 7.3-1 给出了 UltraCamX 相机的主要参数规格。

表 7.3-1 UltraCamX 传感器单元的技术参数和规格

UltraCamX 传感器单元的技术参数	
全色通道	
多镜头设计	4 个摄像头
以像素为单位的图像大小(跨航迹×沿航迹)	14430×9420 像素
像素物理大小	7.2 μm
物理图像幅面(跨轨×沿轨)	103.9 mm×67.8 mm
焦距	100 mm
镜头光圈	$f=1/5.6$
视角(跨轨/沿轨)	55°/37°

续表

多光谱通道	
四通道(红、绿、蓝、近红外)	4 个摄像头
以像素为单位的图像大小(跨航迹×沿航迹)	4992×3328 像素
像素物理大小	7.2 μm
图像幅面物理尺寸(跨航迹×沿航迹)	34.7 mm×23.9 mm
焦距	33 mm
镜头光圈	$f=1/4$
通用参数	
快门速度	1/500～1/32 s
前向运动补偿	TDI 控制,50 像素
每秒帧率	1.35 秒内 1 帧
模/数转换位数	14 位(16384 级)
辐射分辨率	>12 位/通道

7.3.2.3　UltraCam X 存储系统

相比之前的 UltraCam_D 机型,UltraCamX 的数据存储系统在机载摄影任务的端到端工作流程上改进明显。该系统包含两个独立的数据单元,用于图像备份摄影。数据单元可以摄取多达 4700 张图像,每张图像包含 206 M 像素原始数据,这些数据最终会为被转换为每张 136 兆像素的可交付影像,对于大规模摄影任务,最有价值的是可在飞机上几分钟内完成备份数据单元的拆换,因此摄影图像数量几乎无限的。与 UltraCam_D 相比,UltraCamX 数据单元的容量增加了 4 倍(每个数据单元的图像数量从 2700 增加到 4700,每张图像的大小从 86 M 像素增加到 136 M 像素)。

完成飞行任务后,只需将数据单元与相机系统断开,然后将原始数据发送到进行后处理的现场办公室或总部,即可完成所摄图像下载。质量控制步骤可以在数据下载后返回办公室执行,也可返航时在空中执行,当然也可以在抵达机场后在地面上使用膝上型计算机完成(外场)。

图像数据的下载由一个 Docking Station(图 7.3-4)承载传输,它支持 4 个并行数据传输通道,可在 8 h 内完成 4000 张图像的数据传输,这样航飞、数据下载、复制拷贝和 QC 可在 24 h 内循环执行。

图 7.3-4　UltraCamX 机上计算控制单元(左)和连接到扩展坞的数据单元(右)
4 个并行数据流支持图像数据并行下载到后处理工作站

7.3.2.4 UltraCam 软件组件

相机操作系统 COS 和办公处理中心 OPC 是操作相机和完成飞行任务后将原始图像数据处理成可交付图像产品所需的两个软件组件。图 7.3-5 显示了 OPC 软件图形用户界面截图。

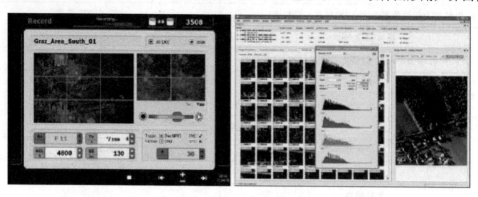

图 7.3-5　COS GUI(左)可进行每张图片的机载质量监控、
OPC GUI(右)可完成整个飞行任务的多张影像处理

7.3.3　UltraCam 设计理念

UltraCam 大画幅式相机基于传感器阵列进行了独特设计。系统由 8 个独立的"镜筒"和 13 片 CCD 传感器阵列组成。单个镜筒又由一个光学镜头和一个或多个 CCD 阵列以及相关电子元件构成。每个 CCD 会反馈单独的数据流,从而产生 13 个并行数据通道(图 7.3-6)。这种类型的并行架构支持快速图像摄取和数据读出。

图 7.3-6　全套 13 个 UltraCam CCD 传感器和电子元件
(其中 9 个单元用于大幅面全色图像;另外 4 个单元负责多光谱波段图像摄取)

7.3.3.1 大画幅全色传感器

4 个摄像头和 9 个 CCD 传感器阵列有助于形成大幅面全色图像。图 7.3-7 说明了来自 4 次单独曝光的大幅面图像组合过程,每次曝光由一个或多个 CCD 块感光,这种设计有如下优点:

- Master Cone 定义了图像幅面,并对四个 CCD 进行了一次快门曝光;
- FMC 容易正确实现(光轴平行);
- Syntopic 技术曝光使大规模的城区摄影任务成为可能。

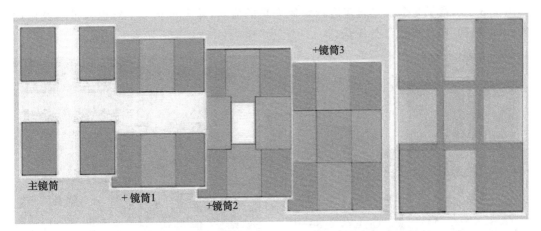

图 7.3-7　UltraCamX 全色摄像头

（主镜筒（相机）和三个从镜筒为全幅面（左）贡献了 9 个 CCD 阵列子影像，

CCD 之间的重叠区域用于将子影像拼接控制在亚像素精度（0.1 像素）（右））

　　9 个子影像必须"缝合"成一个单一的、无缝的图像。利用各个子影像之间的重叠进行拼接处理是 OPC 软件的核心功能，同时也会记录拼接过程参数并生成每一帧图像的几何质量报告，系统可以达到 0.1 像素的精度水平。

　　UltraCam 全色部分的 4 个镜筒与飞行路径平行排列，这实现了一种特殊的曝光概念——所谓的"Syntopic 曝光"。每个快门都会短暂延迟后触发，以便所有 4 个镜筒在飞机向前移动时在同一位置进行曝光。

7.3.3.2　四波段多光谱传感器

　　UltraCamX 配备了 4 个单独的传感器阵列用于可见光中的红色、绿色、蓝色和近红外波谱探测，图 7.3-8 示意了 4 个通道的光谱灵敏度。全色图像由 3×3 块 CCD 阵列组成，而彩色图像则只有 1 个 CCD 阵列。最终的彩色图像由全色和 4 个颜色通道融合而成，这个过程被称为"全色多光谱融合技术"——在遥感领域应用广泛。

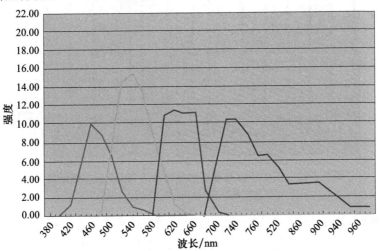

图 7.3-8　UltraCamX 多光谱相机

（采用对应波谱滤光器分离 4 个波谱频段）

图 7.3-9 示意了 5 个独立通道进行影像采集的概念,即全色和 4 个彩色频带以及由此产生的(a)彩色和(b)伪彩色红外图像。

图 7.3-9 具有全色频带和 4 个彩色频带的图像数据样本

7.3.4 几何校准

7.3.4.1 UltraCam 实验室校准和图像测量

Vexcel 的实验室校准自 2006 年 7 月开始运行,是第二代相机检校方案的典型代表。检校场由一个带有 394 个圆形标记的三维基准靶标组成,这些靶标标记在 X 和 Y 方向上的测量精度约为 ± 0.1 mm,在 Z 方向上的精度约为 ± 0.2 mm,靶标圆形图案可清晰成像。整个室内场地的后墙面积为 8.4 m×2.5 m,深度为 2.4 m。后墙、天花板和地板间布设了 70 根 280 个标记的金属杆,中心的 4 个额外竖杆带有 16 个标记;98 个标记直接安装在后墙上。标记之间的平均距离约为 30 cm(图 7.3-10)。

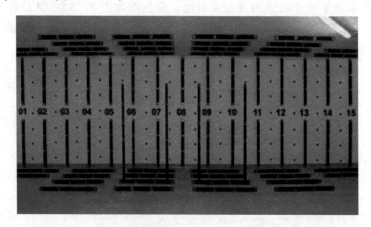

图 7.3-10 UltraCam 校准实验室配备了 394 个三维标记目标
(场地容积约为 8.4 m×2.4 m×2.5 m)

数据采集期间,从 3 个不同的相机摄站以倾斜和旋转相机的方式拍摄 84 张(组)图像。在这 84 张图像中,可以从 4 个全色摄像头中识别出大约 18500 个被测标记图像位置,并且从 4 个彩色摄像头中的每个摄像头摄取影像中识别出大约 17500 个图像位置。

使用特定匹配量测软件可以亚像素精度水平计算确定整个图像集中每个子图像中每个标记

的图像位置,摄影过程中要保证整个图像幅面上靶标的密集性和覆盖完整性,图 7.3-11 显示了图像中所测量靶标点的分布状况。单次校准数据集可包含近 90000 个靶标图像点测量值。

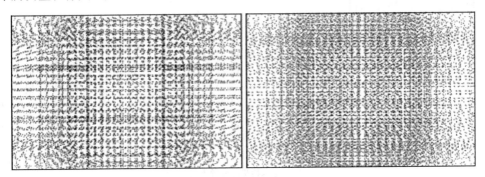

图 7.3-11　自动检测的靶标图像位置覆盖了相机的整个画面

(在全色通道(左)中检测到大约 18500 个点,在 4 个彩色频带(右)中的每一相机中

可检测到 17500 个点,因此单次摄影检校将产生总共约 90000 个靶标像点)

7.3.4.2　计算相机参数

未知相机参数的计算基于 BINGO(Kruck,1984)最小二乘光束法平差方法实施。但由于 UltraCamX 传感器阵列的特定设计,需要对软件进行一些修改。最关键的一点是针对单个摄像头,要估计出多个 CCD 传感器阵列在对应焦平面中的位置,为此需要引入额外参数。

在光束法平差过程中估计的未知参数可以分为三组:

- 定义光线束的传统相机参数(主距和主点坐标);
- 每个相机镜筒焦平面中每个 CCD 的位置(UltraCam 特有参数——每个 CCD 的位移、旋转、缩放和倾斜透视参数);
- 传统的径向和切向镜头畸变参数(针对每个镜头)。

当研究这些参数之间的相关性时发现,CCD 尺度参数与每个镜筒的主距相关;而 CCD 位移参数与每个焦平面的主点坐标相关(Gruber 和 Ladstädter,2006)。因此,有必要精简整个参数集以避免这种相关性,具体做法是将 UltraCamX 的所有 8 个镜筒的主距和主点坐标作为常数值对待。尤其值得注意的是,CCD 旋转参数与外部定向角之间存在相关性,这种相关性可以通过去掉每个摄像头参数集的一个(且仅一个)CCD 旋转参数来解决(Kröpfl 等人,2004 年)。

实验室几何校准的最终质量由光束法平差的 σ_0 值反映。对于新近实验室校准(图 7.3-12)中进行的 4 个全色相机校核,该值为 ±0.4 至 $\pm0.5\ \mu m$ 水平。与最初 2006 年的实验室校准结果相比,这是一个显著改进。

7.3.4.3　拼接及其他后处理改进

实验室校准的结果会存储在指定的数据集中,该数据集被用于相机每一帧曝光所得摄影数据的后期处理中。在后处理过程中,还会对相机机身尺寸变化进行参数化描述,其由飞行任务期间环境参数变化(如热效应)导致,这种热变化会导致 UltraCam 镜筒背板(机背)的对称膨胀或收缩。因此,当飞行期间的温度偏离校准时的温度时,安装在背板上的 CCD 将"偏离"其校准位置。如果在"拼接"过程中忽略这种影响,图像中将出现系统变形。

这些自校准参数是根据相机 CCD 拼接区域的不同缩放尺度 1、2(见图 7.3-16)及已精确得知间距进行建模后,从而完成对传感器相互间偏移量的补偿。精确期间,最后还得使用修正后的校准参数(航摄时相机状态可能会发生变化)执行二次拼接。拼接完成后,拼接区域的缩

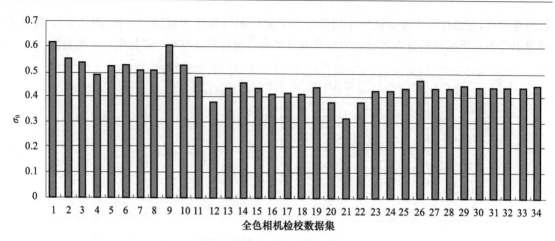

图 7.3-12　34 次相机检校结果

(相机参数(全色相机)的光束法平差 σ_0 结果估计(在±0.4 至±0.5 μm 的范围内),

2006 年早些时候实验室校准结果精度稍大些(±0.5 至±0.6 μm))

放比例与稳定态相比应接近 1.0,这种自校准方法已成功应用于 UltraCam 系列相机系统的软件后处理中(Ladstädter,2007)。

7.3.5　1 μm 级的几何精度

7.3.5.1　空中三角测量的 σ_0

　　每台 UltraCam 相机出厂前必然要进行几何实验室校准,然后会通过测试区域航摄飞行来验证每台相机的动态性能。摄影重叠度会采用高重叠度(80％航向重叠,60％旁向重叠)和交叉航线的飞行模式实施,这样可以提供适合研究相机内部几何形状的高度冗余数据集,图7.3-13 为摄影测试场概览。

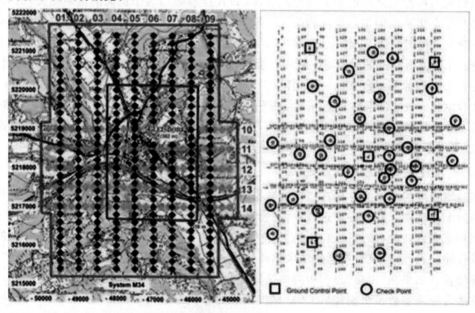

图 7.3-13　奥地利格拉茨附近的试验(检校)区

(检校航摄了 14 条航线,总计 404 张图片,UltraCamX 拍照任务后的 AAT 结果由 MATCH-AT 和 BINGO 软件处理而得)

自动连接点匹配是使用 Inpho 公司的空中三角测量软件包 MATCH-AT 完成的,空中三角测量平差由 BINGO 计算,软件数据处理中设置了交叉检查和额外的自校准选项。

GPS/IMU 系统提供了辅助地球观测参数,数据处理效果极佳(Kremer 和 Gruber,2004 年)。

空中三角测量平差结果 σ_0 反映了像坐标量测水平与图像质量,图 7.3-14 给出了 26 台 UltraCamX 相机摄影图像数据集的 σ_0 值,这些值接近于、且通常小于 $\pm 1\ \mu m$,这是基于高重叠度和交叉航线下的大量冗余观测平差处理的结果。

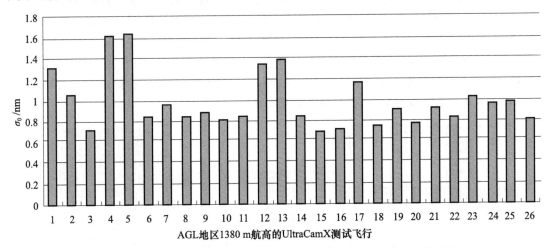

图 7.3-14　10 cm GSD (1380 m AGL) 的多台 UltraCamX 测试飞行后的
自动空中三角测量结果,σ_0 值在 ± 0.7 到 $\pm 1.6\ \mu m$ 范围内(平均值优于 $\pm 1\ \mu m$)

7.3.5.2　空中三角测量检查点结果

另一种被广泛接受的测绘相机几何性能验证评估方法是使用检查点进行外部精度验证,这里使用来自 6 个单独飞行任务(不同的 6 台相机)的数据处理结果进行相机几何性能分析,单次平均检查点数量为 199 个,10 cm GSD 下 X、Y 和 Z 的偏差分别为 $\pm 38\ mm$、$\pm 46\ mm$ 和 $\pm 56\ mm$,摄影数据处理的垂直精度对应于飞行高度的 0.04‰(参见图 7.3-15)。

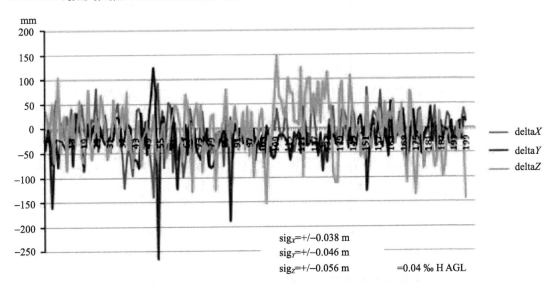

图 7.3-15　光束法平差后的检查点残差

(10 cm GSD 下的 6 台独立相机航摄数据平差处理后的检查点精度统计——35 个检查点共计 199 个像点测量值)

7.3.5.3 通过自动校准进行几何改进

UltraCam 数据处理链的端到端全数字工作流程提供了多种自动校准选项。后处理软件中也一并实现了一项特定功能——飞行任务期间的热变化影响(参见图 7.3-16)。值得一提的是,当将传统物镜径向对称畸变参数引入光束法平差解算时,效果很是明显,由于这种技术途径的有效性,此类参数的光束法平差解决方案已普遍被采用。这些参数产生的像差量级往往很小(<0.5 像素),但它们的影响是系统性的,因此不容忽视。除了常规径向对称畸变参数之外,还研究了相机特定参数的系统性误差影响。图 7.3-17 说明了使用附加参数的像方误差改正效果,特定附加参数可以补偿相机的任何不对称几何变形。同样,这些特定参数产生的误差幅度也很小,但在需要高精度测量时对其予以考虑十分必要。当没有应用附加自检校参数时,图像中剩余的残差最大值为 $\pm 1.67~\mu m$;当应用径向对称畸变参数时,该值会降低到 $\pm 1.5~\mu m$;最后,当还包括其他非对称参数时,会降至非常精确的 $\pm 0.73~\mu m$。

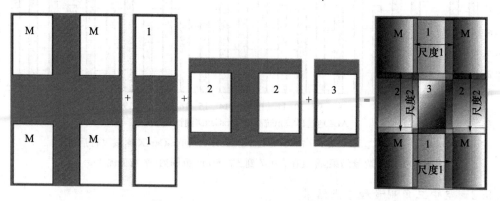

图 7.3-16　UltraCam 的影像拼接概念

(拼接环节会具体在图像后处理中实现——将来自 4 个全色相机的子影像转换为一帧影像。右侧显示的 CCD 拼接区域的不同缩放尺度 1、2 是在此步骤中计算的——用于补偿相机机身的任何膨胀收缩尺寸变化)

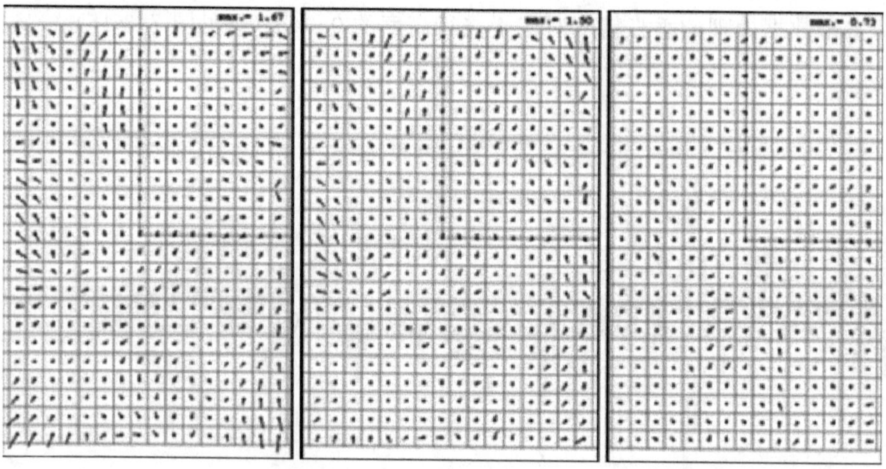

图 7.3-17　没有附加自校准参数的空中三角测量图像残差

(最大为 1.67 μm(左),应用径向对称畸变参数(中)和相机特定参数(右)后可将剩余的图像畸变减少到亚微米级别)

通过自动自校准,系统图像误差是稳定的,这样用户可以放心执行后续测量作业,并且在特定区域性飞行摄影任务中不会发生变化。这种稳定性是数字测量相机相对于胶卷相机的明显优势,通过附加参数显着提高精度证明了误差随时间的稳定性。

7.3.6　辐射质量和多光谱能力

UltraCamX 利用 DALSA 制造的高性能 CCD 传感器 FTF5033,辐射质量非常高,特殊设计的内部专有电子电路对辐射性能起到了保持作用。通过 14 位模拟/数字转换器可以提取不少于 13 位的辐射信息。如此宽的带宽允许在同一个场景中分辨暗区和亮区,例如晴朗气象条件下,城区街道暗影和几乎白色的屋顶都具有良好的辐射信息。暗图像区域的性能反映了传感器的全部潜力及其灵敏度,图像阴影区域中只能检测到 ±6DN@16 位(=±0.4DN@12 位)的噪声。

图 7.3-18 为 2007 年 3 月 27 日晴朗气象条件下,奥地利格拉茨市上空航拍的第 1090 帧影像样张,在地面以上 900 m 的飞行高度可实现 6.5 cm 的地面采样距离(GSD)。通过计算直方图来分析包含非常明亮的物体(遮阳伞和焊接屋顶)以及暗影的全色相机图像两个对应子区域,可以检测出从 350DN 到 7800DN@16 位的强度级别,但图像区域并没有饱和,如此巨大的 7450DN 动态范围相当于近乎 77 dB 或 12.9 bit 的质量水平。

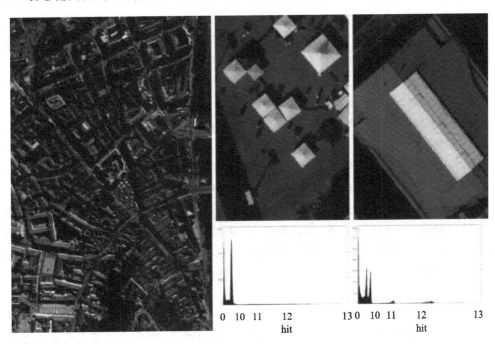

图 7.3-18　UltraCamX 在格拉茨市上空执行飞行任务的第 1090 帧影像样张
(图像的两个局部显示了近 13 位的辐射动态范围,16 位像素表示中,最暗的像素为 350DN,最亮的像素为 7800DN)

UltraCamX 的多光谱通道提供真彩色(红色、绿色和蓝色)以及近红外波段,因此支持多光谱分类,这很大程度上得益于较大的辐射范围。

7.3.7　数字框幅式相机的潜力

大约 100 年来,航空摄影测量在航摄中都是尽量减少照片数量,这主要是出于胶片成本、实验室胶片成像处理、图像的数字化扫描、三角测量及后续测图流程的复杂性考虑。空中三角测量、DEM 生成和正射影像处理的成本是项目中影像数量的线性函数,所以将航线数量减少一半意味着项目成本降低了四倍。数字测量相机迅速被接受的首要原因是由高图像质量所驱动,其次是经济性原因——不再需要购买胶卷、冲洗及扫描数字化。更高的图像质量会保证更好的产品质量,可以通过提高飞行高度来减少航线数,等等。这些原因促使航空摄影测量从基于胶片的工作流程转向全数字化方法。

然而,数字相机被广泛接受的第三个重要原因是:数字图像的拍摄数量不会引入额外的成本。也就是说,对于数字机载相机每年只需要固定的成本,就可完成任意数量航片的拍摄(无论是 1000 还是 100000 张图像),只有燃料成本和使用航拍平台的费用是变化的。这样就有机会使以前无法有效自动化的摄影测量程序自动化,过去许多自动摄影测量程序的失败可归因于:首先,颗粒噪声形式的胶片质量限制和有限的动态范围限制了图像处理流程;其次,因节约使用胶片,没有足够冗余的图像支持自动化处理。可形成基本立体观测的两度重叠航摄影像并不能充分支持自动化流程(五度甚至更大的影像重叠度往往十分必要),当然,只有当这些图像的数量不会影响到后续自动化处理效率,大数据量图像才有意义,因此自动化的先决条件要求可自由选择图像数量。

很明显,现代摄影测量的趋势是完全自动化的工作流程。自动空中三角测量可能会在每个图像中使用 1000 或更多的大量冗余连接点;DEM 的创建可能依赖 80%~90% 的航向重叠和 30%~80% 的侧向重叠(尤其城区),这样图像之间的匹配往往会有五度重叠,而不是仅仅两张图像进行匹配;正射影像可能是只需使用 3D 物体表面顶部的照片纹理予以生成(物体侧面纹理用于其他视角的产品可视化),所以传统的正射校正只不过是通用"三维正射影像"的一种特例。最后,GIS(地理信息系统)的 3D 矢量可以直接从土地利用分类和影像分析中导出,这也可以反过来支持空中三角测量、DEM 生成和 3D 正射影像创建等传统技术过程。

大幅面机载数字相机使得摄影测量焕发新的生机,可以这么说,一段时间以来,机载激光扫描成了 DEM 点云生成的主要技术手段,GPS/IMU 对传统空中三角测量有一定的替代性。数字图像数量与摄影成本的无关性对摄影测量成像和任务规划带来了冲击,使得摄影测量自动化有望得以突破——对机载激光扫描点云生成技术有替代性,并提升大区域空中三角测量这一核心工具的精确性,这为信息社会创造新的数据类型,为"大数据"应用创造新的机会。

正是"自动化带来的可负担性"使得基于互"联网的位置感知"全球 3D 数据库成为现实。摄影测量将会在移动高带宽数字地理空间数据创建、基于宽带互联网的世界交付中心等舞台上扮演十分重要的角色。

7.3.8　微软摄影测量

2006 年 5 月,在微软提出的"虚拟地球"倡议背景推动下,微软公司宣布收购位于科罗拉多州博尔德的 Vexcel Corporation 和位于奥地利格拉茨的 Vexcel Imaging GmbH 两家公司,这在摄影测量界引起了一定的轰动和猜测。该计划的目标是在对人类栖息地进行三维世界建模——范围涵盖数千个城市社区以及城市之间的农村地区。摄影测量是完成这项工作的主要技术手段,而 UltraCam 是自动化构建 3D 城市建筑模型的首选主力机载传感器。

7.3.8.1　航摄任务

以 80% 的航向重叠和 60% 的旁向重叠大尺度(6 英寸 GSD)执行航空摄影任务,这导致相比传统航空摄影所获取的航摄影像数量要多得多,并基于这种高度冗余图像数据集进行自动化的空中三角测量、数字高程建模和特征提取等摄影测量处理工作。影像数据的冗余性还确保了数据处理过程的稳健性以及错误或异常图像匹配可被自动检测。大重叠影像的另一个重要优势是减少地物遮挡,这对拥有密集建筑物的城市区域测绘尤为重要(图 7.3-19)。

图 7.3-19　费城 3D 模型（由具有大重叠的 UltraCam 图像自动计算生成）

7.3.8.2　非专业用户的最佳视觉效果

纵观摄影测量的历史，地理空间数据都是由专业人员制作的，且主要提供给专业人员使用。根据地图比例尺，必须使用一组特定的符号来确保地图的可读性、细节可见性和内容可解释性。因此用户必须接受培训才能阅读此类地图并将抽象数据（地图元素）与现实世界中的对象进行匹配。

Microsoft 的 Virtual Earth 计划旨在克服这种"专业人员"领域限制，现实世界会以三维形式、而非符号化的地图呈现给用户，用户通过写实照片与数据建立起了信息连接。因此，任何人都能够以直观、非专业的方式使用地形数据。

7.3.8.3　一个 200PB 的数据库？

整个地球都需要数字化并在万维网上呈现。地球的陆地表面大约为 1.4 亿 km^2，如果以 15 cm 的像素大小在二维中将其数字化，结果将会是 6.2PB 像素（peta pixel）的数据量。如果还要考虑颜色（甚至可能是具有近红外的四波段颜色），将不得不使每像素最多 4 个字节，这样数据量将会约 25PB。进一步对于第三维度，可能需要将数据量再增加 50%，从而需要＜40PB 的 3D 数据集。

但这还远远没有结束，比尔盖茨作为微软公司的领导者和 Virtual Earth 背后的支持者，在 2005 年 3 月在伦敦他 50 岁生日时说："你将在虚拟的伦敦市中心走来走去，能够看到商店，实时查看交通情况，并走进商店挑选商品。这一切都不是发生在我们今天网络上使用的 2D 平面图，而是发生在 3D 虚拟现实中"。这意味着城市空间将从"街道"建模深入到室内空间建模，整体构成虚拟地球的一部分。这提出了以 2 cm 分辨率对建筑物立面和街道街景进行建模以及以 0.5 cm 分辨率对室内空间进行建模的要求。

事实上，我们正面临的技术前景是进行基于互联网进行 3D 世界模型建模，其数据量会远远超过 200PB。

章末注：

1	Microsoft Corporation 管辖 Vexcel Imaging GmbH 运营，奥地利团队称之为"Microsoft Photogrammetry"，本文中我们将同时使用"Vexcel"和"Microsoft"代词。

缩略词

AC，Alternating Current　交流电

AWAF，Area Weighted Average Frequency　区域加权平均频率

AWAM，Area Weighted Average MTF　面积加权平均 MTF

AWAR，Area Weighted Average Resolution　像面加权平均分辨率

CCD，Charge Coupled Device　电荷耦合器件

CTE，Charge Transfer Effectivity　电荷转移效率

DB，Dynamic range　动态范围

DC，Direct Current　直流电

DEM，Digital Elevation Model　数字高程模型

DFT，Discrete Fourier Transform　离散傅里叶变换

DSNU，Dark Signal Non-Uniformity　暗信号非均匀性

EWAF，Equally Weighted Average Frequency　等权平均频率

EWAM，Equally Weighted Average MTF　等权平均 MTF

EWAR，Equally Weighted Average Resolution　等权平均分辨率

FEE，Front End Electronics　前端电子

FET，Field Effect Transistor　场效应晶体管

FFT，Fast Fourier Transform　快速傅里叶变换

FMC，Forward Motion Compensation　前向运动补偿

FOV，Field of View　视场

FPM，Focal Plate Unit　焦平面单元

GPS，Global Positioning System　全球定位系统

GSD ，Ground Sample Distance　地面采样距离

IFOV，Instantaneous Field of View　瞬时视场

IMU，Inertial Measurement Unit　惯性测量单元

INS，Inertial Navigation System　惯性导航系统

IR，Infrared　红外线

MS，Multispectral　多光谱

MTF，Modulation Transfer Function　调制传递函数

NIR，Near Infrared　近红外

OTF，Optical Transfer Function　光学传递函数

PAN，Panchromatisch　全色

POS，Position and Orientation System　定位系统

PRNU，Photo Response Non-Uniformity　光响应非均匀性

PSF，Point Spread Function　点扩散函数

PTF，Phase Transfer Function　相位传递函数

RGB，Red Green Blue　红绿蓝

SNR，Signal to Noise Ratio　信噪比

TDI，Time Delayed Integration　延时积分

TFOV，Total Field of View　总视场

参考资料

Ackermann, F. (1995): Digitale Photogrammetrie-Ein Paradigma-Sprung. ZPF, 3, 106-115

Ackermann, F., J. Bodechtel, F. Lanzl, D. Meissner, P. Seige, H. Winkenbach and J. Zilger (1991): MOMS-02/SPACELAB D-2: A high resolution multispectral/stereo scanner for the 2nd German Spacelab mission. SPIE, 1490, 94-101

Albertz, J. (1999): 90 Jahre Deutsche Gesellschaft fur Photogrammetrie und Fernerkundung e. V. PFG, 5/1999, 293-349

Albertz, J. (2001): Einfüuhrung in die Fernerkundung-Grundlagen der Interpretation von Luft-und Satelliten-bildern. 2. Aufl., Wissenschaftliche Buchgesellschaft, Darmstadt

Albertz, J. and W. Kreiling (1989): Photogrammetrisches Taschenbuch. 4. Aufl., Wichmann-Verlag, Karlsruhe

Analog Devices (2002): AD9824-Complete 14-Bit 30 MSPS CCD Signal Processor, Rev. 0, © Analog Devices, Inc., 2002

ATMEL (2001): TH7982AVWB90NB Detail Specification Correlated Double Sampling for Space Applications, ATMEL Grenoble, 22.11.2001

Bähr, H.-P. and T. Vögtle (Hrsg.) (1998): Digitale Bildverarbeitung-Anwendungen in Photogrammetrie, Kartographie und Fernerkundung. 3. Aufl., Wichmann Verlag, Heidelberg, 373 S.

Bass, M., E. W. van Stryland, D. R. Williams and W. L. Wolfe (Eds.) (1995): Handbook of Optics. 2nd Ed., McGraw-Hill, New York

Bäumker, M. and F.-J. Heimes (2001): New calibration and computing method for direct georeferencing of image and scanner data using the positions and angular data of an hybrid inertial navigation system. In: Heipke, C., K. Jacobsen and H. Wegmann (Eds.): Integrated Sensor Orientation-Test Report and Workshop proceedings. 16 S.

Bormann, G. E. (1975): Measurement of Radial Lens Distortion with the Wild Horizontal Goniometer. ISP Commission I working group study

Brieß, K., W. Bärwald, F. Lura, S. Montenegro, D. Oertel, H. Studemund and G. Schlotzhauer (2001): The BIRD-Mission is completed for launch with the PSLV-C3 in 2001. In: H. P. Röser, R. Sandau and A. Valenzuela (Eds.): Small Satellites for Earth Observation Ⅲ. Wissenschaft und Technik Verlag, Berlin

Bronstein, I. N. and K. A. Semendjajew (1989): Taschenbuch der Mathematik. 24 Aufl., Verlag Nauka, Moskau und BSB B. G. Teubner Verlagsgesellschaft, Leipzig

Brown, D. C. (1971): Close-range camera calibration. Photogrammetric Engineering, 37(8), 855-866

Brown, D. C. (1976): The Bundle Adjustment-Progress and Prospects. XIIIth Congress of the ISP, Commission Ⅲ, Helsinki

Brown, R. and P. Hwang (1992): Introduction to Random Signals and Applied Kalman Filter ing. J. Wiley and Sons, New York, 502 S.

参考资料沿用原版书中内容，未改动。

Coffey, K., J. Warta and A. Krämer (1999): Rauschverhalten hochauflösender AD-Wandler. Elektronik-Industrie, 11/1999

Cramer, M. (1999): Direct geocoding-is aerial triangulation obsolete? In: Fritsch, D. and R. Spiller (Eds.): Photogrammetric Week'99. Wichmann Verlag, Heidelberg, S. 59-70

Cramer, M. (2003): Erfahrungen mit der direkten Georeferenzierung. Zeitschrift für Photogrammetrie, Fernerkundung und Geoinformation PFG, 4/2003, 267-278

Cramer, M. (2004):www. ifp. uni-stuttgart. de/eurosdr/cramer-eurosdr-isprs. pdf

Datel (2003): Applikation zur Messdatenerfassung

Derenyi, E. E. (1970): An exploratory investigation concerning the relative orientation of continuous strip imagery-A thesis submitted in partial fulfilment of the requirements for the degree of Doctor of Philosophy in the Department of Surveying Engineering of the University of New Brunswick, March 1970

Dierickx, B. (1999): Electronic image sensors vs. film: beyond state-of-the-art. OEEPE Workshop on Automation in Digital Photogrammetric Production, 21-24 June 1999, Paris. http://www. fillfactory. com/htm/technology/pdf/oeepe99. pdf

Dimac (2004):www. dimacsystems. com

Ebner, H., D. Fritsch, W. Gillessen and C. Heipke (1987): Integration von Bildzuordnung und Objektrekonstruktion Innerhalb der Digitalen Photogrammetrie. BuL, 55, 194-203

Eckardt, A. (2002): Design und Verifikation der ersten digitalen kommerziellen Luftbildkamera (ADS). Dissertation, TU Berlin

El-Sheimy, N. (2003): Inertial techniques and INS /DGPS integration, lecture notes, ENGO 623 course, Department of Geomatics, The University of Calgary, Calgary, Canada

Engelmann, M. and N. Ahner (2004): CCD -Technik und Bildaufnahme. Vortrag im Rahmen der Vorlesung Elektronische Bauelemente an der TU Chemnitz

Fairchild (2004): Spezifikation der CCD525. Fairchild, USA

Falkner, E. (1994): Aerial Mapping, Methods and Application. CRC Press Inc., Florida

Finsterwalder, R. and W. Hofmann (1968): Photogrammetrie. 3. Aufl., De Gruyter, Berlin, 455 S.

Foitzik, L. and H. Hinzpeter (1958): Sonnenstrahlung und Lufttrübung. Akademische Verlagsgesellschaft, Wiesbaden

Fricker, P., R. Sandau and A. S. Walker (2000): Progress in the development of a high performance airborne digital sensor. Photogrammetric Record, 16 (96), 911-927

Fritsch, D. (1998): Photogrammetrie und GIS-eine Ehe mit Zukunft. Keynote Paper Intergraph's 1. Photogrammetrie-Forum 1998

Fritsch, D. and D. Stallmann (2000): Rigorous Photogrammetric Processing of High Resolution Satellite Imagery. International Archives of ISPRS, XXXII(B1), 313-321, Amsterdam

Gelb, A. (1974): Applied Optimal Estimation. MIT Press, Cambridge, Massachusetts, US, 374 S.

GeoMat (2004): Geographische Materialien, 26, 173-182

Gervaix, F. (2002): Aerotriangulation: auch für den ADS-40 Luftbildsensor? PFG, 2, 85-91

Göhring, D. (2002): Digitalkameratechnologien-Eine vergleichende Betrachtung, CCD kontra CMOS, 12. 08. 2002. Technische Informatik, Humboldt Universität zu Berlin

Goodman, J. W. (1985): Statistical Optics. J. Wiley and Sons, New York

Gotthard, E. (1975): Zusatzglieder bei der Aerotrangulation. In: BuL 43, 218-221

Graham, R. W., W. S. Warner and R. E. Read (1996): Small Format Aerial Photography. Whittles Publishing, Scotland

Greening, T., W. Schickler and A. Thorpe (2000): The proper use of directly observed orientation data:

Aerial triangulation is not obsolete. In: Proceedings ASPRS annual conference, on CD-Rom, 12 S. , Washington DC, May 22-26

Grewal, M. and A. Andrews (1993): Kalman Filter ing: Theory and Practice. Prentice Hall, New Jersey, USA, 382 S.

Gruber, M. and R. Ladstädter (2006): Geometric issues of the digital large format aerial camera UltraCamD. International Calibration and Orientation Workshop EuroCOW 2006 Proceedings, 25-27 Jänner 2006, Castelldefels, Spanien.

Gruber, M. and U. Manshold (2008): UltraCamX-Large Format Digital Aerial Camera, DGPF Conference, Oldenburg, April 23-25th, 2008, Presentation

Grün, A. (1978): Accuracy, reliability and statistics in close range photogrammetry. Inter-Kongress Symposium, Com. 5, Stockholm, Schweden

Grün, A. and E. Baltsavias (1986): High Precision Image Matching for Digital Terrain Model Generation. International Archives of Photogrammetry and Remote Sensing, XXVI, III/1, 284-296, Commission III. Rovaniemi

Gruen, A. and L. Zhang (2003): Sensor modeling for aerial triangulation with Three-Line-Scanner (TLS) imagery. Photogrammetrie, Fernerkundung, Geoinformation (PFG), 2, 85-98

Heipke, C. , K. Jacobsen and H. Wegmann (Eds.) (2001): Integrated sensor orientation-test report and workshop proceedings, OEEPE official publication No. 43, 297 S. , verfügbar unter http://www. oeepe. org/(Zugriff August 2004)

Hildebrandt, G. (1996): Fernerkundung und Luftbildmessung. Herbert Wichmann Verlag, Heidelberg

Hofmann, O. (1982): Dynamische Photogrammetrie. BuL, 3, 3-19

Hofmann, O. (1988): Photogrammetrisches Verfahren für Fluggeräte und Raumflugkörper zur digitalen Geländedarstellung. Patent DE 294087122,angemeldet 1979,ertelit 1983.

Hofmann-Wellenhof, B. , H. Lichtenegger and J. Collins (2001): Global Positioning System: Theory and Practice. Springer-Verlag, Wien, 382 S.

Holst, G. C. (1998a): Sampling, Aliasing, and Data Fidelity. SPIE Optical Engineering Press, Washington

Holst, G. C. (1998b): Testing and Evaluation of Infrared Imaging Systems. SPIE Optical Engineering Press, Washington

Holst, G. C. (1996): CCD arrays, Cameras and Displays. SPIE Optical Engineering Press, Bellingham, Washington

Hydrolab (2004):http://hydrolab. arsusda. gov/rsbasics/noise. php

IAI FZK (2004): Bestimmung der Auflösung von Bilderfassungskomponenten © 2004-Institut für Angewandte Informatik;Forschungszentrum Karlsruhe (http://www. iai. fzk. de/projekte/mikrologistik/bildverarbeitung/module/aufloesung/index. html)

Intergraph (2008):http://img. en25. com/web/Intergraph/DMC. pdf

Iqbal, M. (1983): An Introduction to Solar Radiation . Academic Press, New York

Jacobsen, K. (1982):Programmgesteuerte Auswahl zusätzlicher Parameter. BuL 1982, 213-217.

Jacobsen, K. (1998): Geometric Potential of IRS-1C PAN-Cameras. ISPRS Com I Symposium, Bangalore, India

Jacobsen, K. (2002): Calibration aspects in direct georeferencing of frame imagery. ISPRS Commission I/ Pecora 15 conference proceedings, IAPRS (34), Part 1 Com 1, 82-89, Denver, 2002

Jacobsen, K. (2003): System calibration for direct and integrated sensor orientation. In: Proceedings ISPRS WG I/5 workshop on theory, technology and realities of inertial/ GPS sensor orientation, on CD-Rom, 6 S. , Castelldefels, 2003

Jahn, H. and R. Reulke (1995): Systemtheoretische Grundlagen Optoelektronischer Sensoren. Akademie Verlag, Berlin

Johnson, J. (1985): Analysis of Image Forming Systems. In: Proceedings of the Image Intensifier Symposium, 249-273. Warfare Electrical Engineering Department, US Army Engineering Research and Development Laboratories, Ft. Belvois, VA. Nachdruck dieses Artikels im Selected Papers on Infrared Design, R. B. Johnson and W. L. Wolfe (eds.): SPIE Proceedings 513, 761-781

Kodak (1994): Solid State Image Sensors_Kodak-Grundlagen_DS00-001, Rev. 0, 08.12.1994

Kodak (1999): KAF-6303LE 3072 (H) x 2048 (V) Pixel Enhanced Response Full-Frame CCD Image Sensor, Rev. A, 25.09.1999

Kodak (2001a): ConversionOfLightToElectronicCharge_Kodak_MTD-PS0217; Rev. 1, 29.05.2001

Kodak (2001b): Image Sensor Noise Sources, Application Note Kodak MTD/PS-0233, Rev. 1, 01.08.2001

Kodak(2004): www. kodak. com/global/en/service/manuals/GLB_en_urg_00088_manual/urg 00088toc. jhtml

Kölbl, O. (1972): Selbstkalibrierung von Aufnahmekammern. Bildmessung und Luftbildwesen, 40(1), S. 31 ff.

Konecny, G. (2003): Geoinformation: Remote Sensing, Photogrammetry and Geographic Information Systems. Taylor and Francis, London and New York

Kramer, H. J. (2002): Observation of the Earth and its Environment: Survey of Missions and Sensors. 4. Aufl., Springer Verlag, Berlin/New York

Kraus, K. (1988): Fernerkundung, Band 1 (Physikalische Grundlagen und Aufnahmetechnik). Dümmler, Bonn

Kraus, K. (1990): Fernerkundung, Band 2 (Auswertung photographischer und digitaler Bilder). Dümmler, Bonn

Kremer, J. and M. Gruber (2004): Operation of the UltraCamD together with CCNS4/Aerocontrol- first experiences and results. The International Archives of Photogrammetry and Remote Sensing, XXXV/1, 172 ff., July 2004, Istanbul, Turkey

Kröpfl, M., E. Kruck and M. Gruber (2004): Geometric calibration of the digital large format aerial camera Ultracam. The International Archives of Photogrammetry and Remote Sensing, XXXV/1, 42 ff., July 2004, Istanbul, Turkey

Kruck, E. (1984): BINGO: Ein Bündelprogramm zur Simultanausgleichung für Ingenieuranwendungen-Möglichkeiten und praktische Ergebnisse. Intenational Archive for Photogrammetry and Remote Sensing, Rio de Janairo 1984

Kruck, E. (2003): Rotations of space and coordinate transformations. In: Proceedings ISPRS WG I/5 workshop on theory, technology and realities of inertial/ GPS sensor orientation, on CD-Rom, 5 S., Castelldefels, 2003

Ladstädter, R. (2007): Softwaregestützte Kompensation temparaturabhängiger Bild-Deformationen für die Vexcel UltraCam. Vorträge Dreiländertagung SGPBF. DGPF und OVG, Basel, Vol. 16, pp. 609-616

Leberl, F., R. Perko, M. Gruber and M. Ponticelli (2003): The UltraCam Large Format Aerial Digital Camera System. In: Proceedings of the American Society For Photogrammetry & Remote Sensing, 5-9 May, 2003, Anchorage

Leica (2003): http://www. leica-geosystems. com/ctc/heat_conduction

Leica (2004): http://www. gis. leica-geosystems. com/products/ads40/default. asp

McCluney, R. (1994): Introduction to Radiometry and Photometry. Artech House, Boston/London

McGlone, J. C., E. M. Mikhail and J. Bethel (Eds.) (2004): Manual of Photogrammetry. 5. Aufl., Bethesda: ASPRS, 1151 S.

Möller, M. (2003): Urbanes Umweltmonitoring mit digitalen Flugzeugscannerdaten. Herbert Wichmann Verlag，Heidelberg

Müller，F. (1991)：Photogrammetrische Punktbestimmung mit Bildern digitaler Dreizeilenkameras. DGK C372

Murai，S. (1998)：GIS Work Book，Fundamental Course (1996) and Technical Course (1997). Japan Association of Surveyors，Tokio

Neckel，H. and D. Labs (1984)：The Solar radiation between 3300 and 12500. Solar Physics，90，205-250

Oertel，D.，K. Briess，W. Halle，M. Neidhardt，E. Lorenz，R. Sandau，F. Schrandt，W. Skrbek，H. Venus，I. Walter，B. Zender and B. Zhukov (2003)：Airborne forest fire mapping with an adaptive infrared sensor. International Journal of Remote Sensing，24(18)，3663-3682

Oriel (1987)：Optische Filter . L. O. T. -Oriel GmbH，Langenberg

Oriel (2004)：http：//www. lot-oriel. com/pdf/all/filter_glas_ch. pdf

Passini，R. and K. Jacobsen (2008)：Accuracy analysis of large size digital aerial cameras. International Archives of Photogrammetry and Remote Sensing，XXXVII(B1)，S. 507-514，Peking

PCO (2004)：PCO-Veröffentlichungen（ http：//www. pco. de/download/)

Petrie，G. and A. S. Walker(2007)：Airborne digital imaging technology：a new overview. The Photogrammetric Record，22(119)，203-225

Pomierski，T.，D. Kollhoff，E. Stefanov and K. -H. Franke (1998)：Realisierung von True Color für ADC. GBS GmbH，Ilmenau

Ratches，J. A.，W. R. Lawson，L. P. Obert，R. J. Bergemann，T. W. Cassidy and J. M. Swenson (1975)：Night Vision Laboratory Static Performance Model for Thermal Viewing Systems. ECOM-Report ECOM-7043，p. 56，Fort Monmouth，NJ

Rese (2004)：http：//www. rese. ch/atcor/atcor3/atcor2_method. html

Ressl，C. (2001)：Direkte Georeferenzierung von Luftbildern in konformen Kartenabbildungen. Öster. Zeitschrift für Vermessung und Geoinformation VGI 2/2001，89，72-82

Röser，H. -P.，A. Eckardt，M. von Schönermark，R. Sandau and P. Fricker (2000)：New potential and applications of ADS40. International Archives of Photogrammetry and Remote Sensing，XXXIII(B1)，251-257

Rössig，R. (2004)：Berechnung von Look-up-Tafeln zur Atmosphärenkorrektur radiometrisch geeichter digitaler Luftbildaufnahmen. Diplomarbeit，Institut für Raumfahrtsysteme der Universität Stuttgart，Januar 2004

RSES (2002)：http：//www. rss. chalmers. se/gem/Education/RSES-2002/Imaging_systems. pdf

RSL (2004)：http：//www. geo. unizh. ch/rsl/research

Sandau，R. (1998)：Weitwinkel-Stereoscanner WAOSS für die Mission Mars 96. Verlag Dr. Hänsel-Hohenhausen，Egelsbach/Frankfurt a. M. /Washington

Sandau，R. (2000)：Design principles of the LH systems ADS40 airborne digital sensor. International Archives of Photogrammetry and Remote Sensing，XXXIII(B5)，258-265

Sandau，R. (2004)：High resolution mapping with small satellites. International Archives of Photogrammetry and Remote Sensing，XXXV(B1)，108-113

Sandau，R. and A. Eckardt (1996)：The stereo camera family WAOSS/WAAC for spaceborne/airborne applications. International Archives of Photogrammetry and Remote Sensing，XXXI(B1)，170-175

SAPOS (2004)：www. sapos. de，Zugriff August，2004

Schönermark，MV，B. Geiger 和 H. -P. Röser（Eds. ）(2004)：Reflection Properties of Vegetation and Soil with a BRDF Data base. Berlin，ISBN 3-89685-565-4

Schott (1998)：Schott Glass Technologies Inc. ；Filter 98，Optical Filters www. schottglasstech. com

Schowengerdt，R. A. (1997)：Remote sensing . Models and Methods for Image Processing. 2. Aufl. ，Academic Press，San Diego，522 pp.

Schwarz，K. -P. (1995)：Integrated airborne navigation systems. In：D. Fritsch/D. Hobbie (Eds.)：Photogrammetric Week'95. Wichmann Verlag, Heidelberg, pp. 139-153

Schwarz, K.-P., M. Chapman, E. Cannon, P. Gong and D. Cosandier (1994): A precise positioning/attitude system in support of airborne remote sensing. In: Proceedings ISPRS Commission II, Ottawa, Canada, 191-201

Schwidefski, K. and F. Ackermann (1976): Photogrammetrie: Grundlagen, Verfahren, Anwendungen. 7. Auflage. , Teubner, Stuttgart, 384 S.

Skaloud, J. (1999): Optimizing georeferencing of airborne survey systems by INS/DGPS, UCGE report 20126, Ph. D. thesis, University of Calgary, Canada, 160 S. , digital verfügbar unter http://www. geomatics. ucalgary. ca (Zugriff August, 2004)

Starlabo (2004):www. starlabo. co. jp

Sujew, S. , F. Scholten, F. Wewel and R. Pischel (2002): GPS / INS -Systeme im Einsatz mit der HRSC-Vergleich der Systeme Applanix POS /AV-510 und IGI AEROcontrol-IId. Zeitschrift für Photogrammetrie, Fernerkundung und Geoinformation PFG, 5/2002, 333-340

Swissoptic, A. G. (2005):www. swissoptic. com

Tempelmann, U. , Z. Nwosu and R. M. Zumbrunn (1995): Investigation into the geometric consequences of processing substantially compressed images. In: McKeown, D. M. and I. J. Dowman (Eds.): Integrating Photogrammetric Techniques with Scene Analysis and Machine Vision II. Proceedings of the SPIE, 2486, 48-58

Thom, Ch. and I. Jurvillier(1997): Current status of the digital aerial camera IGN. In: D. Fritsch/D. Hobby (Eds.): Photogrammetric Week'97, Wichmann Verlag, Heidelberg, pp. 75-82

Triebfürst, B. , D. Saupe and H. Saurer (1997): Kompression und Generalisierung von Fernerkundungsdaten in einem GIS mit einem optimierten Wavelet-Kodierer. In: Angewandte Geographische Informationsverarbeitung IX, 2.-4. Juli 1997, Salzburger Geographische Materialien, 26, 173-182

Voiß, S. and K. Schinzel (2002):Präsentation Flash-Anwendungen. TU Ilmenau, Germany

Wehrli (2004):www. wehrliassoc. com

Wei, M. and K.-P. Schwarz (1990): A strap-down inertial algorithm using an earth-fixed cartesian frame. Navigation, Navigation 37(2), 153-167

Wells, D. E. (Ed.) (1987): Guide to GPS positioning, Canadian GPS associates. Frederikton, New Brunswick, Canada

Wikipedia (2004):http://en. wikipedia. org/wiki/Fast_Fourier_transform

Willmann, L. (1968): Luftbilder aus der DDR. VEB F. A. Brockhaus Verlag, Leipzig

Wyszecki, G. (I960): Farbsysteme. Musterschmidt-Verlag, Göttingen

Yotsumata, T. , M. Okagawa, Y. Fukuzawa, K. Tachibana and T. Sasagawa (2002): 'Investigation for Mapping Accuracy of the Airborne Digital Sensor ADS 40'; ISPRS Commission I Conference, Denver, CO, 10-14 Nov 2002

Z/I Imaging (2003):http://www. ziimaging. de/Products/AuxiliaryContent/dmcspecsheet. pdf

Zimmermann, B. (2004): Bildsensorik. Universität Ulm, Revision: 13. Februar 2004